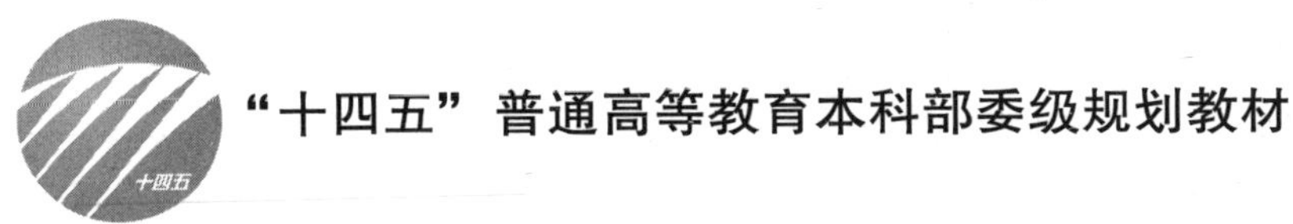

数据结构实践教程

陈　佳　主　编
陈常念　万红艳　副主编

中国纺织出版社有限公司

内 容 提 要

本书包括基础实践和综合训练两部分，帮助读者深入学习、理解和掌握数据结构知识，并实现灵活应用。基础实践主要包括线性结构、树线性结构、树型结构、图状结构、查找、排序，以及数组和字符串的操作。每个基础实践又包括基础篇、提高篇和创新篇。综合训练注重实践的综合性，可作为“数据结构”课程设计内容，包括仓库管理系统、迷宫问题、洗车场调度系统等具体案例。

本书配有对应的视频课程，并附有所涉及的程序源代码，可作为计算机类专业或信息类相关专业的本科或职业教育教材，也可供从事计算机工程与应用工作的科技工作者参考。

图书在版编目（CIP）数据

数据结构实践教程 / 陈佳主编；陈常念，万红艳副主编. --北京：中国纺织出版社有限公司，2024. 8.（2025.7重印）（“十四五”普通高等教育本科部委级规划教材）.
ISBN 978-7-5229-1890-7

Ⅰ. TP311. 12

中国国家版本馆 CIP 数据核字第 2024W1T060 号

责任编辑：陈怡晓　范雨昕　　责任校对：寇晨晨
责任印制：王艳丽

中国纺织出版社有限公司出版发行
地址：北京市朝阳区百子湾东里 A407 号楼　邮政编码：100124
销售电话：010—67004422　传真：010—87155801
http://www. c-textilep. com
中国纺织出版社天猫旗舰店
官方微博 http://weibo. com/2119887771
北京印匠彩色印刷有限公司印刷　各地新华书店经销
2025 年 7 月第 4 次印刷
开本：787×1092　1/16　印张：20. 5
字数：360 千字　定价：68. 00 元

前　言

“数据结构”是计算机类专业理论与实践紧密结合的基础必修课和解决复杂工程问题的重要基础，也是后续深入学习专业知识和开展高层次计算机科学研究的必备基础。在教育部实施的“高等学校教学质量与教学改革工程”中，提出要“高度重视实践环节，提高学生实践能力”。

本书的编写遵照以上教学改革精神，遵循认知规律，力图抓住“立德树人”的教育本质。全书共分为 10 章，第 1 章介绍实践步骤和运行环境；第 2 章～第 9 章对应常见的数据结构和两种基本操作，包括线性表、栈和队列、串、数组和广义表、树和二叉树、图、查找、内部排序。每章将实践部分分为基础篇（基本操作问题的实现方法指导），提高篇（提供课程知识的简单应用性问题，并进行分析和实现指导）和创新篇（提供较复杂的实际问题，并进行分析和实现指导）。第 10 章为综合训练，针对知识综合性运用的复杂问题进行分析指导。以上内容循序渐进，以促进学习者对课程知识、能力与素质目标的达成。

本书由武汉纺织大学资助，并由课程团队协作完成，其中陈佳教授负责策划、统稿，并与罗航博士共同完成书稿的审核和代码编写工作；第 1 章和第 8 章由陈常念执笔，第 2 章由钟赛尚执笔，第 3 章由黄晋执笔，第 4 章由叶鹏执笔，第 5 章由杨华利执笔，第 6 章由万红艳执笔，第 7 章由王兆静执笔，第 9 章由丁益祥执笔，第 10 章陈佳由执笔。

在本书的编写过程中参考了一些优秀书籍，列于书末的参考文献中，在此谨向其作者表示衷心的感谢。

由于编者学识有限，书中难免有不足之处，敬请读者批评、指正。

编　者

2024 年 4 月

目　录

数据结构基本概念

第 1 章　实践步骤和运行环境

1.1　实践的一般步骤

数据结构实践围绕着具体的实际应用问题和案例，以“问题”为驱动，以“使用”为轴线，对每一种数据结构的出现动机、发展逻辑、表示方式进行演绎，生动形象地再现了其内在的优雅和哲学。实践注重阐述如何从一种想法转换为一种设计，又如何从设计转化为具体程序，对每种数据结构都选择程序设计中的实际应用，从而化抽象为具体，帮助学生理解抽象的理论与具体的实现之间的差异，这些代码不是伪代码，而是可以直接编译执行的真实代码，进一步帮助学生理解抽象的概念。要做好数据结构实践，需要选择合适的开发环境，同时要借助现代项目开发工具，提高编程的效率和学习的效果，同时撰写实践文档。

1.2　实践环境的使用

虽然支持 C++的开发环境非常多，但配置好一个称手的编程环境与编程技巧训练和编程效率息息相关，同时，对于数据结构课程的学习，既需要对使用的编程语言有基本的了解，又需要在实践过程中突出对数据结构的应用。因此，在实践环境的选择和配置上，借用目前主流的工具让实践的训练过程变得相对方便和轻松尤为重要。基于此，本书使用目前流行的轻量级编程开发工具 VS Code 作为主要代码编写工具，并围绕此工具打造完善的实践学习环境。其他集成开发环境，例如，Code Blocks、VS、QT 等也可以作为开发环境，不过总体表现不如 VS Code。

1.2.1　VS Code 的基础功能

网上搜索 VS Code 关键字，进入 VS Code 主页，点击蓝色右上角按钮，进入下载页面选择 System Installer 64 bit 下载，下载完成后打开安装包进行安装。一路下一步完成安装，可以修改安装路径，添加桌面快捷方式。

VS Code 强大的功能支持主要来自各式各样的插件，只需要点击左边侧栏的插件图标，在搜索框内输入插件关键字即可完成相应的插件安装，例如，输入“Chinese”可以安装中文语言包，输入 C/C++可以安装实践训练必备的 C/C++插件，而如果对 Linux 环境感兴趣的话，还可以在 Windows 上安装 WSL 和 Ubuntu，然后在 VS Code 的插件中搜索“wsl”，安装 Remote-WSL 插件。安装完成后，左下角出现绿色远程连接图标，点击就可以连接 wsl，像本地一样操作了，非常的方便。

与其他集成开发环境不同，要想编译运行 C/C++程序，除了安装 VS Code 外，还需要安装 gcc 编译器。在 Windows 下安装有两种方式选择：

（1）安装 mingw。对于初学者而言，烦琐的编译环境安装是让很多新手放弃使用 VS Code 作为 C/C++开发工具的主要原因之一，而其实 VS Code 本身只是一个文本编辑器，其是不限定编译器的，最直接的方式就是使用已有的编译器。例如，如果系统里已经安装了带有 mingw-w64 的 code blocks 的话，可以直接把 gcc 可执行程序的路径（如果没有修改安装路径的话应该是：C:\Program Files \ CodeBlocks \ MinGW \ bin）添加到系统变量。

“计算机”点击右键选择“属性”，弹出的“关于”界面的右边相关设置中选择“高级系统设置”，选择“环境变量”中的“系统变量”，选择 Path，点编辑按钮，然后在空白行处点击，添加 bin 的路径。添加完后相当于告知其他程序 mingw 里面的 gcc、gdb 等可执行程序的位置，可以打开 windows 中的命令提示符，输入 gcc--version 查看 gcc 版本信息，也可以输入 where gcc 查看路径信息，如图 1.1 所示。

此外还有一个初学者容易碰到的疑点是关于 gdb 的，在调试运行 C/C++程序时，可能由于路径中包括中文而出现乱码的错误信息，这里的路径除了源程序自身路径外，还包括 gdb 使用的 temp 路径，此路径在刚才的环境变量对话框中设置，当前的用户变量和系统变量里面均有 temp 的设置，将其修改为不含中文的路径即可。

（2）另一种安装 gcc 编译器的方法是使用 WSL。可以通过 ubuntu 打开命令行终端，也可以借助其他终端工具，或者直接在 VS Code 中通过远程连接插件连接 WSL 来打开终端，打开终端后，输入“sudo apt-get update & sudo apt install build-essential gdb”即可安装需要的编译程序。

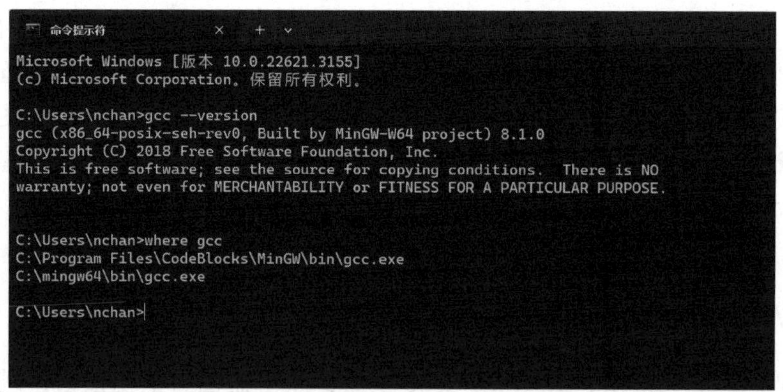

图 1.1　gcc 编译器添加成功检测

在 VS code 中使用快捷键 Ctrl+`打开终端，第一次打开终端时，会从 home 目录开始。home 目录用符号“~”表示，可以在提示符上看到。终端的命令行方式也是编程开发中的一个重要内容，终端中常用的基础命令包括：

lls：列出当前目录下的所有文件；

lcd<path to directory>：改变到某个目录；

lmkdir<directory name>：创建一个给定名的新目录；

lmv<source path><destination path>：将文件从 source 移动到 destination。

在终端中，也可以使用 g++命令编译运行单个或者多个源文件，使用 gdb 命令调试目标程序。

单文件的 C++程序的编写和编译运行比较直接。打开 VS Code，在资源管理器中点击新建文件按钮，命名 hello. cpp，编写 hello. cpp 源程序，如果没有安装 C/C++扩展，会提示安装。按 Ctrl+F5 快捷键选择 gdb 调试器和 g++编译器程序即可编译运行，执行结果在终端窗口中显示。

VS Code 有本地时间线功能，可以打开文件菜单中的自动保存，实现每秒自动保存。多文件的编译运行可以采取终端命令行的方式，也可以安装 C/C++Project Generator 插件，具体使用方法和其他集成开发环境类似，还可以使用 make 相关工具，这里不再赘述。

1. 2. 2　VS Code 的特色功能

除了基础功能比较出众外，通过某些插件可以实现更新颖的功能，VS Code 具备的特色功能主要有：

（1）人工智能辅助的开发。智能代码提示不再局限于传统的一般功能性的提示，而是基于优秀代码库，通过人工智能技术分析代码的上下文，给出未写代码的提示，可以极大地提高编程效率，成为目前代码编写不可或缺的功能之一。VS Code 可以通过插件的形式使用主流的人工智能插件，例如：copilot，tabnine 等。会给实践教学带来不一样的效果和体验。

（2）基于 Git 的代码版本管理。代码在编写过程中，会不断地进行修改，开发的场所也会发生改变，需要有一个线上代码库，管理代码。以目前最流行的代码协作平台，也是优秀代码开源平台 Github 为例，打开 Github 主页，注册过程非常简便。Github 使用存储库（或者称为仓库）管理项目，项目里面存放代码及项目相关文档。点击左上角 logo 显示“存储库列表”，点击“new”按钮新建存储库，存储库名称必填，描述选填，存储库类型可以是公开或者私有，初始化存储库可以勾选添加 readme 文件。点击创建存储库按钮完成创建。完成后就可以使用存储库管理代码和文档了。

VS Code 原生支持 Git 功能，首先需要搜索下载 git 安装包，安装过程一路“next”即可。进入创建的项目，点开“clone”按钮，选择“Clone with HTTPS”，点击复制图标，复制项目网址 URL，然后打开 VS Code，按 F1 调出命令面板输入“clone”，复制刚才的网址，选择“项目本地存储位置”，下载完成后，点击“打开项目文件夹”。VS Code 左侧的 Git 图标会实时显示修改的文件数量，如果需要上传修改到 Github，按照图 1. 2 所示的步骤操作即可。点击 Git 图标打开源代码管理，首先是点击加号图标暂存更改过的文件，然后是点击打勾图标提交暂存到本地 Git，输入提交消息或者输入空格，再回车，最后推送到 Github，需要时输入 Github 账号信息。后续可以使用左下角状态栏中的同步功能实现本地 Git 和 Github 的同步推送。

图 1. 2　上传修改到 Github 的步骤

Git 还具有其他协作等强大功能，使用 ssh 认证方式登录也会方便 VS Code 的认证。还有许多关于 Git 的指令和扩展功能这里不再赘述。

（3）开发环境能延续到其他编程语言。数据结构课程可以采用不同的编程语言进行实践训练，而 VS Code 能够提供便捷的跨语言实践环境。在插件中搜索“Java 扩展包”或者“python 扩展包”即可。

1.3 实践文档的撰写

实践文档是实践训练非常重要的组成部分，是一种很好的总结和归纳方式。传统的文档一般采用 word 格式撰写，但不方便代码的展示，目前主流的技术文档一般采用 markdown 格式，因此本教程推荐使用 markdown 来撰写实践文档。VS code 原生支持 markdown，可以预览，编辑。建议 VS Code 编写代码，配合专门的 markdown 程序，例如：Typora 写笔记和文档。右键点击 . md 文档，选择在资源管理器中显示，用 Typora 打开即可编辑。

与 . docx 文档不同的是，. md 文档里面只包含普通字符，插入图片是通过超链接的方式实现的，可以将图片存放在同一目录下，通过当前路径访问图片，也可以通过设置公网普通连接，这需要使用到 PicGo 程序，选好公网图片存放位置。以 Github 为例，首先新建一个公开的存储库用于存放图片，点击右上角“个人菜单”，选中“settings”，弹出的页面选中左下方“Developer settings”，然后在弹出的页面，选中左下方“Personal access tokens”。

点击“Generate new token”，勾选“repo”，输入“Note”内容，保存好 Token，再在 PicGo 中设置仓库名为 Github 中的用户名/存储库名，设定分支名为 master，设定 Token 为刚才保存的 Token，指定存储路径：img/，不用设定自定义域名，如图 1.3 所示。如果图片上传成功则显示图片，图片显示可能会因为网站访问出错而显示失败，可以尝试国内存放图片的公网位置，如阿里云等。

图 1.3　PicGo 中的 Github 图床设置

第2章 线性表

本章先介绍线性表的相关概念，包括顺序表和链表的概念、特点以及存储结构等。在熟悉这些基础知识的前提下，按照从易到难、循序渐进的事物发展规律，首先完成基础篇的实践，即顺序表和链表的基本操作；其次，在此基础上完成提高篇的实践，根据不同的任务进行算法设计；最后，再尝试完成创新篇的实践，实现对本章基本知识的理解和灵活应用。

线性表概念

2.1 线性表概述

线性表是具有相同特性数据元素的有限序列，是一种较为简单且常用的数据结构。线性表中所含元素的个数叫作线性表的长度，用 n （$n \geqslant 0$） 表示，如果 $n=0$，则该线性表是空表。线性表中的元素可以是按照某种顺序排列的（有序的），也可以是无序的。除了表头和表尾元素，线性表中其他每一个元素都只有一个直接前驱和一个直接后继，这是线性表的逻辑特性。线性表的存储结构有两种，分别为顺序结构和链式结构，前者称为顺序表，后者称为链表。

顺序表指的是用一组连续的存储单元依次存储线性表中的数据元素。顺序表中逻辑上相邻的元素在物理上也相邻，即用物理上的相邻实现了逻辑上的相邻。顺序表有如下特点：

（1）可以实现随机访问，即通过首地址和元素序号可在时间 O(1) 内找到指定的元素。

（2）顺序表的存储密度高，每个结点只存储一个数据元素。

（3）顺序表的每一次插入和删除操作都需要移动大量元素。

顺序表的存储结构定义（C 语言描述）如下：

```
#define LIST_INIT_SIZE 100      //线性表存储空间的初始分配量
typedef char SqElemType;
typedef struct {
    SqElemType data[LIST_INIT_SIZE];//存放顺序表元素
    int length;//存放顺序表长度,以 sizeof(ElemType)为单位
} SqListT;     //顺序表类型定义
```

链表是用任意一组存储单元存储线性表的数据元素，这组存储单元可以是连续的，也可以是不连续的，不连续的元素依靠指针相互链接，只在逻辑上保持线性关系。链表有如下特点：

（1）链式存储线性表时，不需要使用地址连续的存储单元，即不要求逻辑上相邻的元素

在物理位置上也相邻。

(2) 每个结点不仅包含所存元素的信息，还包含元素之间逻辑关系的信息，如单链表中前驱结点包含了后继结点的地址信息（指针），这样就可以通过前驱结点中的地址信息找到后继结点的位置。

(3) 链表的插入和删除操作不需要移动元素，只需修改指针，但会失去类似顺序表的可随机存取的优点。

单链表的存储结构定义（C 语言描述）如下：

```
typedef int ElemType;
typedef struct LNode
{
    ElemType data;       //存储链表的元素
    struct LNode*next;     //指向后继节点
} SLinkNode;     //单链表结点类型定义
```

双向链表的存储结构定义（C 语言描述）如下：

```
typedef struct DNode
{
    ElemType data;       //结点数据域
    struct DNode*prior;     //指向前驱结点
    struct DNode*next;     //指向后继结点
} DLinkNode;     //双向链表结点类型定义
```

在实际使用中，要根据具体问题具体分析，选择合适的数据结构类型。正如每一个人都有自己独特的闪光点，一定要主动找准定位，做自己擅长的事情，才能发掘无穷潜力，最终获得成功。

2.2 实践目的和要求

本部分可作为基础篇、提高篇和创新篇共同的实践目的和要求。

(1) 掌握线性表的逻辑结构特性及其在计算机内两种存储结构的特点。

(2) 掌握线性表的顺序存储结构（顺序表）的定义及实现。

(3) 掌握线性表的链式存储结构（链表，包括单链表和双向链表）的定义及实现。

(4) 掌握线性表在顺序存储结构，以及顺序表的各种基本操作（初始化、查找、插入、删除、逆置和排序等）。

(5) 掌握线性表的链式存储结构，以及链表（包括单链表和双向链表）的各种基本操作（初始化、查找、插入、删除、逆置等）。

(6) 理解顺序表和链表数据结构的特点以及二者的优缺点，明确何时选择顺序表、何时选择链表作为线性表的存储结构。

2.3　实践原理

顺序表

链表的概念

本部分可作为基础篇、提高篇和创新篇共同的实践原理使用。

线性表是一种简单的线性数据结构，它由同一类型的数据元素构成，其特点是数据元素之间是一对一的线性关系。

线性表包括两种存储结构：顺序存储结构和链式存储结构。线性表的顺序表示，指的是用一组地址连续的存储单元依次存储线性表中的数据元素。顺序存储结构的特点是逻辑上相邻的元素在物理位置上也相邻。通常可用数组来描述数据结构中的顺序存储结构。这种方法存储的线性表简称为“顺序表”。

线性表的另一种存储结构为链式存储结构，也称为链表。链式存储结构的特点是用任意的存储单元存储线性表的数据元素。其中，这组存储单元可以是连续的，也可以是不连续的。链表中的每个结点（node）包括两个信息域，分别为数据域和指针域，它们共同组成数据元素的存储映像。存储数据元素信息的域称为“数据域”，存储直接后继位置的域称为“指针域”。指针域中存储的信息称作“指针”或“链”，n 个结点链接成一个链表。链表包括单链表、双向链表和循环链表。其中，单链表是链表的结点结构中只有一个链域的链表；双向链表在链表的结点中有两个指针域，一个指向直接后继，另一个指向直接前驱；循环链表是一种首尾相接的链表，包括单向循环链表和双向循环链表。单向循环链表的结构与单链表相同，双向循环链表的结构与双向链表相同。其中，单向循环链表最后一个结点的直接后继指针指向第一个结点，双向循环链表第一个结点的直接前驱指针指向最后一个结点。最后一个结点的直接后继指针指向第一个结点。

线性表首先要掌握抽象数据类型（abstract data type，ADT）中涉及的基本操作（见基础篇实践），进而实现实践内容中的提高篇实践和后续的创新篇实践。

2.4　基础篇

单链表

循环链表

双向链表

2.4.1 顺序表的基本操作和实现

2.4.1.1 实践目的

掌握顺序表的存储结构以及各种基本操作算法的设计和实现。

2.4.1.2 实践内容

(1) 顺序表的创建和初始化。

(2) 顺序表元素插入。

(3) 顺序表长度计算。

(4) 顺序表元素访问。

(5) 顺序表元素删除。

(6) 顺序表元素输出。

(7) 顺序表销毁。

2.4.1.3 算法实现

假设顺序表的元素类型 ElemType 为 char，构建如图 2.1 所示的顺序表，在此基础上实现顺序表的基本操作，具体实现详见如下代码：

1	2	3	4	5
a	b	c	d	e

↑f

图 2.1 顺序表结构

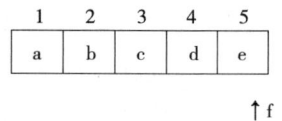

```
//顺序表运算算法
#include<stdio.h>
#include<malloc.h>
#define MaxSize 50
typedef char ElemType;
typedef struct
{   ElemType data[MaxSize];      //存放顺序表元素
    int length;                  //存放顺序表的长度
} SqList;                        //声明顺序表的类型
void CreateList(SqList*&L,ElemType a[],int n)  //整体建立顺序表
{
    L=(SqList*)malloc(sizeof(SqList));
    for(int i=0;i<n;i++)
        L->data[i]=a[i];
    L->length=n;
}
void InitList(SqList*&L)//初始化线性表
{
    L=(SqList*)malloc(sizeof(SqList));  //分配存放线性表的空间
    L->length=0;
}
void DestroyList(SqList*&L)  //销毁线性表
{
```

```
    free(L);
}
bool ListEmpty(SqList*L)  //判线性表是否为空表
{
    return(L->length==0);
}
int ListLength(SqList*L)//求线性表的长度
{
    return(L->length);
}
void DispList(SqList*L)//输出线性表
{
    for(int i=0;i<L->length;i++)
        printf("%c ",L->data[i]);
    printf("\n");
}
bool GetElem(SqList*L,int i,ElemType &e)  //求线性表中第 i 个元素值
{
    if(i<1 || i>L->length)
        return false;
    e=L->data[i-1];
    return true;
}
int LocateElem(SqList*L,ElemType e)  //查找第一个值域为 e 的元素序号
{
    int i=0;
    while(i<L->length && L->data[i]!=e)i++;
    if(i>=L->length)
        return 0;
    else
        return i+1;
}
bool ListInsert(SqList*&L,int i,ElemType e)  //插入第 i 个元素
{
    int j;
    if(i<1 || i>L->length+1 || L->length==MaxSize)
        return false;
    i--;                                //将顺序表位序转化为 elem 下标
    for(j=L->length;j>i;j--)  //将 data[i]及后面元素后移一个位置
        L->data[j]=L->data[j-1];
```

```
    L->data[i]=e;
    L->length++;                    //顺序表长度增 1
    return true;
}
bool ListDelete(SqList*&L,int i,ElemType &e)  //删除第 i 个元素
{
    int j;
    if(i<1 || i>L->length)
        return false;
    i--;                            //将顺序表位序转化为 elem 下标
    e=L->data[i];
    for(j=i;j<L->length-1;j++)  //将 data[i]之后的元素前移一个位置
        L->data[j]=L->data[j+1];
    L->length--;                    //顺序表长度减 1
    return true;
}
int main()
{
    SqList*L;
    ElemType e;
    printf("顺序表的基本运算如下:\n");
    printf("  (1)初始化顺序表 L\n");
    InitList(L);
    printf("  (2)依次插入 a,b,c,d,e 元素\n");
    ListInsert(L,1,'a');
    ListInsert(L,2,'b');
    ListInsert(L,3,'c');
    ListInsert(L,4,'d');
    ListInsert(L,5,'e');
    printf("  (3)输出顺序表 L:");
    DispList(L);
    printf("  (4)顺序表 L 长度:%d\n",ListLength(L));
    printf("  (5)顺序表 L 为%s\n",(ListEmpty(L)?"空":"非空"));
    GetElem(L,3,e);
    printf("  (6)顺序表 L 的第 3 个元素:%c\n",e);
    printf("  (7)元素 a 的位置:%d\n",LocateElem(L,'a'));
    printf("  (8)在第 4 个元素位置上插入 f 元素\n");
    ListInsert(L,4,'f');
    printf("  (9)输出顺序表 L:");
    DispList(L);
```

```
    printf("  (10)删除 L 的第 3 个元素\n");
        ListDelete(L,3,e);
    printf("  (11)输出顺序表 L:");
    DispList(L);
    printf("  (12)释放顺序表 L\n");
    DestroyList(L);
    return 1;
}
```

运行结果如图 2.2 所示。

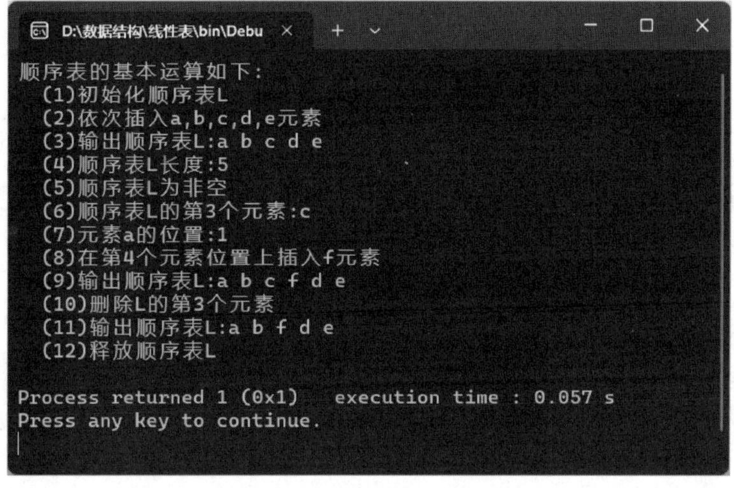

图 2.2　顺序表代码运行结果

2.4.2　单链表的基本操作和实现

2.4.2.1　实践目的

掌握单链表的存储结构以及各种基本操作算法的设计和实现。

2.4.2.2　实践内容

(1) 单链表的创建和初始化。

(2) 单链表元素插入。

(3) 单链表长度计算。

(4) 单链表元素访问。

(5) 单链表元素删除。

(6) 单链表元素输出。

(7) 单链表销毁。

2.4.2.3　算法实现

假设单链表的元素类型 ElemType 为 char，构建如图 2.3 所示的单链表结点结构和图 2.4

所示的单链表，在此基础上实现单链表的基本操作，具体实现详见如下代码：

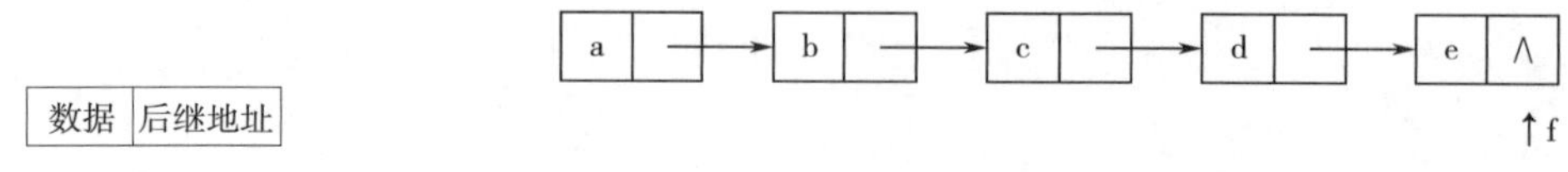

图 2.3　单链表的结点结构　　　　图 2.4　单链表结构

```
//文件名:exp2-2.cpp
//单链表运算算法
#include<stdio.h>
#include<malloc.h>
typedef char ElemType;
typedef struct LNode
{
    ElemType data;
    struct LNode*next;      //指向后继结点
} SLinkNode;                     //单链表结点类型
void CreateListF(SLinkNode*&L,ElemType a[],int n)
//头插法建立单链表
{
    SLinkNode*s;
    L=(SLinkNode*)malloc(sizeof(SLinkNode));  //创建头结点
    L->next=NULL;
    for(int i=0;i<n;i++)
    {
        s=(SLinkNode*)malloc(sizeof(SLinkNode));//创建新结点 s
        s->data=a[i];
        s->next=L->next;               //将结点 s 插在原开始结点之前,头结点之后
        L->next=s;
    }
}
void CreateListR(SLinkNode*&L,ElemType a[],int n)
//尾插法建立单链表
{
    SLinkNode*s,*r;
    L=(SLinkNode*)malloc(sizeof(SLinkNode));  //创建头结点
    L->next=NULL;
    r=L;                              //r 始终指向尾结点,开始时指向头结点
    for(int i=0;i<n;i++)
    {
```

```
        s=(SLinkNode*)malloc(sizeof(SLinkNode));//创建新结点 s
        s->data=a[i];
        r->next=s;              //将结点 s 插入 r 结点之后
        r=s;
    }
    r->next=NULL;               //尾结点 next 域置为 NULL
}
void InitList(SLinkNode*&L)   //初始化线性表
{
    L=(SLinkNode*)malloc(sizeof(SLinkNode));  //创建头结点
    L->next=NULL;                  //单链表置为空表
}
void DestroyList(SLinkNode*&L)   //销毁线性表
{
    SLinkNode*pre=L,*p=pre->next;
    while(p!=NULL)
    {   free(pre);
        pre=p;                  //pre、p 同步后移一个结点
        p=pre->next;
    }
    free(pre);                  //此时 p 为 NULL,pre 指向尾结点,释放它
}
bool ListEmpty(SLinkNode*L)     //判线性表是否为空表
{
    return(L->next==NULL);
}
int ListLength(SLinkNode*L)     //求线性表的长度
{   int i=0;
    SLinkNode*p=L;              //p 指向头结点,n 置为 0(即头结点的序号为 0)
    while(p->next!=NULL)
    {   i++;
        p=p->next;
    }
    return(i);                  //循环结束,p 指向尾结点,其序号 i 为结点个数
}
void DispList(SLinkNode*L)//输出线性表
{   SLinkNode*p=L->next;  //p 指向首结点
    while(p!=NULL)             //p 不为 NULL,输出 p 结点的 data 域
    {   printf("%c ",p->data);
    p=p->next;             //p 移向下一个结点
    }
```

```
    printf("\n");
}

bool GetElem(SLinkNode*L,int i,ElemType &e)  //求线性表中第 i 个元素值
{   int j=0;
    if(i<=0)return false;  //i 错误返回假
    SLinkNode*p=L;                      //p 指向头结点,j 置为 0(即头结点的序号为 0)
    while(j<i && p!=NULL)  //找第 i 个结点 p
    {   j++;
        p=p->next;
    }
    if(p==NULL)                 //不存在第 i 个数据结点,返回 false
        return false;
    else                    //存在第 i 个数据结点,返回 true
    {   e=p->data;
        return true;
    }
}

int LocateElem(SLinkNode*L,ElemType e)  //查找第一个值域为 e 的元素序号
{   int i=1;
    SLinkNode*p=L->next;            //p 指向首结点,i 置为 1(即首结点的序号为 1)
    while(p!=NULL && p->data!=e)//查找 data 值为 e 的结点,其序号为 i
    {   p=p->next;
        i++;
    }
    if(p==NULL)                         //不存在值为 e 的结点,返回 0
        return(0);
    else                        //存在值为 e 的结点,返回其逻辑序号 i
        return(i);
}

bool ListInsert(SLinkNode*&L,int i,ElemType e)  //插入第 i 个元素
{   int j=0;
    if(i<=0)return false;  //i 错误返回假
    SLinkNode*p=L,*s;           //p 指向头结点,j 置为 0(即头结点的序号为 0)
    while(j<i-1 && p!=NULL)  //查找第 i-1 个结点 p
    {   j++;
        p=p->next;
    }
```

```
    if(p==NULL)             //未找到第 i-1 个结点,返回 false
        return false;
    else                    //找到第 i-1 个结点 p,插入新结点并返回 true
    {   s=(SLinkNode*)malloc(sizeof(SLinkNode));
        s->data=e;                //创建新结点 s,其 data 域置为 e
        s->next=p->next;  //将结点 s 插入到结点 p 之后
        p->next=s;
        return true;
    }
}

bool ListDelete(SLinkNode*&L,int i,ElemType &e)  //删除第 i 个元素
{   int j=0;
    if(i<=0)return false;  //i 错误返回假
    SLinkNode*p=L,*q;           //p 指向头结点,j 置为 0(即头结点的序号为 0)
    while(j<i-1 && p!=NULL)  //查找第 i-1 个结点
    {   j++;
        p=p->next;
    }
    if(p==NULL)                 //未找到第 i-1 个结点,返回 false
        return false;
    else                        //找到第 i-1 个结点 p
    {   q=p->next;                //q 指向第 i 个结点
        if(q==NULL)             //若不存在第 i 个结点,返回 false
            return false;
        e=q->data;
        p->next=q->next;      //从单链表中删除 q 结点
        free(q);            //释放 q 结点
        return true;        //返回 true 表示成功删除第 i 个结点
    }
}

int main()
{
    SLinkNode*h;
    ElemType e;
    printf("单链表的基本运算如下:\n");
    printf("  (1)初始化单链表 h\n");
    InitList(h);
    printf("  (2)依次采用尾插法插入 a,b,c,d,e 元素\n");
```

```
    ListInsert(h,1,'a');
    ListInsert(h,2,'b');
    ListInsert(h,3,'c');
    ListInsert(h,4,'d');
    ListInsert(h,5,'e');
    printf("  (3)输出单链表 h:");
    DispList(h);
    printf("  (4)单链表 h 长度:%d \n",ListLength(h));
    printf("  (5)单链表 h 为%s \n",(ListEmpty(h)?"空":"非空"));
    GetElem(h,3,e);
    printf("  (6)单链表 h 的第 3 个元素:%c \n",e);
    printf("  (7)元素 a 的位置:%d \n",LocateElem(h,'a'));
    printf("  (8)在第 4 个元素位置上插入 f 元素 \n");
    ListInsert(h,4,'f');
    printf("  (9)输出单链表 h:");
    DispList(h);
    printf("  (10)删除 h 的第 3 个元素 \n");
        ListDelete(h,3,e);
    printf("  (11)输出单链表 h:");
    DispList(h);
    printf("  (12)释放单链表 h \n");
    DestroyList(h);
    return 1;
}
```

运行结果如图 2.5 所示。

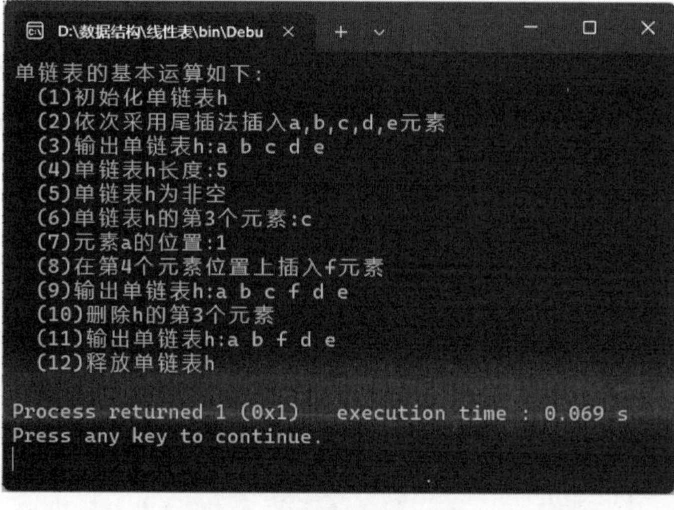

图 2.5　单链表代码运行结果

2.4.3　双链表的基本操作和实现

2.4.3.1　实践目的

掌握双链表的存储结构以及各种基本操作算法的设计和实现。

2.4.3.2　实践内容

(1) 双链表的创建和初始化。

(2) 双链表元素插入。

(3) 双链表长度计算。

(4) 双链表元素访问。

(5) 双链表元素删除。

(6) 双链表元素输出。

(7) 双链表销毁。

2.4.3.3　算法实现

假设双链表的元素类型 ElemType 为 int，构建如图 2.6 所示的双链表结点结构，在此基础上实现双链表的基本操作，具体实现详见如下代码：

prior	data	next

图 2.6　双链表的结点结构

```
//双链表运算算法
#include<stdio.h>
#include<malloc.h>
typedef int ElemType;
typedef struct DNode
{
    ElemType data;
    struct DNode*prior;    //指向前驱结点
    struct DNode*next;     //指向后继结点
} DLinkNode;               //声明双链表结点类型
void CreateListF(DLinkNode*&L,ElemType a[],int n)
//头插法建双链表
{
    DLinkNode*s;
    L=(DLinkNode*)malloc(sizeof(DLinkNode));
//创建头结点
    L->prior=L->next=NULL;
    for(int i=0;i<n;i++)
    {
        s=(DLinkNode*)malloc(sizeof(DLinkNode));//创建新结点
        s->data=a[i];
        s->next=L->next;          //将结点 s 插在原开始结点之前,头结点之后
```

```
        if(L->next!=NULL)L->next->prior=s;
        L->next=s;s->prior=L;
    }
}
void CreateListR(DLinkNode*&L,ElemType a[],int n)//尾插法建双链表
{
    DLinkNode*s,*r;
    L=(DLinkNode*)malloc(sizeof(DLinkNode));  //创建头结点
    L->prior=L->next=NULL;
    r=L;                        //r 始终指向终端结点,开始时指向头结点
    for(int i=0;i<n;i++)
    {
        s=(DLinkNode*)malloc(sizeof(DLinkNode));//创建新结点
        s->data=a[i];
        r->next=s;s->prior=r;//将结点 s 插入结点 r 之后
        r=s;
    }
    r->next=NULL;                //尾结点 next 域置为 NULL
}
void InitList(DLinkNode*&L)  //初始化线性表
{
    L=(DLinkNode*)malloc(sizeof(DLinkNode));  //创建头结点
    L->prior=L->next=NULL;
}
void DestroyList(DLinkNode*&L)  //销毁线性表
{
    DLinkNode*pre=L,*p=pre->next;
    while(p!=NULL)
    {
        free(pre);
        pre=p;                  //pre、p 同步后移一个结点
        p=pre->next;
    }
    free(p);
}
bool ListEmpty(DLinkNode*L)  //判线性表是否为空表
{
    return(L->next==NULL);
}
int ListLength(DLinkNode*L)  //求线性表的长度
```

```
{
    DLinkNode*p=L;
    int i=0;                    //p 指向头结点,i 设置为 0
    while(p->next!=NULL)      //找尾结点 p
    {
        i++;                  //i 对应结点 p 的序号
        p=p->next;
    }
    return(i);
}
void DispList(DLinkNode*L)      //输出线性表
{
    DLinkNode*p=L->next;
    while(p!=NULL)
    {
        printf("%c ",p->data);
        p=p->next;
    }
    printf("\n");
}
bool GetElem(DLinkNode*L,int i,ElemType &e)   //求线性表中第 i 个元素值
{
    int j=0;
    DLinkNode*p=L;
    if(i<=0)return false;   //i 错误返回假
    while(j<i && p!=NULL)   //查找第 i 个结点 p
    {
        j++;
        p=p->next;
    }
    if(p==NULL)              //没有找到返回假
        return false;
    else                    //找到了提取值并返回真
    {
        e=p->data;
        return true;
    }
}
int LocateElem(DLinkNode*L,ElemType e)   //查找第一个值域为 e 的元素序号
{
```

```
    int i=1;
    DLinkNode*p=L->next;
    while(p!=NULL && p->data!=e)  //查找第一个值域为 e 的结点 p
    {
        i++;                       //i 对应结点 p 的序号
        p=p->next;
    }
    if(p==NULL)                    //没有找到返回 0
        return(0);
    else                           //找到了返回其序号
        return(i);
}
bool ListInsert(DLinkNode*&L,int i,ElemType e)   //插入第 i 个元素
{
    int j=0;
    DLinkNode*p=L,*s;              //p 指向头结点,j 设置为 0
    if(i<=0)return false;  //i 错误返回假
    while(j<i-1 && p!=NULL)  //查找第 i-1 个结点 p
    {
        j++;
        p=p->next;
    }
    if(p==NULL)           //未找到第 i-1 个结点
        return false;
    else              //找到第 i-1 个结点 p
    {
        s=(DLinkNode*)malloc(sizeof(DLinkNode));//创建新结点 s
        s->data=e;
        s->next=p->next;  //将结点 s 插入到结点 p 之后
        if(p->next!=NULL)
            p->next->prior=s;
        s->prior=p;
        p->next=s;
        return true;
    }
}
bool ListDelete(DLinkNode*&L,int i,ElemType &e)   //删除第 i 个元素
{   int j=0;
    DLinkNode*p=L,*q;              //p 指向头结点,j 设置为 0
    if(i<=0)return false;  //i 错误返回假
```

```
    while(j<i-1 && p!=NULL)    //查找第 i-1 个结点 p
    {    j++;
         p=p->next;
    }
    if(p==NULL)                        //未找到第 i-1 个结点
         return false;
    else                         //找到第 i-1 个节 p
    {    q=p->next;              //q 指向第 i 个结点
         if(q==NULL)              //当不存在第 i 个结点时返回 false
             return false;
         e=q->data;
         p->next=q->next;          //从双链表中删除结点 q
         if(p->next!=NULL)       //若 p 结点存在后继结点,修改其前驱指针
             p->next->prior=p;
         free(q);              //释放 q 结点
         return true;
    }
}
int main()
{
    DLinkNode*h;
    ElemType e;
    printf("双链表的基本运算如下:\n");
    printf("  (1)初始化双链表 h\n");
    InitList(h);
    printf("  (2)依次采用尾插法插入 a,b,c,d,e 元素\n");
    ListInsert(h,1,'a');
    ListInsert(h,2,'b');
    ListInsert(h,3,'c');
    ListInsert(h,4,'d');
    ListInsert(h,5,'e');
    printf("  (3)输出双链表 h:");
    DispList(h);
    printf("  (4)双链表 h 长度:%d\n",ListLength(h));
    printf("  (5)双链表 h 为%s\n",(ListEmpty(h)?"空":"非空"));
    GetElem(h,3,e);
    printf("  (6)双链表 h 的第 3 个元素:%c\n",e);
    printf("  (7)元素 a 的位置:%d\n",LocateElem(h,'a'));
    printf("  (8)在第 4 个元素位置上插入 f 元素\n");
    ListInsert(h,4,'f');
```

```
    printf("  (9)输出双链表 h:");
    DispList(h);
    printf("  (10)删除 h 的第 3 个元素\n");
    ListDelete(h,3,e);
    printf("  (11)输出双链表 h:");
    DispList(h);
    printf("  (12)释放双链表 h\n");
    DestroyList(h);
    return 1;
}
```

运行结果如图 2.7 所示。

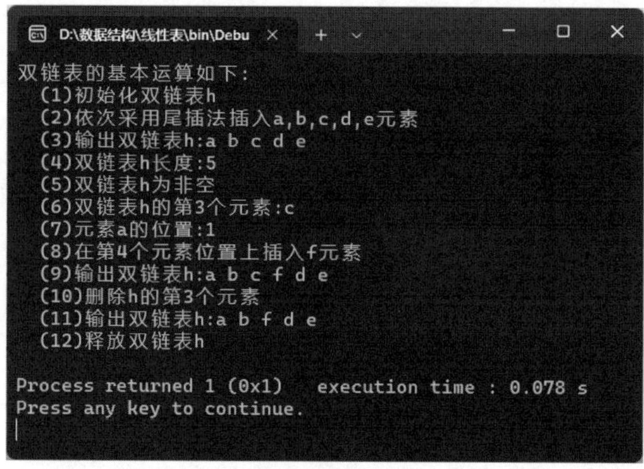

图 2.7　双链表代码运行结果

2.4.4　循环单链表的基本操作和实现

2.4.4.1　实践目的

掌握循环单链表的存储结构以及各种基本操作算法的设计和实现。

2.4.4.2　实践内容

(1) 循环单链表的创建和初始化。

(2) 循环单链表元素插入。

(3) 循环单链表长度计算。

(4) 循环单链表元素访问。

(5) 循环单链表元素删除。

(6) 循环单链表元素输出。

(7) 循环单链表销毁。

2.4.4.3　算法实现

假设循环单链表的元素类型 ElemType 为 int，构建如图 2.8 所示的双链表结点结构，在此基础上实现循环单链表的基本操作，具体实现详见如下代码：

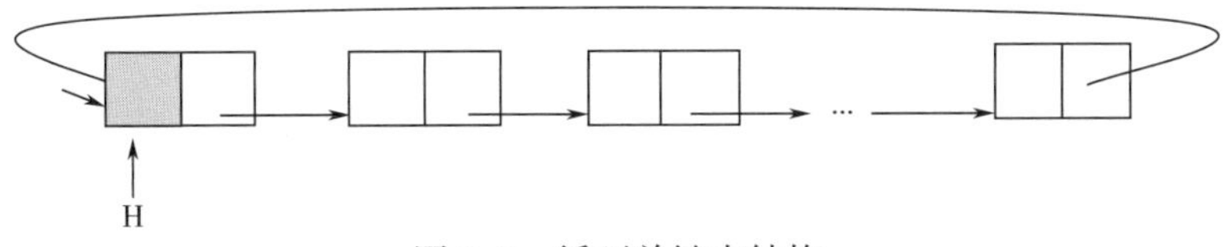

图 2.8　循环单链表结构

```
//循环单链表运算算法
#include<stdio.h>
#include<malloc.h>
typedef int ElemType;
typedef struct CLNode       //定义单链表结点类型
{
    ElemType data;
    struct CLNode*next;
} CLinkNode;
void CreateListF(CLinkNode*&L,ElemType a[],int n)//头插法建立循环单链表
{
    CLinkNode*s;int i;
    L=(CLinkNode*)malloc(sizeof(CLinkNode));     //创建头结点
    L->next=NULL;
    for(i=0;i<n;i++)
    {
        s=(CLinkNode*)malloc(sizeof(CLinkNode));//创建新结点
        s->data=a[i];
        s->next=L->next;                 //将结点 s 插在原开始结点之前,头结点之后
        L->next=s;
    }
    s=L->next;
    while(s->next!=NULL)                 //查找尾结点,由 s 指向它
        s=s->next;
    s->next=L;                           //尾结点 next 域指向头结点

}
void CreateListR(CLinkNode*&L,ElemType a[],int n)//尾插法建立循环单链表
{
    CLinkNode*s,*r;int i;
    L=(CLinkNode*)malloc(sizeof(CLinkNode));  //创建头结点
    L->next=NULL;
    r=L;                        //r 始终指向终端结点,开始时指向头结点
```

```
    for(i=0;i<n;i++)
    {
        s=(CLinkNode*)malloc(sizeof(CLinkNode));//创建新结点
        s->data=a[i];
        r->next=s;              //将结点 s 插入结点 r 之后
        r=s;
    }
    r->next=L;                  //尾结点 next 域指向头结点
}
void InitList(CLinkNode*&L)  //初始化线性表
{
    L=(CLinkNode*)malloc(sizeof(CLinkNode));  //创建头结点
    L->next=L;
}
void DestroyList(CLinkNode*&L)  //销毁线性表
{
    CLinkNode*pre=L,*p=pre->next;
    while(p!=L)
    {
        free(pre);
        pre=p;                  //pre、p 同步后移一个结点
        p=pre->next;
    }
    free(pre);                  //此时 p=L,pre 指向尾结点,释放它
}
bool ListEmpty(CLinkNode*L)     //判线性表是否为空表
{
    return(L->next==L);
}
int ListLength(CLinkNode*L)     //求线性表的长度
{
    CLinkNode*p=L;int i=0;  //p 指向头结点,n 置为 0(即头结点的序号为 0)
    while(p->next!=L)
    {
        i++;
        p=p->next;
    }
    return(i);                  //循环结束,p 指向尾结点,其序号 n 为结点个数
}
void DispList(CLinkNode*L)  //输出线性表
{
```

```
    CLinkNode*p=L->next;
    while(p!=L)                //p 不为 L,输出 p 结点的 data 域
    {
        printf("%c ",p->data);
        p=p->next;
    }
    printf("\n");
}
bool GetElem(CLinkNode*L,int i,ElemType &e)  //求线性表中第 i 个元素值
{   int j=1;
CLinkNode*p=L->next;
if(i<=0 || L->next==L)       //i 错误或者空表返回假
    return false;
if(i==1)                //求第 1 个结点值,作为特殊情况处理
{
    e=L->next->data;
    return true;
}
else                    //i 不为 1 时
{
    while(j<=i-1 && p!=L)  //找第 i 个结点 p
    {
        j++;
        p=p->next;
    }
    if(p==L)                    //没有找到返回假
        return false;
    else                    //找到了提取它的值并返回整
    {
        e=p->data;
        return true;
    }
}
}

int LocateElem(CLinkNode*L,ElemType e)   //查找第一个值域为 e 的元素序号
{
    CLinkNode*p=L->next;
    int i=1;
    while(p!=L && p->data!=e)//查找第一个值域为 e 的结点 p
    {
```

```
        p=p->next;
        i++;                    //i对应结点p的序号
    }
    if(p==L)
        return(0);              //没有找到返回0
    else
        return(i);              //找到了返回其序号
}
bool ListInsert(CLinkNode*&L,int i,ElemType e)   //插入第i个元素
{
    int j=1;
    CLinkNode*p=L,*s;
    if(i<=0)return false;   //i错误返回假
    if(p->next==L || i==1)      //原单链表为空表或i=1作为特殊情况处理
    {
        s=(CLinkNode*)malloc(sizeof(CLinkNode));//创建新结点s
        s->data=e;
        s->next=p->next;   //将结点s插入到结点p之后
        p->next=s;
        return true;
    }
    else
    {
        p=L->next;
        while(j<=i-2 && p!=L)   //找第i-1个结点p
        {
            j++;
            p=p->next;
        }
        if(p==L)            //未找到第i-1个结点
            return false;
        else                //找到第i-1个结点p
        {
            s=(CLinkNode*)malloc(sizeof(CLinkNode));//创建新结点s
            s->data=e;
            s->next=p->next;                    //将结点s插入到结点p之后
            p->next=s;
            return true;
        }
    }
}
```

```
bool ListDelete(CLinkNode*&L,int i,ElemType &e)  //删除第 i 个元素
{
    int j=1;
    CLinkNode*p=L,*q;
    if(i<=0 || L->next==L)
        return false;         //i 错误或者空表返回假
    if(i==1)                  //i=1 作为特殊情况处理
    {
        q=L->next;                //删除第 1 个结点
        e=q->data;
        L->next=q->next;
        free(q);
        return true;
    }
    else                      //i 不为 1 时
    {
        p=L->next;
        while(j<=i-2 && p!=L)//找第 i-1 个结点 p
        {
            j++;
            p=p->next;
        }
        if(p==L)              //未找到第 i-1 个结点
            return false;
        else                  //找到第 i-1 个结点 p
        {
            q=p->next;            //q 指向要删除的结点
            e=q->data;
            p->next=q->next;   //从单链表中删除 q 结点
            free(q);              //释放 q 结点
            return true;
        }
    }
}

int main()
{
    CLinkNode*h;
    ElemType e;
    printf("循环单链表的基本运算如下:\n");
    printf("  (1)初始化循环单链表 h\n");
```

```
    InitList(h);
    printf("  (2)依次采用尾插法插入 a,b,c,d,e 元素\n");
    ListInsert(h,1,'a');
    ListInsert(h,2,'b');
    ListInsert(h,3,'c');
    ListInsert(h,4,'d');
    ListInsert(h,5,'e');
    printf("  (3)输出循环单链表 h:");
    DispList(h);
    printf("  (4)循环单链表 h 长度:%d\n",ListLength(h));
    printf("  (5)循环单链表 h 为%s\n",(ListEmpty(h)?"空":"非空"));
    GetElem(h,3,e);
    printf("  (6)循环单链表 h 的第 3 个元素:%c\n",e);
    printf("  (7)元素 a 的位置:%d\n",LocateElem(h,'a'));
    printf("  (8)在第 4 个元素位置上插入 f 元素\n");
    ListInsert(h,4,'f');
    printf("  (9)输出循环单链表 h:");
    DispList(h);
    printf("  (10)删除 h 的第 3 个元素\n");
    ListDelete(h,3,e);
    printf("  (11)输出循环单链表 h:");
    DispList(h);
    printf("  (12)释放循环单链表 h\n");
    DestroyList(h);
    return 1;
}
```

运行结果如图 2.9 所示。

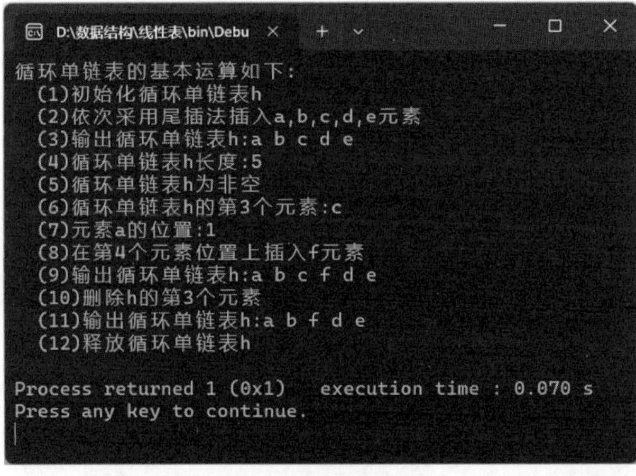

图 2.9　双链表代码运行结果

2.4.5　循环双链表的基本操作和实现

2.4.5.1　实践目的

掌握循环双链表的存储结构以及各种基本操作算法的设计和实现。

2.4.5.2　实践内容

(1) 循环双链表的创建和初始化。

(2) 循环双链表元素插入。

(3) 循环双链表长度计算。

(4) 循环双链表元素访问。

(5) 循环双链表元素删除。

(6) 循环双链表元素输出。

(7) 循环双链表销毁。

2.4.5.3　算法实现

假设循环双链表的元素类型 ElemType 为 int，构建如图 2.10 所示的两种循环双链表结构，在此基础上实现循环双链表的基本操作，具体实现详见如下代码：

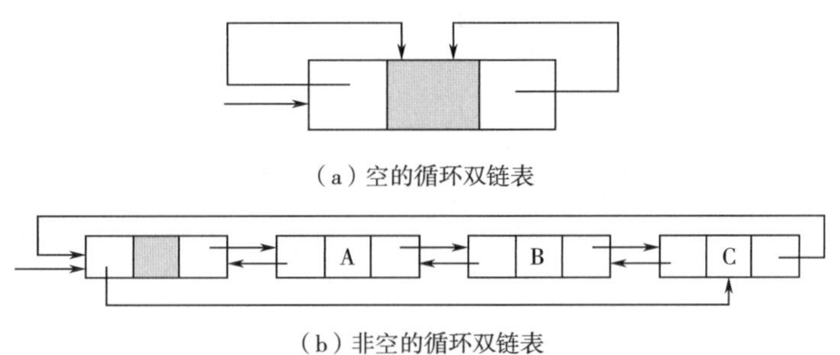

(a) 空的循环双链表

(b) 非空的循环双链表

图 2.10　循环双链表结构

```
//循环双链表运算算法
#include<stdio.h>
#include<malloc.h>
typedef int ElemType;
typedef struct CDNode        //定义双链表结点类型
{
    ElemType data;
    struct CDNode*prior;  //指向前驱结点
    struct CDNode*next;      //指向后继结点
} CDLinkNode;
void CreateListF(CDLinkNode*&L,ElemType a[ ],int n)//头插法建立循环双链表
{
    CDLinkNode*s;
```

```
    L=(CDLinkNode*)malloc(sizeof(CDLinkNode));  //创建头结点
    L->next=NULL;
    for(int i=0;i<n;i++)
    {
        s=(CDLinkNode*)malloc(sizeof(CDLinkNode));//创建新结点
        s->data=a[i];
        s->next=L->next;              //将结点 s 插在原开始结点之前,头结点之后
        if(L->next!=NULL)L->next->prior=s;
        L->next=s;s->prior=L;
    }
    s=L->next;
    while(s->next!=NULL)          //查找尾结点,由 s 指向它
        s=s->next;
    s->next=L;                    //尾结点 next 域指向头结点
    L->prior=s;                   //头结点的 prior 域指向尾结点

}
void CreateListR(CDLinkNode*&L,ElemType a[],int n)//尾插法建立循环双链表
{
    CDLinkNode*s,*r;
    L=(CDLinkNode*)malloc(sizeof(CDLinkNode));  //创建头结点
    L->next=NULL;
    r=L;                    //r 始终指向尾结点,开始时指向头结点
    for(int i=0;i<n;i++)
    {
        s=(CDLinkNode*)malloc(sizeof(CDLinkNode));//创建新结点
        s->data=a[i];
        r->next=s;s->prior=r;//将结点 s 插入结点 r 之后
        r=s;
    }
    r->next=L;                  //尾结点 next 域指向头结点
    L->prior=r;                 //头结点的 prior 域指向尾结点
}
void InitList(CDLinkNode*&L)  //初始化线性表
{
    L=(CDLinkNode*)malloc(sizeof(CDLinkNode));     //创建头结点
    L->prior=L->next=L;
}
void DestroyList(CDLinkNode*&L)//销毁线性表
{
```

```
    CDLinkNode*pre=L,*p=pre->next;
    while(p!=L)
    {
        free(pre);
        pre=p;          //pre、p 同步后移一个结点
        p=pre->next;
    }
    free(pre);          //此时 p=L,pre 指向尾结点,释放它
}
bool ListEmpty(CDLinkNode*L)//判线性表是否为空表
{
    return(L->next==L);
}
int ListLength(CDLinkNode*L)//求线性表的长度
{
    CDLinkNode*p=L;
    int i=0;
    while(p->next!=L)
    {
        i++;
        p=p->next;
    }
    return(i);                  //循环结束,p 指向尾结点,其序号 i 为结点个数
}
void DispList(CDLinkNode*L)  //输出线性表
{
    CDLinkNode*p=L->next;
    while(p!=L)
    {
        printf("%c ",p->data);
        p=p->next;
    }
    printf("\n");
}
bool GetElem(CDLinkNode*L,int i,ElemType &e)//求线性表中第 i 个元素值
{
    int j=1;
    CDLinkNode*p=L->next;
    if(i<=0 || L->next==L)
        return false;     //i 错误或者 L 为空表返回假
```

```
    if(i==1)                    //i=1 作为特殊情况处理
    {
        e=L->next->data;
        return true;
    }
    else                            //i 不为 1 时
    {
        while(j<=i-1 && p!=L)//查找第 i 个结点 p
        {
            j++;
            p=p->next;
        }
        if(p==L)                    //没有找到第 i 个结点,返回假
            return false;
        else                        //找到了第 i 个结点,返回真
        {
            e=p->data;
            return true;
        }
    }
}
int LocateElem(CDLinkNode*L,ElemType e)//查找第一个值域为 e 的元素序号
{
    int i=1;
    CDLinkNode*p=L->next;
    while(p!=NULL && p->data!=e)
    {
        i++;
        p=p->next;
    }
    if(p==NULL)                 //不存在值为 e 的结点,返回 0
        return(0);
    else                        //存在值为 e 的结点,返回其逻辑序号 i
        return(i);
}
bool ListInsert(CDLinkNode*&L,int i,ElemType e)//插入第 i 个元素
{
    int j=1;
    CDLinkNode*p=L,*s;
    if(i<=0)return false;             //i 错误返回假
```

```
    if(p->next==L)                             //原双链表为空表时
    {
        s=(CDLinkNode*)malloc(sizeof(CDLinkNode));  //创建新结点 s
        s->data=e;
        p->next=s;s->next=p;
        p->prior=s;s->prior=p;
        return true;
    }
    else if(i==1)          //L 不为空,i=1 作为特殊情况处理
    {
        s=(CDLinkNode*)malloc(sizeof(CDLinkNode));  //创建新结点 s
        s->data=e;
        s->next=p->next;p->next=s;      //将结点 s 插入到结点 p 之后
        s->next->prior=s;s->prior=p;
        return true;
    }
    else                                        //i 不为 1 时
    {
        p=L->next;
        while(j<=i-2 && p!=L)                   //查找第 i-1 个结点 p
        {   j++;
        p=p->next;
        }
        if(p==L)                                //未找到第 i-1 个结点
            return false;
        else                                    //找到第 i-1 个结点*p
        {
            s=(CDLinkNode*)malloc(sizeof(CDLinkNode));  //创建新结点 s
            s->data=e;
            s->next=p->next;                    //将结点 s 插入到结点 p 之后
            if(p->next!=NULL)p->next->prior=s;
            s->prior=p;
            p->next=s;
            return true;
        }
    }
}
bool ListDelete(CDLinkNode*&L,int i,ElemType &e)//删除第 i 个元素
{
    int j=1;
    CDLinkNode*p=L,*q;
```

```
    if(i<=0 || L->next==L)
        return false;              //i 错误或者为空表返回假
    if(i==1)                       //i==1 作为特殊情况处理
    {
        q=L->next;                       //删除第 1 个结点
        e=q->data;
        L->next=q->next;
        q->next->prior=L;
        free(q);
        return true;
    }
    else                                 //i 不为 1 时
    {
        p=L->next;
        while(j<=i-2 && p!=NULL)/*查找到第 i-1 个结点 p*/
        {
            j++;
            p=p->next;
        }
        if(p==NULL)                    //未找到第 i-1 个结点
            return false;
        else                      //找到第 i-1 个结点 p
        {
            q=p->next;                    //q 指向要删除的结点
            if(q==NULL)return 0;   //不存在第 i 个结点
            e=q->data;
            p->next=q->next;        //从单链表中删除 q 结点
            if(p->next!=NULL)p->next->prior=p;
            free(q);              //释放 q 结点
            return true;
        }
    }
}

int main()
{
    CDLinkNode*h;
    ElemType e;
    printf("循环双链表的基本运算如下:\n");
    printf("  (1)初始化循环双链表 h \n");
    InitList(h);
```

```
    printf("  (2)依次采用尾插法插入 a,b,c,d,e 元素 \n");
    ListInsert(h,1,'a');
    ListInsert(h,2,'b');
    ListInsert(h,3,'c');
    ListInsert(h,4,'d');
    ListInsert(h,5,'e');
    printf("  (3)输出循环双链表 h:");
    DispList(h);
    printf("  (4)循环双链表 h 长度:%d \n",ListLength(h));
    printf("  (5)循环双链表 h 为%s \n",(ListEmpty(h)?"空":"非空"));
    GetElem(h,3,e);
    printf("  (6)循环双链表 h 的第 3 个元素:%c \n",e);
    printf("  (7)元素 a 的位置:%d \n",LocateElem(h,'a'));
    printf("  (8)在第 4 个元素位置上插入 f 元素 \n");
    ListInsert(h,4,'f');
    printf("  (9)输出循环双链表 h:");
    DispList(h);
    printf("  (10)删除 h 的第 3 个元素 \n");
        ListDelete(h,3,e);
    printf("  (11)输出循环双链表 h:");
    DispList(h);
    printf("  (12)释放循环双链表 h \n");
    DestroyList(h);
    return 1;
}
```

运行结果如图 2.11 所示。

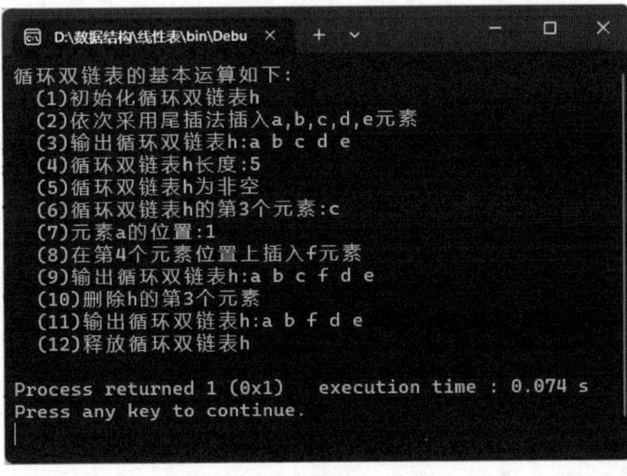

图 2.11　循环双链表代码运行结果

2.5 提高篇

线性表的合并

有序表的合并

本部分可以作为数据结构实践的上机内容、课后练习或课后作业等使用。本部分题目的设置结合了各类程序设计竞赛或考研题目所考察的知识点。

2.5.1 实践题目

2.5.1.1 单链表按基准划分

(1) 题目要求。编写一个程序，以单链表的首结点值 x 为基准将该单链表分割为两部分，使所有小于 x 的结点排在大于或等于 x 的结点之前。

(2) 题目分析。可以采用删除和插入法将单链表 L 中的所有结点按首结点值 x 进行划分，也可以采用尾插法建表和用连接法将单链表 L 中的所有结点按首结点值 x 进行划分。

(3) 关键算法实现（以 2.4.2 单链表算法代码为基础）。

```
void Split1(LinkNode*&L)      //解法 1:将 L 中所有结点按首结点值进行划分
{
    LinkNode*pre,*p,*q;
    if(L->next==NULL || L->next->next==NULL)
        return;                              //单链表 L 为空或者只有一个结点时返回
    int x=L->next->data;          //取首结点值 x
    pre=L->next;                             //pre 指向首结点
    p=pre->next;                 //p 指向 pre 结点的后继结点
    while(p!=NULL)
    {
        if(p->data<x)                //结点 p 的值小于 x 时
        {
            pre->next=p->next;       //删除结点 p
            p->next=L->next;        /*将结点 p 插入到表头*/
            L->next=p;
            p=pre->next;             //继续遍历
        }
        else                          //结点 p 的值大于等于 x 时
        {
```

```
            pre=p;                          //pre、p同步后移
            p=pre->next;
        }
    }
}
void Split2(LinkNode*&L)              //解法2:将L中所有结点按首结点值进行划分
{
    LinkNode*p=L->next,*r,*L1,*r1;
    if(L->next==NULL || L->next->next==NULL)
        return;                             //单链表L为空或者只有一个结点时返回
    int x=L->next->data;               //取首结点值x
    r=L;
    L1=(LinkNode*)malloc(sizeof(LinkNode));  //建立大于等于x的单链表L1
    r1=L1;
    while(p!=NULL)
    {
        if(p->data<x)              //若p结点值小于x
        {
            r->next=p;r=p;
            p=p->next;
        }
        else
        {
            r1->next=p;r1=p;
            p=p->next;
        }
    }
    r1->next=NULL;
    r->next=L1->next;            //L和L1连接
    free(L1);
}

int main()
{
    LinkNode*L;
    ElemType a[]="daxgdchaeb";
    int n=strlen(a);
    printf("解法1\n");
    CreateListR(L,a,n);
    printf("  L:");DispList(L);
    printf("  以首结点值进行划分\n");
```

```
    Split1(L);
    printf("  L:");DispList(L);
    DestroyList(L);
    printf("解法 2 \n");
    CreateListR(L,a,n);
    printf("  L:");DispList(L);
    printf("  以首结点值进行划分 \n");
    Split2(L);
    printf("  L:");DispList(L);
    DestroyList(L);
    return 1;
}
```

运行结果如图 2.12 所示。

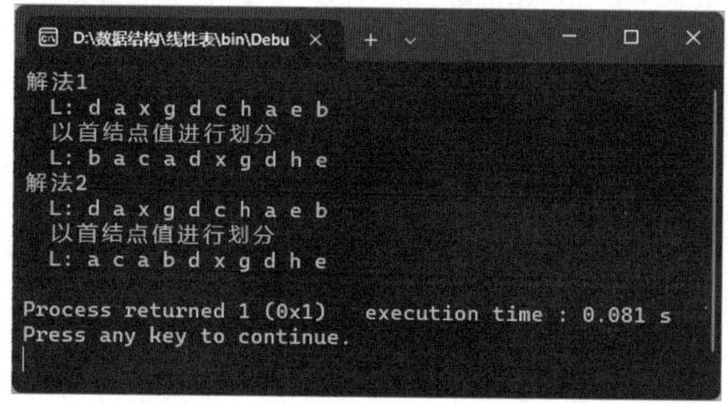

图 2.12　单链表按基准划分代码运行结果

2.5.1.2　将两个单链表合并为一个单链表

（1）题目要求。编写一个程序实现这样的功能：令 L1 = $(x_1, x_2, \cdots, x_n)$，L2 = $(y_1, y_2, \cdots, y_m)$，它们是两个线性表，采用带头节点的单链表存储，设计一个算法合并 L1、L2，将结果放在线性表 L3 中，要求如下：

$$L3 = \begin{cases} (x_1, y_1, x_2, y_2, \cdots, x_m, y_m, x_{m+1}, \cdots, x_n), \text{当 } m \leqslant n \text{ 时}, \\ (x_1, y_1, x_2, y_2, \cdots, x_m, y_m, y_{n+1}, \cdots, y_m), \text{当 } m > n \text{ 时}. \end{cases}$$

L3 仍采用单链表存储，算法的空间复杂度为 O（1）。

（2）题目分析。由于要求算法的空间复杂度为 O（1），所以只能通过 L1 和 L2 的结点重新组织产生单链表 L3，也就是说算法执行后 L1 和 L2 不复存在。

（3）关键算法实现（以 2.4.2 单链表算法代码为基础）。

```
void Merge(LinkNode*L1,LinkNode*L2,LinkNode*&L3) //L1 和 L2 合并产生 L3
{
    LinkNode*p=L1->next,*q=L2->next,*r;
    L3=L1;
```

```
    r=L3;          //r 指向新建单链表 L3 的尾结点
    free(L2);      //释放 L2 的头结点
    while(p!=NULL && q!=NULL)
    {
        r->next=p;r=p;p=p->next;
        r->next=q;r=q;q=q->next;
    }
    r->next=NULL;
    if(q!=NULL)p=q;
    r->next=p;
}

int main()
{
    LinkNode*L1,*L2,*L3;
    ElemType a[]="abcdefgh";
    int n=8;
    CreateListR(L1,a,n);
    printf("L1:");DispList(L1);

    ElemType b[]="12345";
    n=5;
    CreateListR(L2,b,n);
    printf("L2:");DispList(L2);
    printf("L1 和 L2 合并产生 L3 \n");
    Merge(L1,L2,L3);
    printf("L3:");DispList(L3);
    DestroyList(L3);
    return 1;
}
```

运行结果如图 2.13 所示。

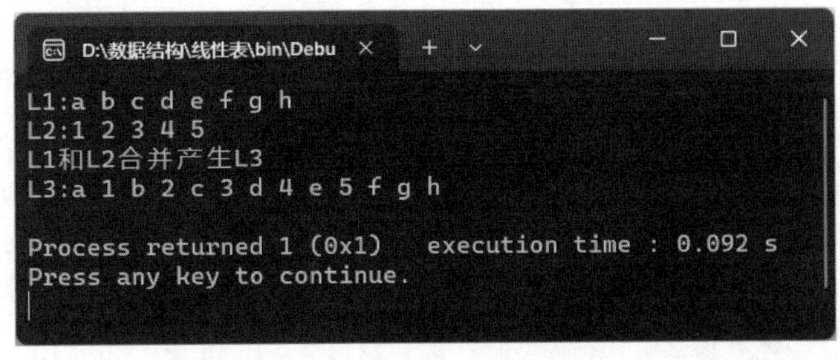

图 2.13　单链表和并代码运行结果

2.5.1.3　求集合（用单链表表示）的并、交和差运算

（1）题目要求。编写一个程序，采用单链表表示集合（假设同一个集合中不存在重复元素），将其按递增方式排序，构成有序单链表，并求这样的两个集合的并、交、差。

（2）题目分析。首先将单链表中的所有数据结点按值域递增排序，然后采用二路归并+尾插法建表思路实现集合之间的并、交、差操作。

（3）关键算法实现（以 2.4.2 单链表算法代码为基础）。

```
void sort(LinkNode*&L)          //单链表元素递增排序
{
    LinkNode*p,*pre,*q;
    p=L->next->next;             //p 指向 L 的第 2 个数据结点
    L->next->next=NULL;              //构造只含一个数据结点的有序表
    while(p!=NULL)
    {   q=p->next;               //q 保存 p 结点的后继结点
        pre=L;                   //从有序表开头进行比较,pre 指向插入结点 p 的前驱结点
        while(pre->next!=NULL && pre->next->data<p->data)
            pre=pre->next;   //在有序表中找 pre 结点
        p->next=pre->next;   //将结点 pre 之后插入 p 结点
        pre->next=p;
        p=q;                     //扫描原单链表余下的结点
    }
}

void Union(LinkNode*ha,LinkNode*hb,LinkNode*&hc)  //求两有序集合的并
{
    LinkNode*pa=ha->next,*pb=hb->next,*s,*tc;
    hc=(LinkNode*)malloc(sizeof(LinkNode));  //创建头结点
    tc=hc;
    while(pa!=NULL && pb!=NULL)
    {
        if(pa->data<pb->data)
        {
            s=(LinkNode*)malloc(sizeof(LinkNode));//复制结点
            s->data=pa->data;
            tc->next=s;tc=s;
            pa=pa->next;
        }
        else if(pa->data>pb->data)
        {
            s=(LinkNode*)malloc(sizeof(LinkNode));//复制结点
            s->data=pb->data;
```

```
            tc->next=s;tc=s;
            pb=pb->next;
        }
        else
        {
            s=(LinkNode*)malloc(sizeof(LinkNode));//复制结点
            s->data=pa->data;
            tc->next=s;tc=s;
            pa=pa->next;     //重复的元素只复制一个
            pb=pb->next;
        }
    }
    if(pb!=NULL)pa=pb;  //复制余下的结点
    while(pa!=NULL)
    {
        s=(LinkNode*)malloc(sizeof(LinkNode));//复制结点
        s->data=pa->data;
        tc->next=s;tc=s;
        pa=pa->next;
    }
    tc->next=NULL;
}
void InterSect(LinkNode*ha,LinkNode*hb,LinkNode*&hc)  //求两有序集合的交
{
    LinkNode*pa=ha->next,*pb,*s,*tc;
    hc=(LinkNode*)malloc(sizeof(LinkNode));
    tc=hc;
    while(pa!=NULL)
    {
        pb=hb->next;
        while(pb!=NULL && pb->data<pa->data)
            pb=pb->next;
        if(pb!=NULL && pb->data==pa->data)        //若 pa 结点值在 B 中
        {
            s=(LinkNode*)malloc(sizeof(LinkNode));//复制结点
            s->data=pa->data;
            tc->next=s;tc=s;
        }
        pa=pa->next;
    }
```

```
    tc->next=NULL;
}
void Subs(LinkNode*ha,LinkNode*hb,LinkNode*&hc)  //求两有序集合的差
{
    LinkNode*pa=ha->next,*pb,*s,*tc;
    hc=(LinkNode*)malloc(sizeof(LinkNode));
    tc=hc;
    while(pa!=NULL)
    {
        pb=hb->next;
        while(pb!=NULL && pb->data<pa->data)
            pb=pb->next;
        if(!(pb!=NULL && pb->data==pa->data))  //若pa结点值不在B中
        {
            s=(LinkNode*)malloc(sizeof(LinkNode));//复制结点
            s->data=pa->data;
            tc->next=s;tc=s;
        }
        pa=pa->next;
    }
    tc->next=NULL;
}
int main()
{
    LinkNode*ha,*hb,*hc;
    ElemType a[]={'c','a','e','h'};
    ElemType b[]={' f','h','b','g','d','a'};
    printf("集合的运算如下:\n");
    CreateListR(ha,a,4);
    CreateListR(hb,b,6);
    printf("  原 集 合 A:");DispList(ha);
    printf("  原 集 合 B:");DispList(hb);
    sort(ha);
    sort(hb);
    printf("  有序集合 A:");DispList(ha);
    printf("  有序集合 B:");DispList(hb);
    Union(ha,hb,hc);
    printf("  集合的并 C:");DispList(hc);
    InterSect(ha,hb,hc);
    printf("  集合的交 C:");DispList(hc);
```

```
    Subs(ha,hb,hc);
    printf("   集合的差 C:");DispList(hc);
    DestroyList(ha);
    DestroyList(hb);
    DestroyList(hc);
    return 1;
}
```

运行结果如图 2.14 所示。

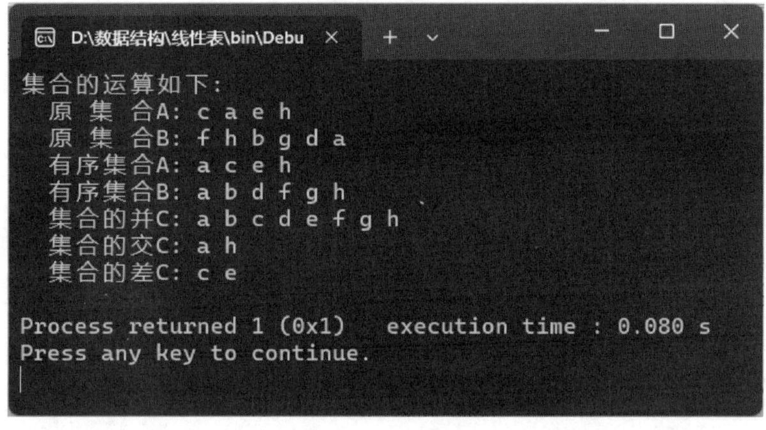

图 2.14　结合运算代码运行结果

2.5.1.4　实现两个多项式相加的运算

(1) 题目要求。编写一个程序，用单链表存储一个多项式，并实现两个一元多项式相加的运算。

(2) 题目分析。首先采用尾插法建立多项式单链表，然后将多项式单链表按 exp 域递减排序，最后采用二路归并+尾插法建表思路实现算法。

(3) 算法实现。

```
#include<stdio.h>
#include<malloc.h>
#define MAX 100               //多项式最多项数
typedef struct
{
    double coef;     //系数
    int exp;         //指数
} PolyArray;         //存放多项式的数组类型
typedef struct pnode
{
```

```
    double coef;        //系数
    int exp;            //指数
    struct pnode*next;
} PolyNode;                       //声明多项式单链表结点类型
void DispPoly(PolyNode*L) //输出多项式单链表
{
    bool first=true;     //first 为 true 表示是第一项
    PolyNode*p=L->next;
    while(p!=NULL)
    {
        if(first)
            first=false;
        else if(p->coef>0)
            printf("+");
        if(p->exp==0)
            printf("%g",p->coef);
        else if(p->exp==1)
            printf("%gx",p->coef);
        else
            printf("%gx^%d",p->coef,p->exp);
        p=p->next;
    }
    printf("\n");
}
void DestroyPoly(PolyNode*&L)//销毁多项式单链表
{
    PolyNode*pre=L,*p=pre->next;
    while(p!=NULL)
    {
        free(pre);
        pre=p;
        p=pre->next;
    }
    free(pre);
}
void CreatePolyR(PolyNode*&L,PolyArray a[],int n)//尾插法建表
{
    PolyNode*s,*r;int i;
    L=(PolyNode*)malloc(sizeof(PolyNode));//创建头结点
    L->next=NULL;
```

```
    r=L;                          //r 始终指向尾结点,开始时指向头结点
    for(i=0;i<n;i++)
    {
        s=(PolyNode*)malloc(sizeof(PolyNode));//创建新结点
        s->coef=a[i].coef;
        s->exp=a[i].exp;
        r->next=s;            //将结点 s 插入结点 r 之后
        r=s;
    }
    r->next=NULL;             //尾结点 next 域置为 NULL
}
void Sort(PolyNode*&L)            //将多项式单链表按指数递减排序
{
    PolyNode*p=L->next,*pre,*q;
    if(p!=NULL)                   //L 有一个或多个数据结点
    {
        q=p->next;                //q 保存 p 结点的后继结点
        p->next=NULL;             //构造只含一个数据结点的有序表
        p=q;
        while(p!=NULL)            //扫描原 L 中余下的数据结点
        {
            q=p->next;            //q 保存 p 结点的后继结点
            pre=L;
            while(pre->next!=NULL && pre->next->exp>p->exp)
                pre=pre->next;    //在有序表中找插入结点 p 的前驱结点 pre
            p->next=pre->next;    //将结点 p 插入到结点 pre 之后
            pre->next=p;
            p=q;                  //扫描原单链表余下的结点
        }
    }
}
void Add(PolyNode*ha,PolyNode*hb,PolyNode*&hc)  //ha 和 bh 相加得到 hc
{
    PolyNode*pa=ha->next,*pb=hb->next,*s,*r;
    double c;
    hc=(PolyNode*)malloc(sizeof(PolyNode));
    r=hc;                         //r 指向尾结点,初始时指向头结点
    while(pa!=NULL && pb!=NULL)   //pa、pb 均没有扫描完
    {
        if(pa->exp>pb->exp)   //将指数较大的 pa 结点复制到 hc 中
        {
```

```
            s=(PolyNode*)malloc(sizeof(PolyNode));
            s->exp=pa->exp;s->coef=pa->coef;
            r->next=s;r=s;
            pa=pa->next;
        }
        else if(pa->exp<pb->exp)      //将指数较大的 pb 结点复制到 hc 中
        {
            s=(PolyNode*)malloc(sizeof(PolyNode));
            s->exp=pb->exp;s->coef=pb->coef;
            r->next=s;r=s;
            pb=pb->next;
        }
        else                          //pa、pb 结点的指数相等时
        {
            c=pa->coef+pb->coef;   //求两个结点的系数和 c
            if(c!=0)               //若系数和不为 0 时创建新结点
            {
                s=(PolyNode*)malloc(sizeof(PolyNode));
                s->exp=pa->exp;s->coef=c;
                r->next=s;r=s;
            }
            pa=pa->next;           //pa、pb 均后移一个结点
            pb=pb->next;
        }
    }
    if(pb!=NULL)pa=pb;             //复制余下的结点
    while(pa!=NULL)
    {
        s=(PolyNode*)malloc(sizeof(PolyNode));
        s->exp=pa->exp;
        s->coef=pa->coef;
        r->next=s;r=s;
        pa=pa->next;
    }
    r->next=NULL;                  //尾结点 next 设置为空
}
int main()
{
    PolyNode*ha,*hb,*hc;
    PolyArray a[]={{1.2,0},{2.5,1},{3.2,3},{-2.5,5}};
```

```
    PolyArray b[]={{-1.2,0},{2.5,1},{3.2,3},{2.5,5},{5.4,10}};
    CreatePolyR(ha,a,4);
    CreatePolyR(hb,b,5);
    printf("原多项式 A:  ");DispPoly(ha);
    printf("原多项式 B:  ");DispPoly(hb);
    Sort(ha);
    Sort(hb);
    printf("有序多项式 A:");DispPoly(ha);
    printf("有序多项式 B:");DispPoly(hb);
    Add(ha,hb,hc);
    printf("多项式相加:  ");DispPoly(hc);
    DestroyPoly(ha);
    DestroyPoly(hb);
    DestroyPoly(hc);
    return 1;
}
```

运行结果如图 2.15 所示。

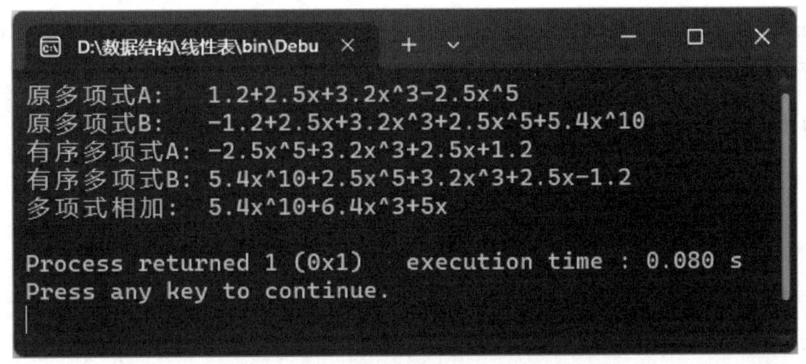

图 2.15　多项式运算代码运行结果

2.5.2　习题与指导

【习题一】减少失业救济队列问题。

每天救济申请人被排成一队放在一个圆圈中，选取其中一人将其设置编号为 1，依次按照逆时针方向进行编号，编号最大值为 n（最后一人，其右侧人编号为 1）。有两位负责人，负责人 A 从 1 开始清点，顺时针清掉到第 k 份申请；负责人 B 从 n 开始清点，清点到第 m 份。这两个人选出去再次培训。如果两个负责人选的是同一人，则该申请人去当一个政治家。接着寻找下一个政治家，直到圈中无人，输出政治家编号。

习题指导：本题目与标准的约瑟夫环问题不同，其报数的位置是从两个开始位置出发沿着两个不同的方向进行，因 k 与 m 的值可能不同，因此步长可能不同，可在约瑟夫环问题上做进一步改进。

【习题二】整数划分问题。

将正整数 n 表示成一系列正整数之和，这种划分称为正整数 n 的划分。求正整数 n 的不同划分个数和方案，如正整数6有如下 11 种划分：6；5+1；4+2；4+1+1；3+3；3+2+1；3+1+1+1；2+2+2；2+2+1+1；2+1+1+1+1；1+1+1+1+1+1。

习题指导：输入形式为待划分整数 n，输出形式为划分数及对应划分方案。可建立线性表存储划分方案，增加一个自变量，将最大加数 n 不大于 m 划分个数计作 q（n，m），得到如下递归：

$$q(n,\ m) = \begin{cases} 1, & n = 1,\ m = 1, \\ q(n,\ n), & n < m, \\ 1 + q(n,\ n-1), & n = m, \\ q(n,\ m-1) + q(n-m,\ m), & n > m > 1. \end{cases}$$

【习题三】单链表的应用。

设 A、B 分别为两个带头结点的单链表的头指针，这里表中的结点数据均为整数。设计程序，用表 C 存储表 A 和表 B 数据的交集。

习题指导：本题目考察单链表的构造、数据比较和遍历，基本思路可每次从 A 中选取元素，如果 B 中有相同的元素则插入 C 中。

【习题四】循环链表应用。

假设某循环单链表非空，指针 q 指向该链表的某结点，设计一个算法，将 q 所指结点的后继结点变为所指结点的前驱结点。

习题指导：首先找到 q 结点的前驱、后继结点和前驱的前驱，进而将前驱结点和后继结点交换。

【习题五】双向循环链表的应用。

编写程序判断一个带头结点的双向循环链表是否对称相等。

习题指导：分别设置左指针和右指针，从两边向中间移动，同时判断两指针所指结点数据域是否相等，即是否对称。注意，结束条件为左右两指针指向同一位置或交叉。

2.6 创新篇

本部分题目为应用性探究式综合创新型实践，题目以应用型题目为主，可在分析题目需求的基础上进一步设计、实现。因此，建议需求分析合理即可。

2.6.1 实践项目范例

以某高校职工信息的综合管理为例进行介绍。

问题描述：进入“十四五”规划时期以来，我国各大高校规模不断发展壮大，某高校管理部门需要建立职工文件数据库，实现对所有职工信息，如职工号（no）、姓名（name）、部门号（depno）和工资（salary）等的管理。

实践要求：设计一个职工信息数据库模拟系统。

（1）实现文件操作功能：职工信息记录的输入、输出、删除、插入等。

（2）实现职工信息基本操作：职工信息记录排序等。

（3）分析职工信息特点，探讨不同背景和优势对教师发展的影响。

实践思路：用一个结点表示一条职工记录，用一个单链表表示所有职工记录信息，用单链表的基本操作方法实现职工信息的综合管理。

算法实现：

```
#include<stdio.h>
#include<malloc.h>
typedef struct
{
    int no;                 //职工号
    char name[10];          //姓名
    int depno;              //部门号
    float salary;       //工资数
} EmpType;                  //职工类型
typedef struct node
{
    EmpType data;           //存放职工信息
    struct node*next;       //指向下一个结点的指针
}  EmpList;                 //职工单链表结点类型
void DestroyEmp(EmpList*&L) //释放职工单链表 L
{
    EmpList*pre=L,*p=pre->next;
    while(p!=NULL)
    {
        free(pre);
        pre=p;
        p=p->next;
    }
    free(pre);
}
void DelAll(EmpList*&L)     //删除职工文件中全部记录
{
    FILE*fp;
    if((fp=fopen("emp.dat","wb"))==NULL)  //重写清空 emp.dat 文件
    {
        printf("  提示:不能打开职工文件\n");
        return;
    }
```

```
    fclose(fp);
    DestroyEmp(L);                          //释放职工单链表 L
    L=(EmpList*)malloc(sizeof(EmpList));
    L->next=NULL;                           //建立一个空的职工单链表 L
    printf("  提示:职工数据清除完毕\n");
}
void ReadFile(EmpList*&L)     //读 emp.dat 文件建立职工单键表 L
{
    FILE*fp;
    EmpType emp;
    EmpList*p,*r;
    int n=0;
    L=(EmpList*)malloc(sizeof(EmpList));  //建立头结点
    r=L;
    if((fp=fopen("emp.dat","rb"))==NULL) //不存在 emp.dat 文件
    {
        if((fp=fopen("emp.dat","wb"))==NULL)
            printf("  提示:不能创建 emp.dat 文件\n");
    }
    else    //若存在 emp.dat 文件
    {
        while(fread(&emp,sizeof(EmpType),1,fp)==1)
        {   //采用尾插法建立单链表 L
            p=(EmpList*)malloc(sizeof(EmpList));
            p->data=emp;
            r->next=p;
            r=p;
            n++;
        }
    }
    r->next=NULL;
    printf("  提示:职工单键表 L 建立完毕,有%d 个记录\n",n);
    fclose(fp);
}
void SaveFile(EmpList*L)   //将职工单链表数据存入数据文件
{
    EmpList*p=L->next;
    int n=0;
    FILE*fp;
    if((fp=fopen("emp.dat","wb"))==NULL)
    {
```

```
        printf("  提示:不能创建文件 emp.dat \n");
        return;
    }
    while(p!=NULL)
    {
        fwrite(&p->data,sizeof(EmpType),1,fp);
        p=p->next;
        n++;
    }
    fclose(fp);
    DestroyEmp(L);          //释放职工单链表 L
    if(n>0)
        printf("  提示:%d 个职工记录写入 emp. dat 文件 \n",n);
    else
        printf("  提示:没有任何职工记录写入 emp. dat 文件 \n");
}
void InputEmp(EmpList*&L)  //添加一个职工记录
{
    EmpType p;
    EmpList*s;
    printf("  >>输入职工号(-1 返回):");
    scanf("%d",&p.no);
    if(p.no==-1)return;
    printf("  >>输入姓名 部门号 工资:");
    scanf("%s%d%f",&p.name,&p.depno,&p.salary);
    s=(EmpList*)malloc(sizeof(EmpList));
    s->data=p;
    s->next=L->next;          //采用头插法插入结点 s
    L->next=s;
    printf("  提示:添加成功 \n");
}

void DelEmp(EmpList*&L)//删除一个职工记录
{
    EmpList*pre=L,*p=L->next;
    int no;
    printf("  >>输入职工号(-1 返回):");
    scanf("%d",&no);
    if(no==-1)return;
    while(p!=NULL && p->data.no!=no)
    {
```

```
        pre=p;
        p=p->next;
    }
    if(p==NULL)
        printf(" 提示:指定的职工记录不存在\n");
    else
    {
        pre->next=p->next;
        free(p);
        printf(" 提示:删除成功\n");
    }
}
void Sortno(EmpList*&L)  //采用直接插入法,单链表L按no递增有序排序
{
    EmpList*p,*pre,*q;
    p=L->next->next;
    if(p!=NULL)
    {
        L->next->next=NULL;
        while(p!=NULL)
        {
            q=p->next;
            pre=L;
            while(pre->next!=NULL && pre->next->data.no<p->data.no)
                pre=pre->next;
            p->next=pre->next;
            pre->next=p;
            p=q;
        }
    }
    printf(" 提示:按no递增排序完毕\n");
}
void Sortdepno(EmpList*&L)//采用直接插入法,单链表L按depno递增有序排序
{
    EmpList*p,*pre,*q;
    p=L->next->next;
    if(p!=NULL)
    {
        L->next->next=NULL;
        while(p!=NULL)
        {
```

```
            q=p->next;
            pre=L;
            while(pre->next!=NULL && pre->next->data.depno<p->data.depno)
                pre=pre->next;
            p->next=pre->next;
            pre->next=p;
            p=q;
        }
    }
    printf("  提示:按 depno 递增排序完毕\n");
}
void Sortsalary(EmpList*&L)//采用直接插入法,单链表 L 按 salary 递增有序排序
{
    EmpList*p,*pre,*q;
    p=L->next->next;
    if(p!=NULL)
    {
        L->next->next=NULL;
        while(p!=NULL)
        {
            q=p->next;
            pre=L;
            while(pre->next!=NULL && pre->next->data.salary<p->data.salary)
                pre=pre->next;
            p->next=pre->next;
            pre->next=p;
            p=q;
        }
    }
    printf("  提示:按 salary 递增排序完毕\n");
}
void DispEmp(EmpList*L)//输出所有职工记录
{
    EmpList*p=L->next;
    if(p==NULL)
        printf("  提示:没有任何职工记录\n");
    else
    {
        printf("  职工号   姓名   部门号   工资\n");
        printf("  ----------------------------------\n");
```

```
        while(p!=NULL)
        {
    printf("  %3d%10s    %-8d%7.2f\n",p->data.no,p->data.name,p->data.depno,p->
data. salary);
            p=p->next;
        }
        printf("  ----------------------------------\n");
    }
}
int main()
{
    EmpList*L;
    int sel;
    printf("由 emp.dat 文件建立职工单键表 L\n");
    ReadFile(L);
    do
    {
        printf(">1:添加 2:显示 3:按职工号排序 4:按部门号排序 5:按工资数排序\n");
        printf(">6:删除 9:全删 0:退出请选择:");
        scanf("%d",&sel);
        switch(sel)
        {
        case 9:
            DelAll(L);
            break;
        case 1:
            InputEmp(L);
            break;
        case 2:
            DispEmp(L);
            break;
        case 3:
            Sortno(L);
            break;
        case 4:
            Sortdepno(L);
            break;
        case 5:
            Sortsalary(L);
            break;
```

```
        case 6:
            DelEmp(L);
            break;
        }
    } while(sel!=0);
    SaveFile(L);
    return 1;
}
```

运行结果如图 2.16~图 2.21 所示。

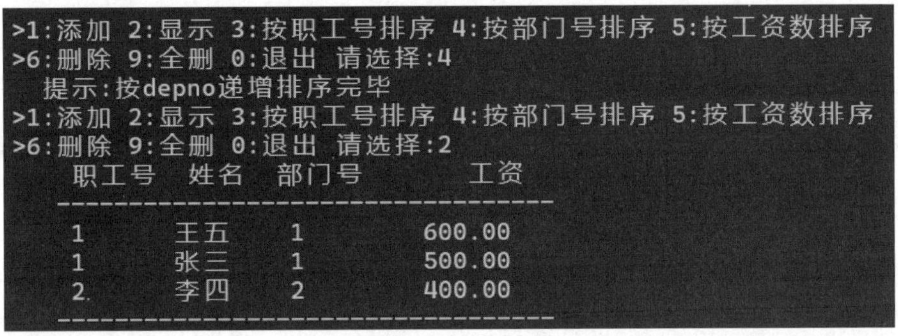

```
>1:添加 2:显示 3:按职工号排序 4:按部门号排序 5:按工资数排序
>6:删除 9:全删 0:退出 请选择:4
  提示:按depno递增排序完毕
>1:添加 2:显示 3:按职工号排序 4:按部门号排序 5:按工资数排序
>6:删除 9:全删 0:退出 请选择:2
    职工号  姓名  部门号       工资
   ------------------------------------
    1       王五     1         600.00
    1       张三     1         500.00
    2       李四     2         400.00
   ------------------------------------
```

图 2.16　按部门排序

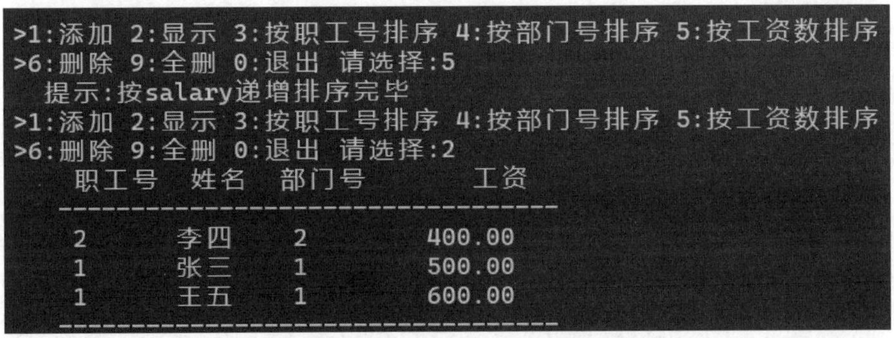

```
>1:添加 2:显示 3:按职工号排序 4:按部门号排序 5:按工资数排序
>6:删除 9:全删 0:退出 请选择:5
  提示:按salary递增排序完毕
>1:添加 2:显示 3:按职工号排序 4:按部门号排序 5:按工资数排序
>6:删除 9:全删 0:退出 请选择:2
    职工号  姓名  部门号       工资
   ------------------------------------
    2       李四     2         400.00
    1       张三     1         500.00
    1       王五     1         600.00
   ------------------------------------
```

图 2.17　按工资排序

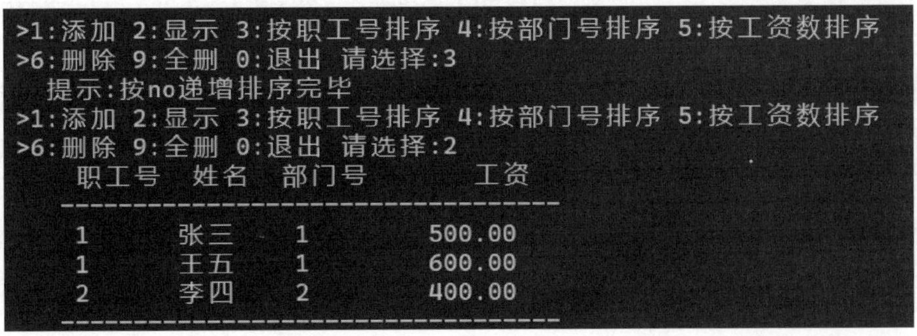

```
>1:添加 2:显示 3:按职工号排序 4:按部门号排序 5:按工资数排序
>6:删除 9:全删 0:退出 请选择:3
  提示:按no递增排序完毕
>1:添加 2:显示 3:按职工号排序 4:按部门号排序 5:按工资数排序
>6:删除 9:全删 0:退出 请选择:2
    职工号  姓名  部门号       工资
   ------------------------------------
    1       张三     1         500.00
    1       王五     1         600.00
    2       李四     2         400.00
   ------------------------------------
```

图 2.18　按职工号排序

```
>1:添加 2:显示 3:按职工号排序 4:按部门号排序 5:按工资数排序
>6:删除 9:全删 0:退出 请选择:9
  提示:职工数据清除完毕
>1:添加 2:显示 3:按职工号排序 4:按部门号排序 5:按工资数排序
>6:删除 9:全删 0:退出 请选择:2
  提示:没有任何职工记录
```

图 2.19　全删

```
>1:添加 2:显示 3:按职工号排序 4:按部门号排序 5:按工资数排序
>6:删除 9:全删 0:退出 请选择:6
  >>输入职工号(-1返回):2
  提示:删除成功
>1:添加 2:显示 3:按职工号排序 4:按部门号排序 5:按工资数排序
>6:删除 9:全删 0:退出 请选择:2
    职工号 姓名  部门号        工资
  ------------------------------------
    1       张三     1          500.00
    1       王五     1          600.00
  ------------------------------------
```

图 2.20　删除

```
D:\数据结构\线性表\bin\Debu
由emp.dat文件建立职工单键表L
  提示:职工单键表L建立完毕,有0个记录
>1:添加 2:显示 3:按职工号排序 4:按部门号排序 5:按工资数排序
>6:删除 9:全删 0:退出 请选择:1
  >>输入职工号(-1返回):1
  >>输入姓名 部门号 工资:张三 1 500
  提示:添加成功
>1:添加 2:显示 3:按职工号排序 4:按部门号排序 5:按工资数排序
>6:删除 9:全删 0:退出 请选择:1
  >>输入职工号(-1返回):2
  >>输入姓名 部门号 工资:李四 2 400
  提示:添加成功
>1:添加 2:显示 3:按职工号排序 4:按部门号排序 5:按工资数排序
>6:删除 9:全删 0:退出 请选择:1
  >>输入职工号(-1返回):1
  >>输入姓名 部门号 工资:王五 1 600
  提示:添加成功
>1:添加 2:显示 3:按职工号排序 4:按部门号排序 5:按工资数排序
>6:删除 9:全删 0:退出 请选择:
```

```
>1:添加 2:显示 3:按职工号排序 4:按部门号排序 5:按工资数排序
>6:删除 9:全删 0:退出 请选择:2
    职工号  姓名  部门号        工资
  ------------------------------------
    1       王五     1          600.00
    2       李四     2          400.00
    1       张三     1          500.00
  ------------------------------------
>1:添加 2:显示 3:按职工号排序 4:按部门号排序 5:按工资数排序
>6:删除 9:全删 0:退出 请选择:
```

图 2.21　添加员工

2.6.2　实践项目与指导

2.6.2.1　大整数计算器

问题描述：设计一个大整数运算计算器。

实践要求：

（1）采用顺序表或链表定义的 n 元组数据结构。

（2）输入并生成大整数。

（3）完成定义的大整数的加减运算。

实践思路：

在现实中，存在许多大整数，难以直接用计算机存储并进行计算。本实践旨在设计一款适用于大整数的计算器，如以 12 位长整数为例，把长整数拆分为一个三元组，完成加法和减法运算。

2.6.2.2　一元多项式的运算

问题描述：模拟教材中一元多项式的内容，设计一个一元多项式简单计算器。

实践要求：

（1）采用顺序表或链表等数据结构。

（2）输入并建立多项式。

（3）输入运算结果的多项式。

实践思路：

一元多项式的运算包括加法、减法和乘法，但是由于减法和乘法均可以借助加法间接实现，所以本实践只实现加法操作功能即可。

符号多项式的操作，已经成为表处理的典型用例。在数学上，一个一元多项式 $P_n(x)$ 可按升幂写成：

$$P_n(x) = p_0 + p_1x + p_2x^2 + \cdots + p_nx^n$$

它由 $n+1$ 个系数唯一确定。因此，在计算机里，可用一个线性表 P 来表示：

$$P = (q_0, q_1, q_2, \cdots, q_m)$$

每一项的指数 i 隐含在其系数 p_i 的序号里。

假设 $Q_m(x)$ 是一元 m 次多项式，同样可用线性表 Q 来表示：

$$Q = (q_0, q_1, q_2, \cdots, q_m)$$

不失一般性，设 $m<n$，则两个多项式相加的结果 $R_n(x) = P_x(x) + Q_m(x)$ 可用线性表 R 表示：

$$R = (p_0 + q_0, p_1 + q_1, p_2 + q_2, \cdots, p_m + q_m, p_{m+1}, \cdots, p_n)$$

显然，可以对 P、Q 和 R 采用顺序存储结构，使得多项式相加的算法定义更简洁。在通常的应用中，多项式的次数可能变化很大，使得顺序存储结构的最大长度难以确定。特别地，在处理项数少且次数特别高的情况下，对内存空间的浪费是相当大的。因此，一般情况下，都是采用链式存储结构处理多项式的运算，分别使用两个链表 P 和 Q 表示待相加的两个一元多项式，每个结点对应一元多项式中的一项。一元多项式计算器的运算包括加减和乘法，但是由于减法和乘法均可以借助加法间接实现，所以本实践只实现加法操作功能即可。

第3章　栈和队列

3.1　栈和队列的概述

本章将介绍两种特殊的线性表——栈和队列。从逻辑结构上看，栈和队列仍是线性表，其特殊性主要是基本运算有着严格的规定。由于栈和队列在程序设计中应用广泛，因此对它们单独进行讨论。

栈是一种限定性线性表，是将线性表的插入和删除运算限制为仅在表的一端进行。通常将表中允许进行插入、删除操作的一端称为栈顶（top），表的另一端被称为栈底（bottom）。当栈中没有元素时称为空栈。栈的插入操作被形象地称为进栈或入栈，删除操作称为出栈或退栈。

栈的抽象数据类型定义如下：

ADT Stack {

数据对象：$D=\{a_i \mid a_i \in ElemSet,\ i=1,\ 2,\ \cdots,\ n,\ n\geqslant 0\}$

数据关系：$R=\{R1\}$，$R1=\{\langle a_{i-1},\ a_i\rangle \mid a_{i-1},\ a_i \in D,\ i=2,\ 3,\ \cdots,\ n\}$

基本操作：

InitStack(&S)

操作结果：构造一个空的栈 S

DestroyStack(&S)

初始条件：栈 S 已存在

操作结果：销毁栈 S

ClearStack(&S)

初始条件：栈 S 已存在

操作结果：将栈 S 重置为空栈

StackEmpty(S)

初始条件：栈 S 已存在

操作结果：若 S 为空栈，则返回 TRUE，否则返回 FALSE

StackLength(S)

初始条件：栈 S 已存在

操作结果：返回栈 S 中数据元素的个数

GetTop(S,&e)

初始条件：栈 S 已存在且非空

操作结果：用 e 返回 S 中栈顶元素

Push(&S,e)

初始条件：栈 S 已存在

操作结果：插入元素 e 为新的栈顶元素

Pop(&S,&e)

初始条件：栈 S 已存在且非空

操作结果：删除 S 的栈顶元素，并用 e 返回其值

StackTraverse(S,visit())

初始条件：栈 S 已存在且非空

操作结果：从栈底到栈顶依次对 S 的每个数据元素调用函数 visit（），一旦 visit（）失败，则操作失败

} ADT Stack

队列（queue）是另一种限定性的线性表，它只允许在表的一端插入元素，在另一端删除元素，所以队列具有先进先出（fist in fist out，缩写为 FIFO）的特性。这与我们日常生活中的排队是一致的，最早进入队列的人最早离开，新来的人总是加入队尾。在队列中，允许插入的一端叫作队尾（rear），允许删除的一端称为队头（front）。假设队列为 q=（a_1，a_2，…，a_n），那么 a_1 就是队头元素，a_n 则是队尾元素。队列中的元素是按照 a_1，a_2，…，a_n 的顺序进入的，退出队列也必须按照同样的次序依次出队，也就是说，只有在 a_1，a_2，…，a_{n-1} 都离开队列之后，a_n 才能退出队列。

队列的抽象数据类型定义如下：

ADT Queue {

数据对象：D={a_i | a_i ∈ElemSet，i=1，2，…，n，n≥0}

数据关系：R={R1}，R1={⟨a_{i-1}，a_i⟩|a_{i-1}，a_i ∈D，i=2，3，…，n}

基本操作：

InitQueue(&Q)

操作结果：构造一个空队列 Q

DestroyQueue(&Q)

初始条件：队列 Q 已存在

操作结果：销毁队列 Q

ClearQueue(&Q)

初始条件：队列 Q 已存在

操作结果：将队列 Q 重置为空队列

QueueEmpty(Q)

初始条件：队列 Q 已存在

操作结果：若 Q 为空队列，则返回 TRUE，否则返回 FALSE

QueueLength(Q)

初始条件：队列 Q 已存在

操作结果：返回队列 Q 中数据元素的个数

GetHead(Q,&e)

初始条件：队列 Q 已存在且非空

操作结果：用 e 返回 Q 中队头元素

EnQueue(&Q,e)

初始条件：队列 Q 已存在

操作结果：插入元素 e 为 Q 的新的队尾元素

DeQueue(&Q,&e)

初始条件：队列 Q 已存在且非空

操作结果：删除 Q 的队头元素，并用 e 返回其值

QueueTraverse(Q,visit())

初始条件：队列 Q 已存在且非空

操作结果：从队头到队尾依次对 Q 的每个数据元素调用函数 visit（）。一旦 visit（） 失败，则操作失败

} ADT Queue

队列也是一种操作受限的线性表，它具有线性表的两种存储结构——顺序存储结构和链式存储结构。

3.2 实践目的和要求

本部分可作为验证性实践、设计性实践和应用性探究式综合创新型实践共同的实践目的和要求。

（1）掌握栈和队列这两种抽象数据类型的特点，并能在相应的应用问题中正确选用。

（2）熟练掌握栈类型的两种实现方法，即两种存储结构表示时的基本操作实现算法，特别应注意栈满和栈空条件，及其描述方法。

（3）熟练掌握循环队列和链表队列基本操作实现算法，特别注意队满和队空的描述方法。

（4）理解递归算法执行过程中，栈的状态变化过程。

其中，最后一点内容（4）属于高难度的学习内容，可以选择性掌握。

3.3 实践原理

栈

队列

本部分可作为基础篇、提高篇和创新篇实践共同的实践原理使用。

栈在计算机中主要有两种基本的存储结构：顺序存储结构和链式存储结构。顺序存储的栈为顺序栈，链式存储的栈为链栈。顺序栈是用顺序存储结构实现的栈，即利用一组地址连续的存储单元依次存放自栈底到栈顶的数据元素，同时由于栈的操作的特殊性，还必须附设一个位置指针 top（栈顶指针）来动态地指示栈顶元素在顺序栈中的位置。通常以 top＝－1 表示空栈。链栈是采用链表作为存储结构实现的栈。为便于操作，采用带头结点的单链表实现栈。因为栈的插入和删除操作仅限制在表头位置进行，所以链表的表头指针就作为栈顶指针。

队列在计算机中也有两种基本的存储结构：顺序存储结构和链式存储结构。链式存储的队列为链队列，而顺序存储的队列主要讨论循环队列。链队列是用链表表示的队列。为了操作方便，这里采用带头结点的链表结构，并设置一个队头指针和一个队尾指针。队头指针始终指向头结点，队尾指针指向当前最后一个结点。空的链队列的队头指针和队尾指针均指向头结点。循环队列是队列的一种顺序表示和实现方法。与顺序栈类似，在队列的顺序存储结构中，用一组地址连续的存储单元依次存放从队头到队尾的元素，如一维数组 Queue［MAXSIZE］。此外，由于队列中队头和队尾的位置都是动态变化的，因此需要附设两个指针 front 和 rear，分别指示队头元素和队尾元素在数组中的位置。初始化队列时，令 front＝rear＝0；入队时，直接将新元素送入尾指针 rear 所指的单元，然后尾指针增 1；出队时，直接取出队头指针 front 所指的元素，然后头指针增 1。显然，在非空顺序队列中，队头指针始终指向当前的队头元素，而队尾指针始终指向真正队尾元素后面的单元。当 rear＝MAXSIZE 时，认为队满。但此时不一定是真的队满，因为随着部分元素的出队，数组前面会出现一些空单元。由于只能在队尾入队，使得上述空单元无法使用。把这种现象称为“假溢出”，真正队满的条件是（rear+1）%MAXSIZE＝front。

3.4　基础篇

栈案例

3.4.1　栈的实现及基本操作

3.4.1.1　实践目的

理解栈的两种存储结构：顺序栈和链栈。掌握栈的基本操作的设计和实现。

3.4.1.2　实践内容

编写程序，实现顺序栈和链栈的各种基本操作，并完成以下功能：

（1）初始化栈 s；

（2）判断栈 s 是否非空；

（3）依次进栈元素 a，b，c，d，e；

（4）判断栈 s 是否非空；

（5）输出出栈序列；

（6）判断栈 s 是否非空；

（7）释放栈。

3.4.1.3 算法实现（图 3.1）

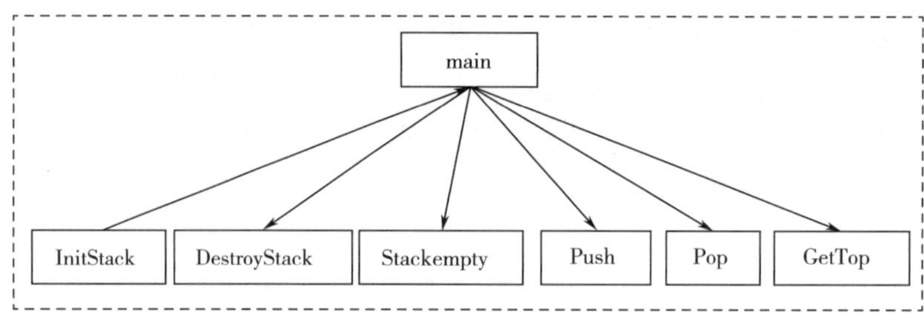

图 3.1 程序结构图

（1）顺序栈。

代码如下：

```
#include<stdio.h>
#include<malloc.h>
#define LIST_INIT_SIZE 100//最大存储空间
typedef char ElemType;//数据元素类型
typedef struct {
    ElemType data[LIST_INIT_SIZE];//存放栈中元素
    int top;//用于栈顶指针
    int base;//用于栈底指针
} SqStack;//顺序栈类型

//基本操作

//初始化栈,建立一个新的空栈 S
void InitSqStack(SqStack*S)
{
    S->top=S->base=-1;
}

//销毁顺序栈 S
void DestroySqStack(SqStack*S)
{
    free(S);
}

//判断栈是否为空,若为空则返回 1,否则返回 0
int SqStackEmpty(SqStack*S)
{
```

```
    //可由调用函数根据返回值判断栈的状态
    if(S->top==S->base)//判断栈是否为空
        return 0;//栈空
    else
        return 1;//栈非空
}

//从栈底到栈顶依次输出显示栈中每一个元素的值
void DispSqStack(SqStack*S)
{
    int i;//用于计数
    i=0;//计数初值
    while(i<=S->top)//判断栈是否遍历完,需注意并无真正弹栈,即没有真正 pop 栈中元素,本函数用于测试
    {
        printf("%c ",S->data[i++]);
    }
    printf("\n");
}

//获取当前栈顶元素
ElemType GetSqStackTop(SqStack*S)//若栈不空,则用 e 返回 S 的栈顶元素
{

    ElemType e;//存储获取的栈顶元素值
    if(S->top==S->base)//判断栈是否为空,这里注意判断条件
        printf("栈空");//若栈空,给出提示
    else
        e=S->data[S->top];//获取栈顶元素值
        return e;
}

//栈的插入,即入栈操作
int SqStackPush(SqStack*S,ElemType e)
{
    if(S->top-S->base==LIST_INIT_SIZE)//不能出现超过最大存储空间的操作
    {
        printf("溢出");
        return 0; //入栈失败
    }
```

```
    else
    {
        S->top++;//栈顶增一
        S->data[S->top]=e;//入栈元素值
        return 1;//入栈成功
    }

}

//栈的删除,即出栈操作
ElemType SqStackPop(SqStack*S)
{
    ElemType e;
    if(S->top==S->base)//判断是否为空栈,即无可出栈的元素
        printf("栈空");
    else
    {
        e=S->data[S->top];//获取出栈元素值
        S->top--;//栈顶减一
        return e;
    }

}
//主函数
void main()
{
    ElemType e;
    SqStack*S=(SqStack*)malloc(sizeof(SqStack));
    printf("1、初始化顺序栈\n");
    InitSqStack(S);
    printf("2、栈是否为空?");
    if(SqStackEmpty(S)==0)
        printf("栈空\n");
    else
        printf("栈非空");
    printf("3、元素依次进栈h、e、l、l、o\n");
    SqStackPush(S,'h');
    SqStackPush(S,'e');
    SqStackPush(S,'l');
    SqStackPush(S,'l');
```

```
    SqStackPush(S,'o');
    printf("4、栈是否为空?");
    if(SqStackEmpty(S)==0)
        printf("栈空\n");
    else
        printf("栈非空\n");
    printf("5、当前栈中元素为:");
    DispSqStack(S);
    printf("6、出栈序列为:");
    while(SqStackEmpty(S))
    {
        printf("%c ",SqStackPop(S));
    }
    printf("\n");
    printf("7、释放栈\n");
    DestroySqStack(S);
}
```

程序运行结果如图 3.2 所示。

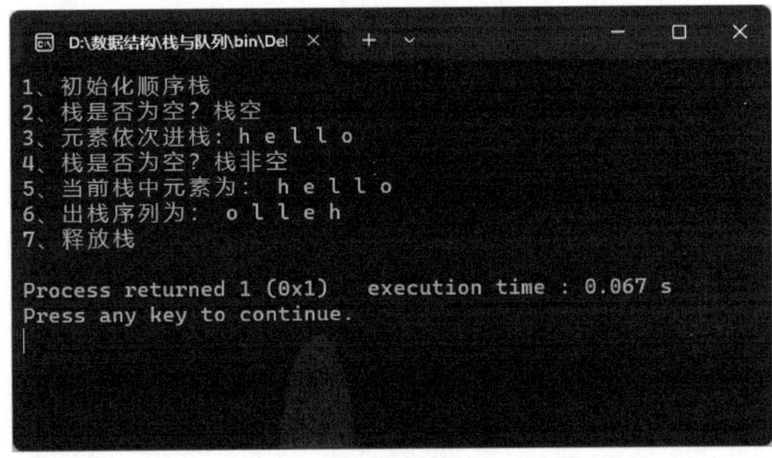

图 3.2　顺序栈输出结果

(2) 链栈。

代码如下:

```
#include<stdio.h>
#include<malloc.h>
#define LIST_INIT_SIZE 100//最大存储空间
typedef char ElemType;//数据元素类型
```

```
typedef struct StackNode
{
     ElemType data;//数据域
     struct StackNode*next;//指针域
} StackNode;//链栈类型

//基本操作

//初始化链栈 S
void InitLinkStack(StackNode*S)
{
     S->next=NULL;//指针域置空
}

//销毁链栈 S
void DestroyLinkStack(StackNode*S)
{
  StackNode*p;
  for(p=S->next;p!=NULL;p=p->next)
  {
    free(S);
    S=p;
  }
  free(S);
}

//判断链栈 S 是否为空
int LinkStackEmpty(StackNode*S)
{//可由调用函数根据返回值判断当前的栈的状态
     if(S->next==NULL)
//根据链栈的 next 域是否为空判断栈是否为空
          return 0;//栈空
     else
          return 1;//非空
}

//获取链栈 S 的栈顶元素,但不改变栈中的元素
ElemType GetLinkStackTop(StackNode*S)
{
   ElemType e;//用于存放获取到的元素值
```

```
    if(S->next!=NULL)//判断栈是否为空,也可以借助 LinkStackEmpty(StackNode*S)函数,根据
返回值判断
    {//非空,则获取当前栈顶的元素值
     e=S->next->data;//赋值
     return e;//返回
    }
    else
        printf("栈空 \n");//若为空,则给出提示
}

//进栈
void LinkStackPush(StackNode*S,ElemType e)
{
  StackNode*p;//生成新结点,即当前的栈顶结点
  p=(StackNode*)malloc(sizeof(StackNode));
  p->data=e;//赋值
  //将新结点加入到栈中作为新的栈顶结点,注意是否设置了头结点
  p->next=S->next;
  S->next=p;
}

//出栈
ElemType LinkStackPop(StackNode*S)
{
  ElemType e;//用于存放获取到的结点的元素值
  StackNode*p;
  if(S->next!=NULL)//判断栈是否为空,也可以借助 LinkStackEmpty(StackNode*S)函数,根据返
回值判断
     {
     p=S->next;
     e=p->data;
     S->next=p->next;
     free(p);
     return e;
  }
  else
     printf("栈空 \n");
}

//主函数
```

```
void main()
{
    ElemType e;
    StackNode*S=(StackNode*)malloc(sizeof(StackNode));
    printf("1、初始化链栈\n");
    InitLinkStack(S);
    printf("2、栈是否为空?");
    if(LinkStackEmpty(S)==0)
        printf("栈空\n");
    else
        printf("栈非空");
    printf("3、元素依次进栈h、e、l、l、o\n");
    LinkStackPush(S,'h');
    LinkStackPush(S,'e');
    LinkStackPush(S,'l');
    LinkStackPush(S,'l');
    LinkStackPush(S,'o');
    printf("4、栈是否为空?");
    if(LinkStackEmpty(S)==0)
        printf("栈空\n");
    else
        printf("栈非空\n");
    printf("5、当前栈顶元素为:");
    printf("%c\n",GetLinkStackTop(S));
    printf("6、出栈序列为:");
    while(LinkStackEmpty(S))
    {
        printf("%c ",LinkStackPop(S));
    }
    printf("\n");
    printf("7、释放栈\n");
    DestroyLinkStack(S);
}
```

程序运行结果如图 3.3 所示。

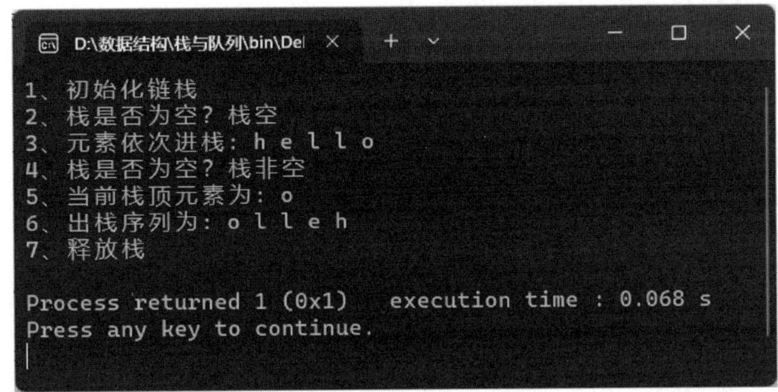

图 3.3　链栈输出结果

3.4.2　队列的实现及基本操作

3.4.2.1　实践目的

理解队列的两种存储结构：循环队列和链队列。掌握队列的基本操作的设计和实现。

3.4.2.2　实践内容

编写程序，实现循环队列和链队列的各种基本操作，并完成以下功能：

(1) 初始化队列 q；

(2) 判断队列 q 是否非空；

(3) 依次进队元素 a，b，c；

(4) 出队一个元素，输出该元素；

(5) 依次进队元素 d，e，f；

(6) 输出出队序列；

(7) 释放队列。

3.4.2.3　算法实现（图 3.4）

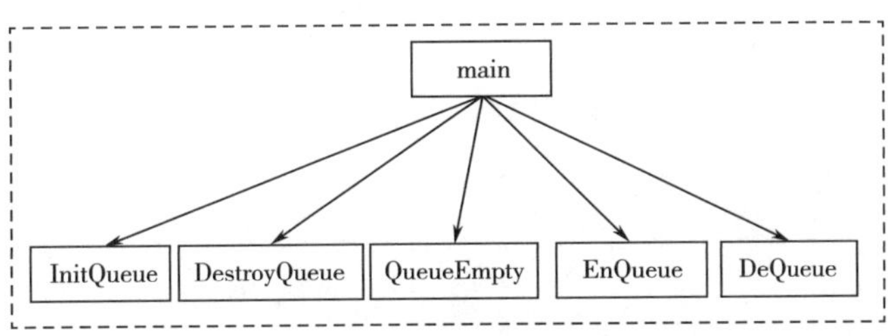

图 3.4　程序结构图

(1) 循环队列。

代码如下：

```
#include<stdio.h>
#include<malloc.h>
#define LIST_INIT_SIZE 100//最大存储空间
typedef char ElemType;//数据元素类型
typedef struct {
     ElemType data[LIST_INIT_SIZE];//存放队列中元素
     int front,rear;//标记队首和队尾
} SqQueue;//循环队列类型

//初始化,构造一个空的循环队列 Q
void InitSqQueue(SqQueue*Q)
{
     Q->front=0;//头指针指向 0
     Q->rear=0;//尾指针指向 0
}

//销毁循环队列 Q
void DestroySqQueue(SqQueue*Q)
{
  free(Q);//释放
}

//判断循环队列是否为空
int SqQueueEmpty(SqQueue*Q)
{
  //可由调用函数根据返回值判断当前的队列的状态
  if(Q->front==Q->rear)//根据头指针和尾指针是否相等,判断当前循环队列是否为空,此处注意判
空条件
     return 0;//空
  else
     return 1;//非空
}

//求循环队列 Q 的长度
int SqQueueLength(SqQueue*Q)
{
     return(Q->rear-Q->front+LIST_INIT_SIZE)%LIST_INIT_SIZE;//注意循环队列的特性,结
果需要与 LIST_INIT_SIZE 相加,再对 LIST_INIT_SIZE 取模
}
```

```
//入队
void EnSqQueue(SqQueue*Q,ElemType e)
{
  if((Q->rear+1)%LIST_INIT_SIZE==Q->front)//注意循环队列判满的条件,结果需要加 1 后,再
对 LIST_INIT_SIZE 取模
     printf("队列满");
  else
  {
     Q->rear=(Q->rear+1)%LIST_INIT_SIZE;//尾指针后移
     Q->data[Q->rear]=e;//赋值
  }
}

//出队
ElemType DeSqQueue(SqQueue*Q)
{
  ElemType e;
  if(Q->front==Q->rear)//注意循环队列判空的条件,即判断头指针和尾指针是否相等
      printf("队列空");//空
  else//非空
  {//因有头结点,因此先后移再取值
      Q->front=(Q->front+1)%LIST_INIT_SIZE;//队头指针后移
      e=Q->data[Q->front];//获取值
      return e;
  }
}

//主函数
void main()
{
     ElemType e;
     SqQueue*Q=(SqQueue*)malloc(sizeof(SqQueue));
     printf("1、初始化循环队列\n");
     InitSqQueue(Q);
     printf("2、队列是否为空?");
     if(SqQueueEmpty(Q)==0)
          printf("队列空\n");
     else
          printf("队列非空\n");
     printf("3、元素依次入队 h、e、l、l、o\n");
```

```
    EnSqQueue(Q,'h');
    EnSqQueue(Q,'e');
    EnSqQueue(Q,'l');
    EnSqQueue(Q,'l');
    EnSqQueue(Q,'o');
    printf("4、队列是否为空?");
    if(SqQueueEmpty(Q)==0)
        printf("队列空\n");
    else
        printf("队列非空\n");
    printf("5、出队一个元素为:");
    printf("%c\n",DeSqQueue(Q));
    printf("6、出队序列为:");
    while(SqQueueEmpty(Q))
    {
        printf("%c ",DeSqQueue(Q));
    }
    printf("\n");
    printf("7、释放队列\n");
    DestroySqQueue(Q);
}
```

程序运行结果如图 3.5 所示。

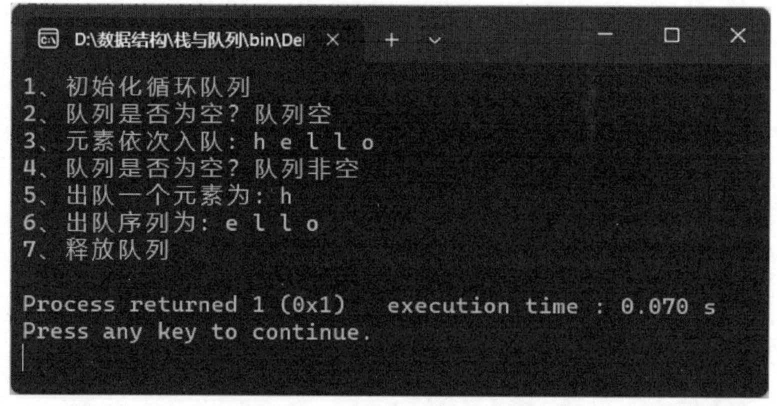

图 3.5　循环队列输出结果

（2）链队列。

代码如下：

```
#include<stdio.h>
#include<malloc.h>
#define LIST_INIT_SIZE 100//最大存储空间
typedef char ElemType;//数据元素类型
typedef struct DataNode {
    ElemType data;//数据域
    struct DataNode*next;//指针域
    } DataNode;//链队列结点类型

typedef struct {
    DataNode*front;//指向队列头
    DataNode*rear;//指向队列尾
} LinkQueue;//链队列类型

//构造一个空的链队列 Q
void InitLinkQueue(LinkQueue*Q)
{
    Q->front=NULL;//初始值置空
    Q->rear=NULL;//初始值置空
}

//销毁链队列 Q
void DestroyLinkQueue(LinkQueue*Q)
{
    DataNode*p;//p 用于存储队列的队头,p 指向当前即将释放的结点
    DataNode*r;//r 存储 p 的后继结点,即将释放结点的 next 结点
    p=Q->front;//初始时 p 指向头指针
    r=p->next;//初始时 r 指向头指针的后继
    while(p!=NULL)//判断条件,如果不为空则逐个释放
  {
    free(p);
    p=r;//更新,后指
    r=p->next;//更新,后指
  }
}

//判断链队列 Q 是否为空
int LinkQueueEmpty(LinkQueue*Q)
{//可由调用函数根据返回值判断当前的队列的状态
  if(Q->rear==NULL)//根据链队列的尾指针是否为空判断队列是否为空
      return 0;//空
```

```
  else
      return 1;//非空
}

//入队
void EnLinkQueue(LinkQueue*Q,ElemType e)
{
  DataNode*s;//用于存储新结点
  s=(DataNode*)malloc(sizeof(DataNode));
//生成新结点
  s->data=e;//赋值
  s->next=NULL;
  if(Q->rear!=NULL)//判断原尾指针是否为空,若非空,则将新结点加入进去
  {
      Q->rear->next=s;//原来的尾指针的 next 域指向新结点 s
      Q->rear=s;//更新尾指针
  }
  else//若为空,则头指针和尾指针均需指向该新结点
  {
    Q->front=s;//头指针更新
    Q->rear=s;//尾指针更新
  }
}

//出队
ElemType DeLinkQueue(LinkQueue*Q)
{
  ElemType e;
  DataNode*s=(DataNode*)malloc(sizeof(DataNode));
  if(Q->rear==NULL)
    printf("队列空");
  else
  {
    s=Q->front;//s 指向待出队结点
    if(Q->front!=Q->rear)//判断队列中是否仅有一个结点
         Q->front=Q->front->next;//若当前队列中有不止一个结点,则更新头指针,使其指向原头
指针的下一个结点即可
    else
         Q->front=Q->rear=NULL;//若当前队列中仅有一个结点,则更新头指针和尾指针,使二者
均置为空
```

```
        e=s->data;//返回值
        free(s);//释放临时结点
        return e;//返回
    }
}
//主函数
void main()
{
    ElemType e;
    LinkQueue*Q=(LinkQueue*)malloc(sizeof(LinkQueue));
    printf("1、初始化链队列\n");
    InitLinkQueue(Q);
    printf("2、队列是否为空?");
    if(LinkQueueEmpty(Q)==0)
        printf("队列空\n");
    else
        printf("队列非空");
    printf("3、元素依次入队列 h、e、l、l、o\n");
    EnLinkQueue(Q,'h');
    EnLinkQueue(Q,'e');
    EnLinkQueue(Q,'l');
    EnLinkQueue(Q,'l');
    EnLinkQueue(Q,'o');
        printf("4、队列是否为空?");
    if(LinkQueueEmpty(Q)==0)
        printf("队列空\n");
    else
        printf("队列非空\n");
    printf("5、出队一个元素为:");
    printf("%c\n",DeLinkQueue(Q));
    printf("6、出队序列为:");
    while(LinkQueueEmpty(Q))
    {
        printf("%c ",DeLinkQueue(Q));
    }
    printf("\n");
    printf("7、释放队列\n");
    DestroyLinkQueue(Q);
}
```

程序运行结果如图 3.6 所示。

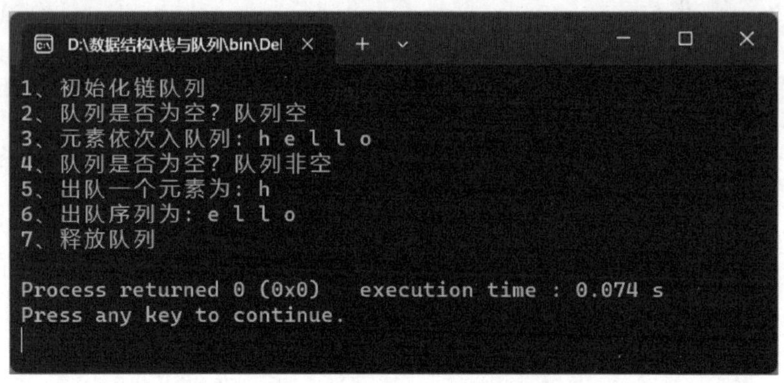

图 3.6　链队列输出结果

3.5　提高篇

本结的目的是，利用本章的栈和队列这两种数据结构，解决理论及实践中的各类问题，以加深对栈和队列这两种数据结构的理解，并提高使用相关数据结构来解决各类问题的能力。

3.5.1　二叉树的层次遍历

3.5.1.1　题目

一个二叉树由根结点、左子树、右子树构成（图 3.7）。树的遍历就是按照某种次序访问树中的结点，要求每个结点访问且仅访问一次。请使用队列这种数据结构，实现二叉树的层次遍历。

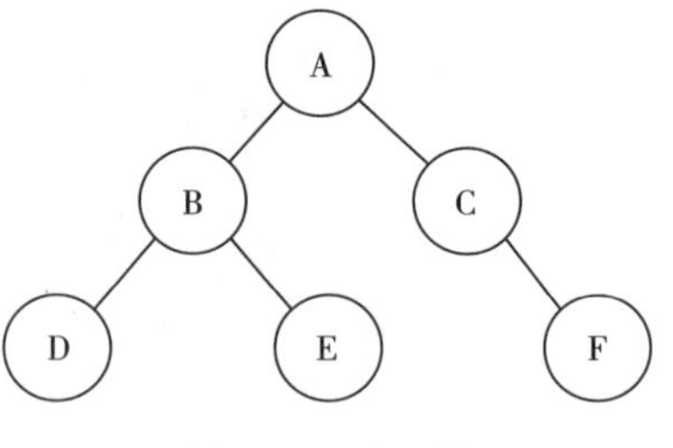

图 3.7　二叉树

3.5.1.2　分析

二叉树是一种普遍使用的数据结构，可以使用线性表和链表来进行存储和创建。二叉树的遍历分为深度优先遍历和广度优先遍历，其中广度优先遍历就是层次遍历，通常使用队列这种数据结构，来实现二叉树的层次遍历。

层次遍历，是按照每一层进行遍历，按照从上往下每一层，从左到右的顺序打印每个结点，如上面这棵二叉树，层次遍历的结果就是：ABCDEF，像这样一层一层的逐个输出。

具体可以利用队列来实现层次遍历，首先将根结点存入队列中，接着循环执行以下步骤：

（1）进行出队操作，得到一个结点，并打印结点的值。

（2）将此结点的左右孩子结点依次入队。

不断重复以上步骤，直到队列为空。

下面来分析题目中给出的二叉树的例子。首先 A 在队列中：

接着开始不断重复上面的步骤，将队首元素出队，打印 A，然后将 A 的左右孩子依次入队：

现在队列中有 B、C 两个结点，继续重复上述操作，B 先出队，打印 B，然后将 B 的左右孩子依次入队：

现在队列中有 C、D、E 这三个结点，继续重复，C 出队并打印，然后将 F 入队：

这个过程中，打印的顺序就是层次遍历的顺序，其中队列起到了很重要的作用。

3.5.1.3　算法实现（levelOrder.c）

```
#include<stdio.h>
#include<stdlib.h>

typedef char E;
struct TreeNode {
    E element;
    struct TreeNode*left;
    struct TreeNode*right;
    int flag;
};

typedef struct TreeNode*Node;

//---------------队列----------------
typedef Node T;  //将 Node 作为元素

struct QueueNode {
    T element;
    struct QueueNode*next;
};
```

```
typedef struct QueueNode*QNode;

struct Queue {
    QNode front,rear;
};

typedef struct Queue*LinkedQueue;

bool InitQueue(LinkedQueue queue) {
    QNode node=malloc(sizeof(struct QueueNode));
    if(node==NULL)return 0;
    queue->front=queue->rear=node;
    return 1;
}

bool OfferQueue(LinkedQueue queue,T element) {
    QNode node=malloc(sizeof(struct QueueNode));
    if(node==NULL)return 0;
    node->element=element;
    queue->rear->next=node;
    queue->rear=node;
    return 1;
}

bool IsEmpty(LinkedQueue queue) {
    return queue->front==queue->rear;
}

T PollQueue(LinkedQueue queue) {
    T e=queue->front->next->element;
    QNode node=queue->front->next;
    queue->front->next=queue->front->next->next;
    if(queue->rear==node)queue->rear=queue->front;
    free(node);
    return e;
}

//层次遍历
void LevelOrder(Node root) {
    struct Queue queue;  //新建一个队列
```

```
    InitQueue(&queue);
    OfferQueue(&queue,root);   //先把根节点入队
    while(!isEmpty(&queue)) {    //不断重复,直到队列空为止
        Node node=PollQueue(&queue);  //出队一个元素,打印值
        printf("%c", node->element);
        if(node->left)  //如果存在左右孩子的话
            OfferQueue(&queue,node->left);  //记得将左右孩子入队,注意顺序,先左后右
        if(node->right)
            OfferQueue(&queue,node->right);
    }
}

int main() {
    //初始化二叉树
    Node a=malloc(sizeof(struct TreeNode));
    Node b=malloc(sizeof(struct TreeNode));
    Node c=malloc(sizeof(struct TreeNode));
    Node d=malloc(sizeof(struct TreeNode));
    Node e=malloc(sizeof(struct TreeNode));
    Node f=malloc(sizeof(struct TreeNode));
    a->element='A';
    b->element='B';
    c->element='C';
    d->element='D';
    e->element='E';
    f->element='F';

    a->left=b;
    a->right=c;
    b->left=d;
    b->right=e;
    c->right=f;
    c->left=NULL;
    d->left=d->right=NULL;
    e->left=e->right=NULL;
    f->left=f->right=NULL;

    LevelOrder(a);//层序遍历
}
```

程序运行结果如图 3.8 所示。

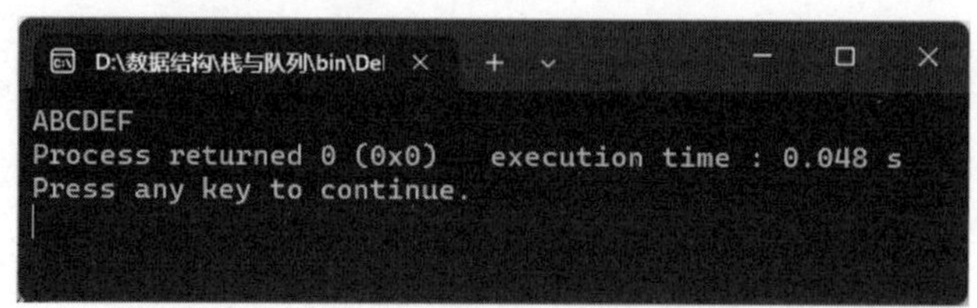

图 3.8　二叉树层次遍历输出结果

3.5.2　数制的转换

3.5.2.1　题目

设计实现十进制整数数与二进制数之间的数值转换程序，要求进行某种数值转换后，输出相应的格式正确的整数。使用栈数据结构，程序按照设定的算法执行，给出相对应的进制数数值，对于输入数据的合法性可以不做检查。

3.5.2.2　分析

问题描述：在日常生活中，常常使用各种编码，如身份证号码、电话号码和邮政编码等，这些编码都是由十进制数组成的。同理，在计算机中采用由若干位二进制数组成的编码来表示字母、符号、汉字和颜色等非数值信息。十进制整数 N 和其他进制数的转换是计算机实现计算的基本算法，数值间转换的实质是进行基数的转换。

核心算法：本问题使用数据结构的栈来实现，传入整数 N 进行求余，然后判断栈是否为空，这些判断都是基于函数判断的，同时在栈中进行的。

主要步骤如下：

(1) 输入某一个十进制的数值；

(2) 选择所要进行的进制转换类型；

(3) 将这个数对进制数取余并将结果保留在数组中；

(4) 将十进制的数字除以进制数；

(5) 这是一个循环，直至该数小于零则结束；

(6) 再让数组进行反向输出就能得到所要转换的二进制。

3.5.2.3　算法实现（numTransfer.c）

```
#include<stdio.h>
#define MAXSIZE 30

//定义 stack
typedef int Elemtype;

typedef struct {
    Elemtype data[MAXSIZE];
```

```
    int top;
} SeqStack;
SeqStack*s;

void Init_SeqStack(SeqStack*s) {

    s->top=-1;
}

int Empty_SeqStack(SeqStack*s) {
    if(s->top==-1)
        return 1;
    else
        return 0;
}

void Push_SeqStack(SeqStack*s,Elemtype t) {
    if(s->top==MAXSIZE-1);
    else {
    s->top++;
    s->data[s->top]=t;
    }
}

void Pop_SeqStack(SeqStack*s,Elemtype*t) {
    *t=s->data[s->top];
    s->top--;
}
//控制台文字界面
void Pananl()
{
    puts("选择以下操作\n");
    printf("\t 1:转换后的二进制:\n");
    printf("\t 2:转换后的四进制:\n");
    printf("\t 3:转换后的八进制:\n");
    printf("\t 4:转换后的十六进制:\n");
    printf("\t 5:转换后的三十二进制:\n");
    printf("\t 6:转换后的六十四进制:\n");
    printf("\t 7:输出所有进制:\n");
}
```

```
//核心算法
void Conversion(int N,int d) {
    //int c;
    SeqStack s;
    Elemtype t;
    Init_SeqStack(&s);
    while(N) {
        Push_SeqStack(&s,N % d);
        N=N/d;
    }
    while(!Empty_SeqStack(&s)) {
        Pop_SeqStack(&s,&t);
        printf("%d",t);//输出转换结果
    }

}

//main 函数
int main() {
    int n,d,i,j=2;
    printf("请输入十进制 N 的值:");
    scanf("%d", &n);
    Pananl();//显示界面
    printf("请输入你的选择:");
    scanf("%d", &d);
    switch(d) {
    case 1:printf("%d 的%d 的进制数是:",n,2);
        Conversion(n,2);break;
    case 2:printf("%d 的%d 的进制数是:", n,4);
        Conversion(n,4);break;
    case 3:printf("%d 的%d 的进制数是:", n,8);
        Conversion(n,8);break;
    case 4:printf("%d 的%d 的进制数是:", n,16);
        Conversion(n,16);break;
    case 5:printf("%d 的%d 的进制数是:", n,32);
        Conversion(n,32);break;
    case 6:printf("%d 的%d 的进制数是:", n,66);
        Conversion(n,64);break;
    case 7:printf("%d 的 2 4 8 16 32 64 进制数分别是: \n", n);
        for(i=1;i<=6;i++) {
```

```
            Conversion(n,j);//转换
            j=j*2;
            printf("  ");
            if(i==6)break;
        }

    }
    printf("\n");

    return 0;
}
```

程序运行结果如图 3.9～图 3.15 所示。

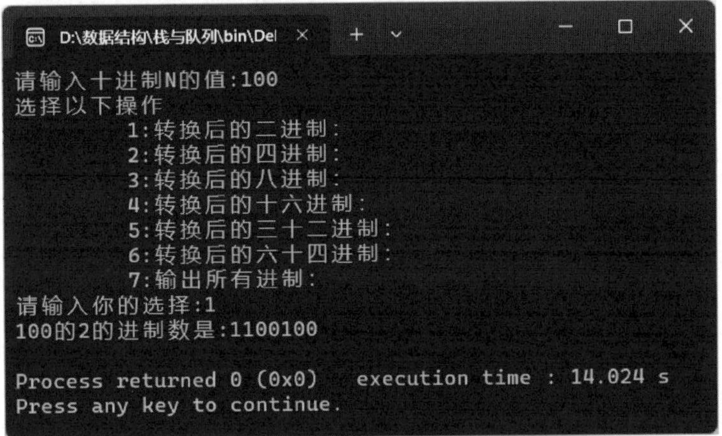

图 3.9　二进制转换结果

```
D:\数据结构\栈与队列\bin\Del
请输入十进制N的值:100
选择以下操作
         1:转换后的二进制:
         2:转换后的四进制:
         3:转换后的八进制:
         4:转换后的十六进制:
         5:转换后的三十二进制:
         6:转换后的六十四进制:
         7:输出所有进制:
请输入你的选择:2
100的4的进制数是:1210

Process returned 0 (0x0)   execution time : 3.804 s
Press any key to continue.
```

图 3.10　四进制转换结果

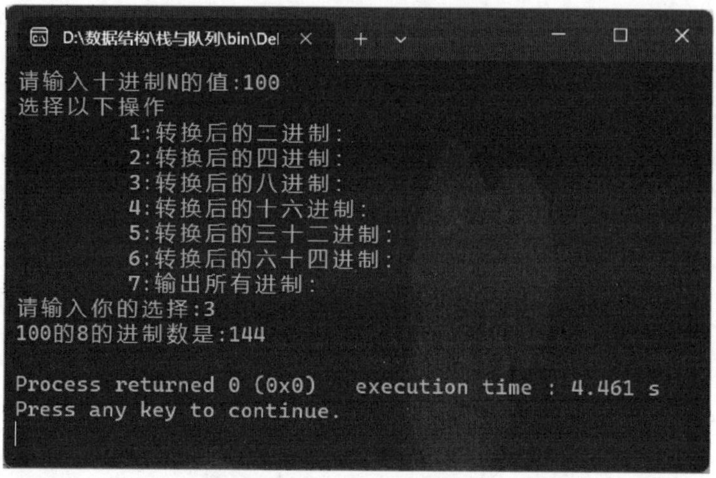

```
D:\数据结构\栈与队列\bin\Del
请输入十进制N的值:100
选择以下操作
          1:转换后的二进制:
          2:转换后的四进制:
          3:转换后的八进制:
          4:转换后的十六进制:
          5:转换后的三十二进制:
          6:转换后的六十四进制:
          7:输出所有进制:
请输入你的选择:3
100的8的进制数是:144

Process returned 0 (0x0)   execution time : 4.461 s
Press any key to continue.
```

图 3.11　八进制转换结果

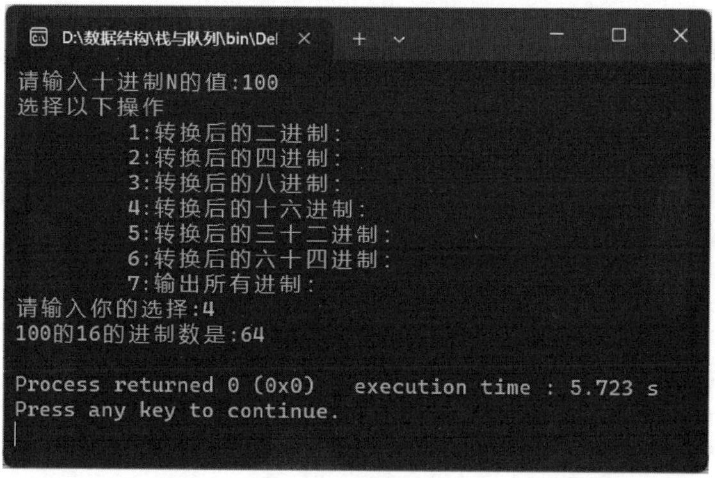

```
D:\数据结构\栈与队列\bin\Del
请输入十进制N的值:100
选择以下操作
          1:转换后的二进制:
          2:转换后的四进制:
          3:转换后的八进制:
          4:转换后的十六进制:
          5:转换后的三十二进制:
          6:转换后的六十四进制:
          7:输出所有进制:
请输入你的选择:4
100的16的进制数是:64

Process returned 0 (0x0)   execution time : 5.723 s
Press any key to continue.
```

图 3.12　十六进制转换结果

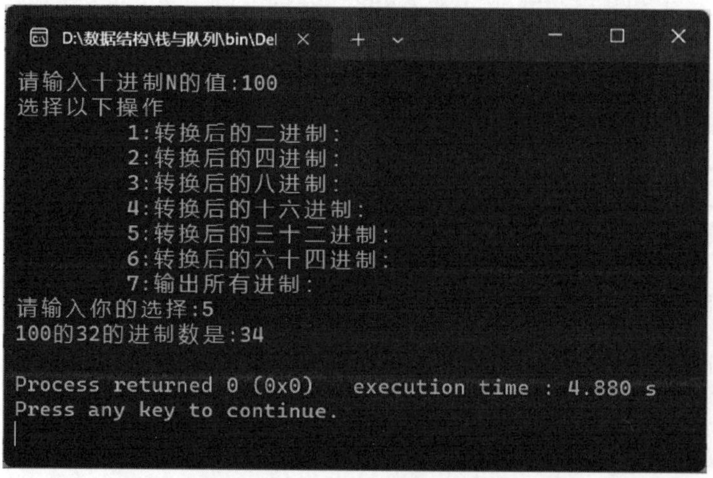

```
D:\数据结构\栈与队列\bin\Del
请输入十进制N的值:100
选择以下操作
          1:转换后的二进制:
          2:转换后的四进制:
          3:转换后的八进制:
          4:转换后的十六进制:
          5:转换后的三十二进制:
          6:转换后的六十四进制:
          7:输出所有进制:
请输入你的选择:5
100的32的进制数是:34

Process returned 0 (0x0)   execution time : 4.880 s
Press any key to continue.
```

图 3.13　三十二进制转换结果

```
D:\数据结构\栈与队列\bin\Del
请输入十进制N的值:100
选择以下操作
        1:转换后的二进制:
        2:转换后的四进制:
        3:转换后的八进制:
        4:转换后的十六进制:
        5:转换后的三十二进制:
        6:转换后的六十四进制:
        7:输出所有进制:
请输入你的选择:4
100的16的进制数是:64

Process returned 0 (0x0)   execution time : 5.723 s
Press any key to continue.
```

图 3.14　六十四进制转换结果

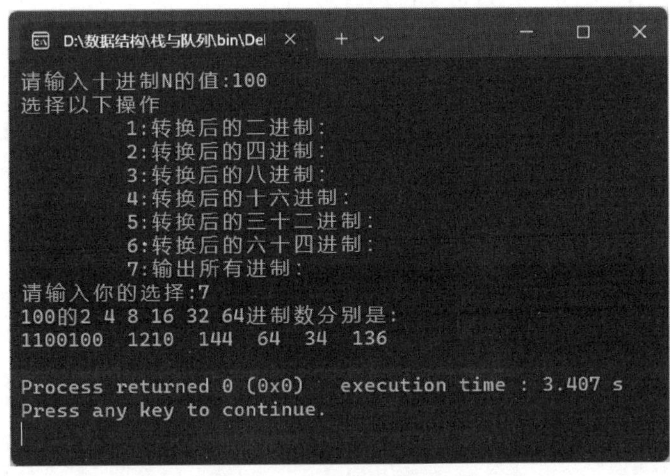

```
D:\数据结构\栈与队列\bin\Del
请输入十进制N的值:100
选择以下操作
        1:转换后的二进制:
        2:转换后的四进制:
        3:转换后的八进制:
        4:转换后的十六进制:
        5:转换后的三十二进制:
        6:转换后的六十四进制:
        7:输出所有进制:
请输入你的选择:7
100的2 4 8 16 32 64进制数分别是:
1100100  1210  144  64  34  136

Process returned 0 (0x0)   execution time : 3.407 s
Press any key to continue.
```

图 3.15　所有进制转换结果

3.5.3　汉诺塔问题

3.5.3.1　题目

假设有三个分别命名为 X，Y 和 Z 的塔座，如图 3.16 所示。在塔座 X 上插有 n 个直径大小各不相同、从上到下依次从小到大，编号为 1，2，…，n 的圆盘。现要求将塔座 X 上的 n 个圆盘移至塔座 Z 上，并仍按同样顺序叠排，圆盘移动时必须遵守下列 3 个规则：

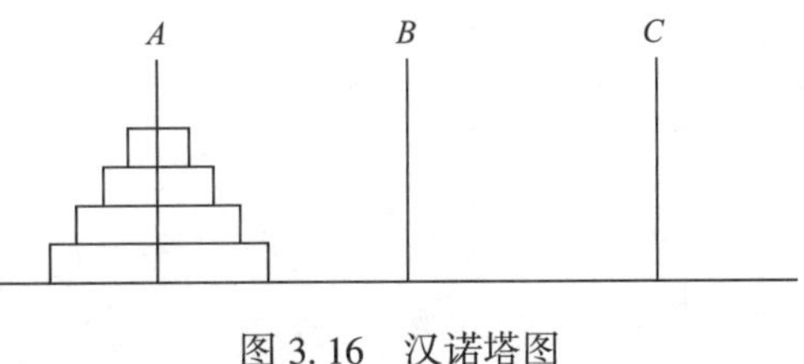

图 3.16　汉诺塔图

(1) 每次只能移动一个圆盘；

(2) 圆盘可以插在 X、Y 和 Z 中任一塔座上；

(3) 任何时刻都不能将一个较大的圆盘压在较小的圆盘之上。

请写一算法，打印出正确的操作步骤。

3.5.3.2 分析

该问题的解法可以通过递归的方式求解，将大问题划分为多个小问题，直到问题规模缩小到只剩下一个圆盘，再通过递归的方式将圆盘移动到目标柱子上。递归的过程需要反复使用到“借柱子”的思想，将问题逐步推进，直到所有圆盘都被移动到目标柱子上，问题得以解决。

具体实现步骤如下：

（1）递归的边界条件。当只有一个圆盘时，直接将它从源柱子移动到目标柱子，递归结束。

（2）将问题拆分为多个子问题。将 n 个圆盘从源柱子移动到目标柱子的问题，可以看作三个步骤的组合：

a. 将 $n-1$ 个圆盘从源柱子移动到辅助柱子；

b. 将剩下的一个圆盘从源柱子移动到目标柱子；

c. 将 $n-1$ 个圆盘从辅助柱子移动到目标柱子。

（3）递归求解。对于每个子问题，都使用相同的递归方法求解，直到问题规模缩小到只剩下一个圆盘为止。在递归的过程中，需要不断地将子问题的解组合起来，得到原问题的解。

实现方法如下：

（1）每次移动圆盘时，需要保证移动的是当前柱子上最上面的圆盘，可以借助栈结构来实现。

（2）递归函数的参数需要包括源柱子、目标柱子和辅助柱子的编号，以及三个栈结构的指针，以便在递归过程中实现圆盘的移动和栈的操作。

3.5.3.3 算法实现（hanoi.c）

```
#include<stdio.h>
#include<stdlib.h>

//定义栈结构
struct Stack
{
    int capacity;//栈容量
    int top;        //栈顶指针
    int*array;    //栈数组
};

//创建栈
struct Stack*create_stack(int capacity)
{
    struct Stack*stack=(struct Stack*)malloc(sizeof(struct Stack));
    stack->capacity=capacity;
    stack->top=-1;
```

```
    stack->array=(int*)malloc(stack->capacity*sizeof(int));
    return stack;
}

//判断栈是否为空
int Is_Empty(struct Stack*stack)
{
    return stack->top==-1;
}

//判断栈是否已满
int Is_Full(struct Stack*stack)
{
    return stack->top==stack->capacity-1;
}

//入栈操作
void Push(struct Stack*stack,int data)
{
    if(Is_Full(stack))
    {
        printf("Stack overflow. \n");
        return;
    }
    stack->top++;
    stack->array[stack->top]=data;
}

//出栈操作
int Pop(struct Stack*stack)
{
    if(Is_Empty(stack))
    {
        printf("Stack underflow. \n");
        return-1;
    }
    int data=stack->array[stack->top];
    stack->top--;
    return data;
}
```

```
//获取栈顶元素
int Peek(struct Stack*stack)
{
    if(Is_Empty(stack))
    {
        printf("Stack is empty. \n");
        return-1;
    }
    return stack->array[stack->top];
}

//移动盘子
int step=1;
void Move_Disk(int disk_num,char from_tower,char to_tower)
{
    printf("Step %d:Move disk %d from stack %c to stack %c. \n", step,disk_num,from_
tower,to_tower);
    step++;
}

//汉诺塔递归函数
void Hanoi(int num_disks,char from_tower,char to_tower,char aux_tower,struct Stack*
from_stack,struct Stack*to_stack,struct Stack*aux_stack)
{
    if(num_disks==1)
    {
        int data=Pop(from_stack);        //将源塔栈顶盘子弹出
        Push(to_stack,data);             //将盘子压入目标塔栈
        Move_Disk(num_disks,from_tower,to_tower);//移动盘子
        return;
    }
    //将 n-1 个盘子从源塔移动到辅助塔
    Hanoi(num_disks-1,from_tower,aux_tower,to_tower,from_stack,aux_stack,to_
stack);
    //将第 n 个盘子从源塔移动到目标塔
    int data=Pop(from_stack);        //将源塔栈顶盘子弹出
    Push(to_stack,data);             //将盘子压入目标塔栈
    Move_Disk(num_disks,from_tower,to_tower);//移动盘子
    //将 n-1 个盘子从辅助塔移动到目标塔
    Hanoi(num_disks-1,aux_tower,to_tower,from_tower,aux_stack,to_stack,from_stack);
}
```

```
int main() {
    int num_disks=3;                                    //盘子数
    struct Stack*tower_a=create_stack(num_disks);//源塔栈
    struct Stack*tower_b=create_stack(num_disks);//目标塔栈
    struct Stack*tower_c=create_stack(num_disks);//辅助塔栈

    //初始化源塔栈
    for(int i=num_disks;i > 0;i--)
    {
        push(tower_a,i);
    }

    //解决汉诺塔问题
    Hanoi(num_disks,'A', 'B', 'C', tower_a,tower_b,tower_c);

    //释放内存
    free(tower_a->array);
    free(tower_a);
    free(tower_b->array);
    free(tower_b);
    free(tower_c->array);
    free(tower_c);

    return 0;
}
```

程序运行结果如图 3. 17 所示。

```
D:\数据结构\栈与队列\bin\Del
Step 1 : Move disk 1 from stack A to stack B.
Step 2 : Move disk 2 from stack A to stack C.
Step 3 : Move disk 1 from stack B to stack C.
Step 4 : Move disk 3 from stack A to stack B.
Step 5 : Move disk 1 from stack C to stack A.
Step 6 : Move disk 2 from stack C to stack B.
Step 7 : Move disk 1 from stack A to stack B.

Process returned 0 (0x0)   execution time : 0.069 s
Press any key to continue.
```

图 3. 17　汉诺塔输出结果

3.6 创新篇

3.6.1 车辆调度问题

3.6.1.1 题目

在高铁建设中，需要灵活高效的列车调度方法。停在铁路调度口的车厢序列的编号依次为1，2，3，…，n，设计一个程序，求出所有可能由此输出的长度为 n 的车厢序列。

要求：

(1) 输入的形式为整型，输入值的范围为100以内的整数；

(2) 输出的形式为整型，以2位的固定位宽输出；

(3) 程序所能达到的功能：输入车厢长度 n，输出所有可能的车厢序列；

(4) 测试数据：测试数据取 $n=3$，4，0，101，程序输出的结果应该在屏幕上显示出来。

3.6.1.2 分析

为使车厢能够调度，常把站台设计成栈式结构。利用先进后出的性质，改变车厢的顺序。例如，进站的车厢序列为123，可能得到的出站车厢序列是什么？根据栈的性质，可以是：123、213、132、231、321等，如图3.18所示。

设计思想：一个数进栈以后，有两种处理方式：要么立刻出栈，或者下一个数的进栈（如果还有下一个元素）。其出栈以后，也有两种处理方式：要么继续出栈（栈不为空），或者下一个数的入栈。

核心算法：包含两重递归，下一个元素处理完后返回，再处理出栈的递归。进栈的递归跳出条件为最后一个元素进栈。出栈的递归跳出条件为栈空。

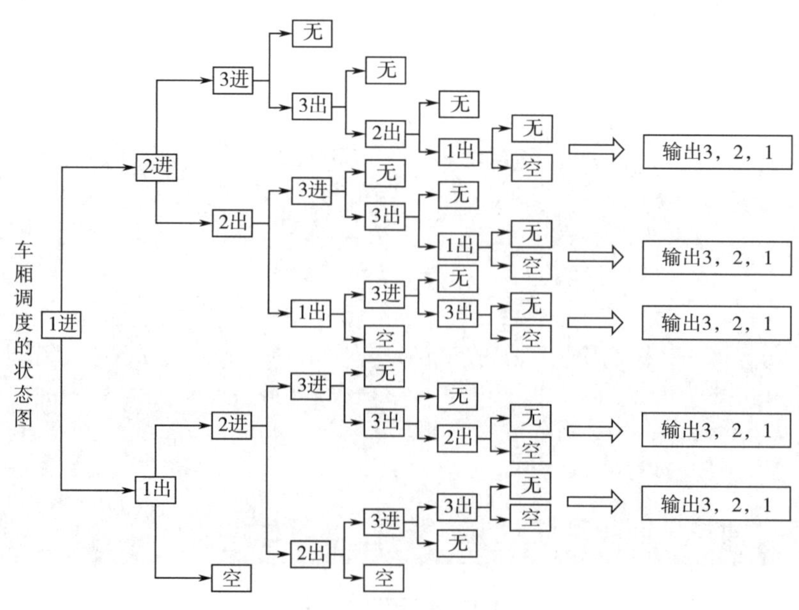

图3.18　车厢调度示意图

3.6.1.3　实现（trainScheduling.c）

代码如下：

```
#include<stdio.h>
#define  MaxLen  100

//栈的数据结构
struct  snode
{
    int  data[MaxLen];
    int  top;
} s;//定义一个栈指针
int  n;//定义输入序列总个数
void  Initstack()
{
    s.top=-1;
}
void  Push(int  q)//入栈
{
    s.top++;
    s.data[s.top]=q;
}
int  Pop()//出栈
{
    int  temp;
    temp=s.data[s.top];
    s.top--;
    return  temp;
}
int  Emptys()//判断栈是否为空
{
    if(s.top==-1)
        return  1;
    else
        return  0;
}

//核心算法
void  Process(int  pos,int  path[],int  curp)//当前处理位置 pos 的元素
{
    int  m,i;
```

```
    if(pos<n)//编号进栈递归
    {
        Push(pos+1);//当前元素进栈后下一个元素继续进栈
        Process(pos+1,path,curp);  //处理下一个元素,返回表明下一个元素进栈的情况处理完了
        Pop();//下一个元素处理完后,pop 掉,准备处理直接出栈
    }

    if(!Emptys())//递归处理出栈
    {
        m=Pop();
        path[curp]=m;
        curp++;
        Process(pos,path,curp);//出栈后处理下一个元素继续进栈
        Push(m);
    }
    if(pos==n&&Emptys())//输出一种可能的方案
    {
        for(i=0;i<curp;i++)
            printf("%2d",path[i]);
        printf("\n");
    }
}

//主程序
int  main()
{
    int  path[MaxLen];
    printf("Input all train nums:");
    scanf("%d",&n);
    if(n<=0 || n>100)
        printf("Input error! \n");
    else
    {
        Initstack();
        Push(1);
        printf("output all orders:\n");
        Process(1,path,0);//从 1 开始,递归处理所有元素
    }
}
```

程序运行结果如图 3.19 所示。

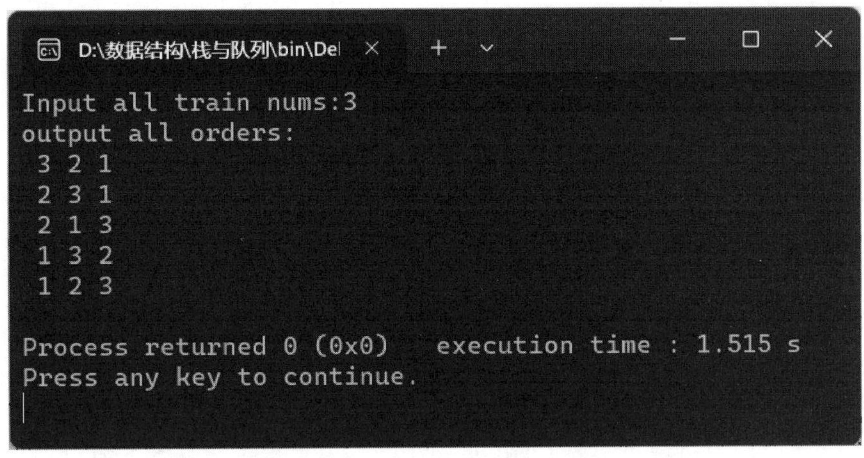

图 3.19　车辆调度程序输出结果

3.6.2　医院患者排队候诊问题

3.6.2.1　*题目*

看病时间长，挂专家号难，是现阶段急需解决的民生问题。编写一个程序，反映病人到医院排队看医生的情况。

病人在医院的看病流程：挂号>候诊>就诊。在本程序中只模拟等待就诊过程，所以主要完成的功能如下：

1. 上班——初始化排队队列。

2. 候诊——输入排队病人的病历号和姓名，加入病人排队队列中。

3. 就诊——病人排队队列中最前面的就诊，将其从队列中删除。

4. 查看排队情况——针对就诊病人进行查询，输入所要查询病人的病历号，显示其之前排队病人的人数以及他们的病历号和姓名。

5. 查看就诊——看病医生进行的查询操作。判断是否还有人在候诊，如有，显示候诊人数。

0. 下班——退出运行。

请使用队列，模拟上述过程。

3.6.2.2　*分析*

（1）先实现队列的基本操作：初始化、入队、出队、队空等。

（2）在 main（）程序中，模拟病人看病过程，给出菜单选择，进行相应的操作。

（3）可用顺序队列或者链队列实现。

（4）病人在排队过程中，主要重复两件事：病人到达诊室，将病历交给护士，排到等待队列中候诊；护士从等待队列中取出下一位病人的病历，该病人进入诊室就诊。

3.6.2.3　实现（p2.cpp）

```
#include<iostream>
#include<stdlib.h>
#include<string.h>

#define OK 1
#define ERROR 0
#define Maxsize 15

typedef int Status;
typedef struct People QElemtype;
typedef struct
{
    QElemtype*base;
    int rear;
    int front;
} sqQueue;

struct People
{
    char num[20],name[20];
};

void Menu();//菜单
Status InitQueue(sqQueue &q);//初始化队列
Status InputQueue(sqQueue &q,QElemtype x);//元素入队列
Status DeletQueue(sqQueue &q);//删除队头元素
Status SerchQueue(sqQueue &q,QElemtype x,int k);//遍历队列
Status ShowQueue(sqQueue &q,QElemtype x);//取元素下标
void LengthQueue(sqQueue &q);//队列长度
bool EmptyQueue(sqQueue &q);//判断是否队列为空

using namespace std;

int main()
{
    sqQueue q;
    QElemtype x;
    int n,m,i,k;
    while(1)
    {
```

```
Menu();
cout<<"请输入选择项:"<<endl;
cin>>m;
if(m==0)
{
    cout<<"谢谢您使用本系统,再见!"<<endl;
    break;
}
if(m==1)
{
    n=InitQueue(q);
    if(n==0)
        cout<<"上班失败!"<<endl;
    else
        cout<<"上班成功!"<<endl;
    system("pause");
    system("cls");

}
if(m==2)
{
    cout<<"请输入病人的病例号和姓名:";
    cin>>x.num>>x.name;
    n=InputQueue(q,x);
    if(n==0)
        cout<<"人数已满!"<<endl;
    else
        cout<<"候诊成功!"<<endl;
    system("pause");
    system("cls");

}
if(m==3)
{
    n=DeletQueue(q);
    if(n==0)
        cout<<"无人就诊!"<<endl;
    else
        cout<<"就诊成功!"<<endl;
    system("pause");
```

```
            system("cls");

        }
        if(m==4)
        {
            cout<<"请输入病人信息(病例号):";
            cin>>x.num;
            k=ShowQueue(q,x);
            if(k==-1)
                cout<<"空队!"<<endl;
            else if(k==-2)
                cout<<"查无此人!"<<endl;
            else
            {
                n=SerchQueue(q,x,k);
                if(n==0)
                   cout<<"前面无人!"<<endl;
                else
                   cout<<"查看排队成功!"<<endl;
            }
            system("pause");
            system("cls");
        }
        if(m==5)
        {
            n=EmptyQueue(q);
            if(n==0)
                cout<<"无人排队!"<<endl;
            else
            {
                LengthQueue(q);
                cout<<"查看就诊成功!"<<endl;
            }
            system("pause");
            system("cls");
        }
    }
    return 0;
}
```

```
void Menu()
{
    cout<<"**********************************"<<endl;
    cout<<"1. 上班   2. 候诊   3. 就诊   "<<endl;
    cout<<"4. 查看排队   5. 查看就诊   0. 下班   "<<endl;
    cout<<"**********************************"<<endl;
}

Status InitQueue(sqQueue &q)
{
    q.base=new QElemtype[Maxsize];
    if(!q.base)
       return ERROR;
    q.front=q.rear=0;
    return OK;
}

Status InputQueue(sqQueue &q,QElemtype x)
{
    if((q.rear+1)% Maxsize==q.front)
        return ERROR;
    q.base[q.rear]=x;
    q.rear=(q.rear+1)% Maxsize;
    cout<<q.rear;
    return OK;
}

Status DeletQueue(sqQueue &q)
{
    if(q.rear==q.front)
        return ERROR;
    q.front=(q.front+1)% Maxsize;
    return OK;
}

Status SerchQueue(sqQueue &q,QElemtype x,int k)
{
    int i,m=0;
    k=ShowQueue(q,x);
    if(k==q.front)
```

```
        return ERROR;
    cout<<"前面排队的人的信息为:"<<endl;
    for(i=q.front;i!=k;i=(i+1)%Maxsize)
    {
        cout<<"病例号为:"<<q.base[i].num<<"  姓名为:"<<q.base[i].name<<endl;
        m++;
    }
    cout<<"前面排队的人数为:"<<m<<endl;
    return OK;
}

Status ShowQueue(sqQueue &q,QElemtype x)
{
    int i,k=-1;
    if(q.rear==q.front)
        return-1;
    for(i=q.front;i!=q.rear;i=(i+1)%Maxsize)
    {
        if(strcmp(x.num,q.base[i].num)==0)
            k=i;
    }
    if(k==-1)
        return-2;
    return k;
}

void LengthQueue(sqQueue &q)
{
    int length;
    length=(q.rear-q.front+Maxsize)%Maxsize;
    cout<<"排队人数为:"<<length<<endl;
}

bool EmptyQueue(sqQueue &q)
{
    if(q.rear==q.front)
        return ERROR;
    else
        return OK;
}
```

程序运行结果如图 3. 20 所示。

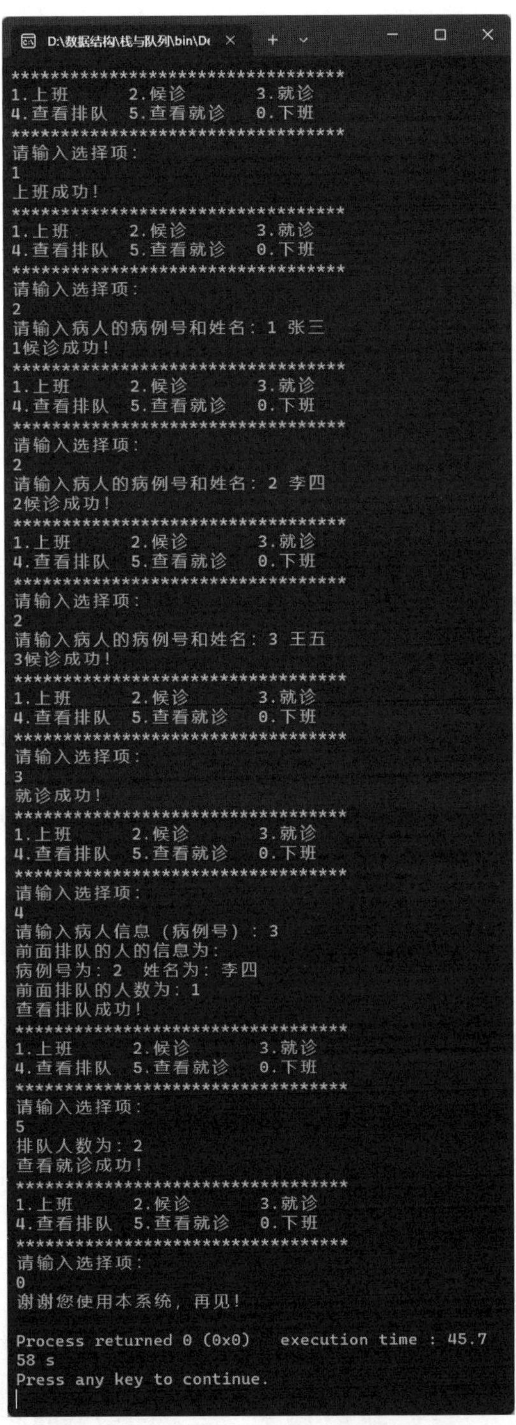

图 3. 20　医院患者排队候诊程序结果

第 4 章　串

本章先介绍串的相关概念、存储结构和基本操作等。在熟悉这些基础知识的前提下，首先完成基础篇的实践，即在不同存储结构下的基本操作的实现。然后，在此基础上完成提高篇的实践，这部分要求能针对具体的应用问题选择合适的存储结构，并设计算法。最后，为创新篇的实践尝试完成难度更大、更能促进读者对基本知识的理解，并进行灵活应用。

4.1　串的概述

计算机上的非数值处理对象大部分是字符串数据，字符串一般简称为串。串是一种特殊的线性表，其特殊性体现在数据元素是一个字符。也就是说，串是一种元素类型受限的线性表。在不同类型的应用中，所处理的字符串具有不同的特点，要根据具体情况采用合适的存储结构。串的基本概念如下：

（1）串（string）（或字符串）的定义：由零个或多个字符组成的优先序列，一般记为：

$$s= “a_1a_2a_3\cdots a_n”\ (n\geqslant 0)$$

其中，s 是串的名，用双引号括起来的字符序列是串的值；a_i（$1<=i\leqslant n$）可以是字母、数字或其他字符。

（2）串的长度：串中字符的个数。

串的抽象数据类型

（3）空串（null string）：零个字符的串，其长度为 0。

（4）子串：串中任意一个连续的字符组成的子序列。

（5）主串：包含子串的串。

（6）字符在串中的位置：字符在序列中的序号。

（7）子串在主串中的位置：子串的第一个字符在主串中的位置。

（8）两个串相等：当且仅当两个串的值相等，即只有当两个串的长度相等，并且各个对应位置的字符都相等时才相等。

（9）空格串：一个或多个空格组成的串。空格串的长度为串中空格字符的个数。

（10）顺序串的存储结构定义（C 语言描述）如下：

```
#define MaxSize  100
typedef struct
{char data[MaxSize];            //串中字符
  int length;                   //串长
} SqString;                     //声明顺序串类型
```

（11）链串的存储结构定义（C语言描述）如下：

```
typedef struct snode
{ char data;
  struct snode*next;
} SqString;                    //声明链串结点类型
```

4.2　实践目的和要求

本部分可供基础篇、提高篇和创新篇部分实践共同使用。

（1）掌握串的特点。

（2）掌握串的顺序存储结构及基本算法的实现。

（3）掌握串的链式存储结构及基本算法的实现。

（4）掌握串的各种匹配算法的设计及实现。

4.3　实践原理

本部分可供基础篇、提高篇和创新篇部分实践共同使用。串是一种特殊的线性结构，其特殊性体现在数据元素都是字符型。因此，对线性表的操作都适用于串。但是，由于对串的操作往往都是以子串为单位，而不是以单个字符为单位，因此，对串的操作在很多时候又不同于线性表。

和线性表一样，串也有两种存储结构：顺序串和链串。除了要将数据元素限定为字符型之外，串的存储结构和线性表的完全相同。在操作上，由于串的插入、删除等操作是以子串为单位，而线性表一般是以单个元素为单位，因此，在具体执行时和线性表相比会有所区别。

首先对串要掌握一些基本操作（即基础篇实践部分），进而实现提高篇和创新篇的实践内容。

串的存储结构

4.4　基础篇

4.4.1　串的顺序存储的基本操作

4.4.1.1　实践目的

熟练掌握串的顺序存储结构及基本运算的算法设计与实现。

4.4.1.2　实践内容

（1）建立顺序串s=“abcdefghijklmn”和串s1=“xyz”。

（2）输出顺序串s。

(3) 输出串 s 的长度。

(4) 在串 s 的第 i 个位置插入串 s1 而产生串 s2。

(5) 输出串 s2。

(6) 删除串 s 从第 2 个字符开始的第 5 个字符而产生的串 s2。

(7) 输出串 s2。

(8) 将串 s 从第 2 个字符开始的 5 个字符替换成串 s1 而产生串 s2。

(9) 输出串 s2。

(10) 提取串 s 从第 2 个字符开始的 10 个字符而产生串 s3。

(11) 输出串 s3。

(12) 将串 s1 和串 s2 连接起来而产生串 s4。

(13) 输出串 s4。

编写一个程序 sqstring. cpp，实现顺序串的各种基本运算。

4.4.1.3 算法实现

```
//顺序串基本运算的算法
#include<stdio.h>
#define MaxSize 100
typedef struct
{
    char data[MaxSize];
    int length;             //串长
} SqString;
void StrAssign(SqString &s,char cstr[])   //字符串常量赋给串 s
{
    int i;
    for(i=0;cstr[i]!='\0';i++)
        s.data[i]=cstr[i];
    s.length=i;
}
void DestroyStr(SqString &s)
{   }

void StrCopy(SqString &s,SqString t)//串复制
{
    int i;
    for(i=0;i<t.length;i++)
        s.data[i]=t.data[i];
    s.length=t.length;
}
bool StrEqual(SqString s,SqString t)//判串相等
```

```
{
    bool same=true;
    int i;
    if(s.length!=t.length)                //长度不相等时返回 0
        same=false;
    else
        for(i=0;i<s.length;i++)
            if(s.data[i]!=t.data[i])  //有一个对应字符不相同时返回 0
            {   same=false;
                break;
            }
    return same;
}
int StrLength(SqString s)//求串长
{
    return s.length;
}
SqString Concat(SqString s,SqString t)   //串连接
{
    SqString str;
    int i;
    str.length=s.length+t.length;
    for(i=0;i<s.length;i++)   //将 s.data[0..s.length-1]复制到 str
        str.data[i]=s.data[i];
    for(i=0;i<t.length;i++)   //将 t.data[0..t.length-1]复制到 str
        str.data[s.length+i]=t.data[i];
    return str;
}
SqString SubStr(SqString s,int i,int j)//求子串
{
    SqString str;
    int k;
    str.length=0;
    if(i<=0 || i>s.length || j<0 || i+j-1>s.length)
        return str;                       //参数不正确时返回空串
    for(k=i-1;k<i+j-1;k++)       //将 s.data[i..i+j]复制到 str
        str.data[k-i+1]=s.data[k];
    str.length=j;
    return str;
}
SqString InsStr(SqString s1,int i,SqString s2)//插入串
```

```
{
    int j;
    SqString str;
    str.length=0;
    if(i<=0 || i>s1.length+1)  //参数不正确时返回空串
        return str;
    for(j=0;j<i-1;j++)              //将 s1.data[0..i-2]复制到 str
        str.data[j]=s1.data[j];
    for(j=0;j<s2.length;j++)     //将 s2.data[0..s2.length-1]复制到 str
        str.data[i+j-1]=s2.data[j];
    for(j=i-1;j<s1.length;j++)  //将 s1.data[i-1..s1.length-1]复制到 str
        str.data[s2.length+j]=s1.data[j];
    str.length=s1.length+s2.length;
    return str;
}
SqString DelStr(SqString s,int i,int j)  //串删去
{
    int k;
    SqString str;
    str.length=0;
    if(i<=0 || i>s.length || i+j>s.length+1)//参数不正确时返回空串
        return str;
    for(k=0;k<i-1;k++)                    //将 s.data[0..i-2]复制到 str
        str.data[k]=s.data[k];
    for(k=i+j-1;k<s.length;k++)  //将 s.data[i+j-1..s.length-1]复制到 str
        str.data[k-j]=s.data[k];
    str.length=s.length-j;
    return str;
}
SqString RepStr(SqString s,int i,int j,SqString t)  //子串替换
{
    int k;
    SqString str;
    str.length=0;
    if(i<=0 || i>s.length || i+j-1>s.length)//参数不正确时返回空串
        return str;
    for(k=0;k<i-1;k++)                        //将 s.data[0..i-2]复制到 str
        str.data[k]=s.data[k];
    for(k=0;k<t.length;k++)                   //将 t.data[0..t.length-1]复制到 str
        str.data[i+k-1]=t.data[k];
    for(k=i+j-1;k<s.length;k++)  //将 s.data[i+j-1..s.length-1]复制到 str
```

```
        str.data[t.length+k-j]=s.data[k];
    str.length=s.length-j+t.length;
    return str;
}
void DispStr(SqString s)//输出串 s
{
    int i;
    if(s.length>0)
    {   for(i=0;i<s.length;i++)
            printf("%c",s.data[i]);
        printf("\n");
    }
}
int main()
{
    SqString s,s1,s2,s3,s4;
    printf("顺序串的基本运算如下:\n");
    printf("  (1)建立串 s 和串 s1 \n");
    StrAssign(s,"abcdefghijklmn");
    StrAssign(s1,"123");
    printf("  (2)输出串 s:");DispStr(s);
    printf("  (3)串 s 的长度:%d \n",StrLength(s));
    printf("  (4)在串 s 的第 9 个字符位置插入串 s1 而产生串 s2 \n");
    s2=InsStr(s,9,s1);
    printf("  (5)输出串 s2:");DispStr(s2);
    printf("  (6)删除串 s 第 2 个字符开始的 5 个字符而产生串 s2 \n");
    s2=DelStr(s,2,3);
    printf("  (7)输出串 s2:");DispStr(s2);
    printf("  (8)将串 s 第 2 个字符开始的 5 个字符替换成串 s1 而产生串 s2 \n");
    s2=RepStr(s,2,5,s1);
    printf("  (9)输出串 s2:");DispStr(s2);
    printf("  (10)提取串 s 的第 2 个字符开始的 10 个字符而产生串 s3 \n");
    s3=SubStr(s,2,10);
    printf("  (11)输出串 s3:");DispStr(s3);
    printf("  (12)将串 s1 和串 s2 连接起来而产生串 s4 \n");
    s4=Concat(s1,s2);
    printf("  (13)输出串 s4:");DispStr(s4);
    DestroyStr(s);DestroyStr(s1);DestroyStr(s2);
    DestroyStr(s3);DestroyStr(s4);
    return 1;
}
```

运行结果如图 4.1 所示。

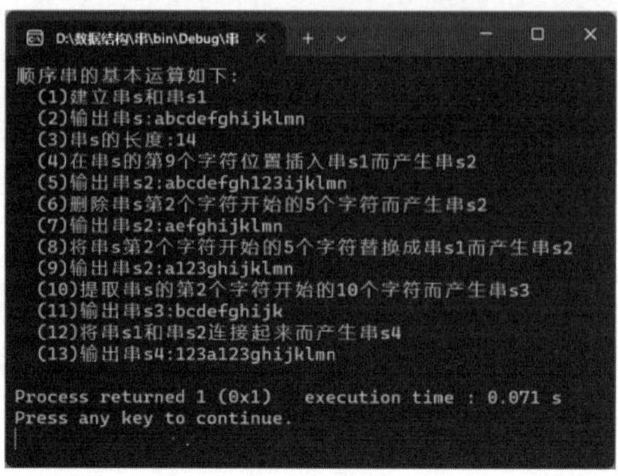

D:\数据结构\串\bin\Debug\串
顺序串的基本运算如下:
(1)建立串s和串s1
(2)输出串s:abcdefghijklmn
(3)串s的长度:14
(4)在串s的第9个字符位置插入串s1而产生串s2
(5)输出串s2:abcdefgh123ijklmn
(6)删除串s第2个字符开始的5个字符而产生串s2
(7)输出串s2:aefghijklmn
(8)将串s第2个字符开始的5个字符替换成串s1而产生串s2
(9)输出串s2:a123ghijklmn
(10)提取串s的第2个字符开始的10个字符而产生串s3
(11)输出串s3:bcdefghijk
(12)将串s1和串s2连接起来而产生串s4
(13)输出串s4:123a123ghijklmn
Process returned 1 (0x1)   execution time : 0.071 s
Press any key to continue.

图 4.1　顺序串代码运行结果

4.4.2　串的链式存储的基本操作

4.4.2.1　实践目的

熟练掌握串的链式存储结构及基本运算的算法设计与实现。

4.4.2.2　实践内容

(1) 建立顺序串 s= “abcdefghijklmn” 和串 s1= “xyz”。

(2) 输出顺序串 s。

(3) 输出串 s 的长度。

(4) 在串 s 的第 i 个位置插入串 s1 而产生串 s2。

(5) 输出串 s2。

(6) 删除串 s 从第 2 个字符开始的第 5 个字符而产生的串 s2。

(7) 输出串 s2。

(8) 将串 s 从第 2 个字符开始的 5 个字符替换成串 s1 而产生串 s2。

(9) 输出串 s2。

(10) 提取串 s 从第 2 个字符开始的 10 个字符而产生串 s3。

(11) 输出串 s3。

(12) 将串 s1 和串 s2 连接起来而产生串 s4。

(13) 输出串 s4。

编写一个程序 listring. cpp，实现链串的各种基本运算。

4.4.2.3　算法实现

```
//链串基本运算的算法
#include<stdio.h>
#include<malloc.h>
typedef struct snode
```

```
{
    char data;
    struct snode*next;
} LinkStrNode;
void StrAssign(LinkStrNode*&s,char cstr[])  //字符串常量 cstr 赋给串 s
{
    int i;
    LinkStrNode*r,*p;
    s=(LinkStrNode*)malloc(sizeof(LinkStrNode));
    r=s;                        //r 始终指向尾结点
    for(i=0;cstr[i]!='\0';i++)
    {   p=(LinkStrNode*)malloc(sizeof(LinkStrNode));
        p->data=cstr[i];
        r->next=p;r=p;
    }
    r->next=NULL;
}
void DestroyStr(LinkStrNode*&s)
{   LinkStrNode*pre=s,*p=s->next;//pre 指向结点 p 的前驱结点
    while(p!=NULL)                        //扫描链串 s
    {   free(pre);                      //释放 pre 结点
        pre=p;                         //pre、p 同步后移一个结点
        p=pre->next;
    }
    free(pre);                  //循环结束时,p 为 NULL,pre 指向尾结点,释放 pre
}
void StrCopy(LinkStrNode*&s,LinkStrNode*t)  //串 t 复制给串 s
{
    LinkStrNode*p=t->next,*q,*r;
    s=(LinkStrNode*)malloc(sizeof(LinkStrNode));
    r=s;                        //r 始终指向尾结点
    while(p!=NULL)                  //将 t 的所有结点复制到 s
    {   q=(LinkStrNode*)malloc(sizeof(LinkStrNode));
        q->data=p->data;
        r->next=q;r=q;
        p=p->next;
    }
    r->next=NULL;
}
bool StrEqual(LinkStrNode*s,LinkStrNode*t)  //判串相等
{
```

```
    LinkStrNode*p=s->next,*q=t->next;
    while(p!=NULL && q!=NULL && p->data==q->data)
    {   p=p->next;
        q=q->next;
    }
    if(p==NULL && q==NULL)
        return true;
    else
        return false;
}
int StrLength(LinkStrNode*s)//求串长
{
    int i=0;
    LinkStrNode*p=s->next;
    while(p!=NULL)
    {   i++;
        p=p->next;
    }
    return i;
}
LinkStrNode*Concat(LinkStrNode*s,LinkStrNode*t)//串连接
{
    LinkStrNode*str,*p=s->next,*q,*r;
    str=(LinkStrNode*)malloc(sizeof(LinkStrNode));
    r=str;
    while(p!=NULL)                          //将 s 的所有结点复制到 str
    {   q=(LinkStrNode*)malloc(sizeof(LinkStrNode));
        q->data=p->data;
        r->next=q;r=q;
        p=p->next;
    }
    p=t->next;
    while(p!=NULL)                          //将 t 的所有结点复制到 str
    {   q=(LinkStrNode*)malloc(sizeof(LinkStrNode));
        q->data=p->data;
        r->next=q;r=q;
        p=p->next;
    }
    r->next=NULL;
    return str;
}
```

```
LinkStrNode*SubStr(LinkStrNode*s,int i,int j)  //求子串
{
    int k;
    LinkStrNode*str,*p=s->next,*q,*r;
    str=(LinkStrNode*)malloc(sizeof(LinkStrNode));
    str->next=NULL;
    r=str;                            //r 指向新建链表的尾结点
    if(i<=0 || i>StrLength(s) || j<0 || i+j-1>StrLength(s))
        return str;                   //参数不正确时返回空串
    for(k=0;k<i-1;k++)
        p=p->next;
    for(k=1;k<=j;k++)               //将 s 的第 i 个结点开始的 j 个结点复制到 str
    {   q=(LinkStrNode*)malloc(sizeof(LinkStrNode));
        q->data=p->data;
        r->next=q;r=q;
        p=p->next;
    }
    r->next=NULL;
    return str;
}
LinkStrNode*InsStr(LinkStrNode*s,int i,LinkStrNode*t)  //串插入
{
    int k;
    LinkStrNode*str,*p=s->next,*p1=t->next,*q,*r;
    str=(LinkStrNode*)malloc(sizeof(LinkStrNode));
    str->next=NULL;
    r=str;                                    //r 指向新建链表的尾结点
    if(i<=0 || i>StrLength(s)+1)             //参数不正确时返回空串
    return str;
    for(k=1;k<i;k++)                          //将 s 的前 i 个结点复制到 str
    {   q=(LinkStrNode*)malloc(sizeof(LinkStrNode));
        q->data=p->data;
        r->next=q;r=q;
        p=p->next;
    }
    while(p1!=NULL)                      //将 t 的所有结点复制到 str
    {   q=(LinkStrNode*)malloc(sizeof(LinkStrNode));
        q->data=p1->data;
        r->next=q;r=q;
        p1=p1->next;
    }
```

```
    while(p!=NULL)                        //将结点p及其后的结点复制到str
    {   q=(LinkStrNode*)malloc(sizeof(LinkStrNode));
        q->data=p->data;
        r->next=q;r=q;
        p=p->next;
    }
    r->next=NULL;
    return str;
}
LinkStrNode*DelStr(LinkStrNode*s,int i,int j)  //串删去
{
    int k;
    LinkStrNode*str,*p=s->next,*q,*r;
    str=(LinkStrNode*)malloc(sizeof(LinkStrNode));
    str->next=NULL;
    r=str;                              //r指向新建链表的尾结点
    if(i<=0 || i>StrLength(s) || j<0 || i+j-1>StrLength(s))
        return str;                     //参数不正确时返回空串
    for(k=0;k<i-1;k++)                  //将s的前i-1个结点复制到str
    {   q=(LinkStrNode*)malloc(sizeof(LinkStrNode));
        q->data=p->data;
        r->next=q;r=q;
        p=p->next;
    }
    for(k=0;k<j;k++)                    //让p沿next跳j个结点
        p=p->next;
    while(p!=NULL)                        //将结点p及其后的结点复制到str
    {   q=(LinkStrNode*)malloc(sizeof(LinkStrNode));
        q->data=p->data;
        r->next=q;r=q;
        p=p->next;
    }
    r->next=NULL;
    return str;
}
LinkStrNode*RepStr(LinkStrNode*s,int i,int j,LinkStrNode*t)//串替换
{
    int k;
    LinkStrNode*str,*p=s->next,*p1=t->next,*q,*r;
    str=(LinkStrNode*)malloc(sizeof(LinkStrNode));
    str->next=NULL;
```

```
    r=str;                              //r 指向新建链表的尾结点
    if(i<=0 || i>StrLength(s) || j<0 || i+j-1>StrLength(s))
        return str;                     //参数不正确时返回空串
    for(k=0;k<i-1;k++)                  //将 s 的前 i-1 个结点复制到 str
    {   q=(LinkStrNode*)malloc(sizeof(LinkStrNode));
        q->data=p->data;q->next=NULL;
        r->next=q;r=q;
        p=p->next;
    }
    for(k=0;k<j;k++)                    //让 p 沿 next 跳 j 个结点
        p=p->next;
    while(p1!=NULL)                     //将 t 的所有结点复制到 str
    {   q=(LinkStrNode*)malloc(sizeof(LinkStrNode));
        q->data=p1->data;q->next=NULL;
        r->next=q;r=q;
        p1=p1->next;
    }
    while(p!=NULL)                      //将结点 p 及其后的结点复制到 str
    {   q=(LinkStrNode*)malloc(sizeof(LinkStrNode));
        q->data=p->data;q->next=NULL;
        r->next=q;r=q;
        p=p->next;
    }
    r->next=NULL;
    return str;
}
void DispStr(LinkStrNode*s)   //输出串
{
    LinkStrNode*p=s->next;
    while(p!=NULL)
    {   printf("%c",p->data);
        p=p->next;
    }
    printf("\n");
}
int main()
{
    LinkStrNode*s,*s1,*s2,*s3,*s4;
    printf("链串的基本运算如下:\n");
    printf("  (1)建立串 s 和串 s1\n");
    StrAssign(s,"abcdefghijklmn");
```

```
    StrAssign(s1,"123");
    printf("  (2)输出串 s:");DispStr(s);
    printf("  (3)串 s 的长度:%d\n",StrLength(s));
    printf("  (4)在串 s 的第 9 个字符位置插入串 s1 而产生串 s2\n");
    s2=InsStr(s,9,s1);
    printf("  (5)输出串 s2:");DispStr(s2);
    printf("  (6)删除串 s 第 2 个字符开始的 5 个字符而产生串 s2\n");
    s2=DelStr(s,2,3);
    printf("  (7)输出串 s2:");DispStr(s2);
    printf("  (8)将串 s 第 2 个字符开始的 5 个字符替换成串 s1 而产生串 s2\n");
    s2=RepStr(s,2,5,s1);
    printf("  (9)输出串 s2:");DispStr(s2);
    printf("  (10)提取串 s 的第 2 个字符开始的 10 个字符而产生串 s3\n");
    s3=SubStr(s,2,10);
    printf("  (11)输出串 s3:");DispStr(s3);
    printf("  (12)将串 s1 和串 s2 连接起来而产生串 s4\n");
    s4=Concat(s1,s2);
    printf("  (13)输出串 s4:");DispStr(s4);
    DestroyStr(s);DestroyStr(s1);DestroyStr(s2);
    DestroyStr(s3);  DestroyStr(s4);
    return 1;
}
```

运行结果如图 4.2 所示。

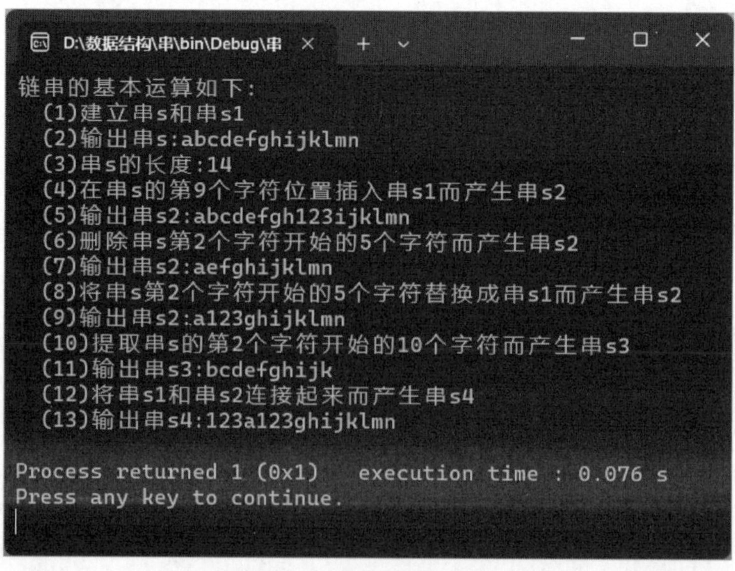

图 4.2　链串代码运行结果

串的模式匹配算法

4.5　提高篇

本部分可以作为数据结构实践的上机内容、课后练习或课后作业等使用。本部分题目的设置结合了各类程序设计竞赛或考研题目所考察的知识点。

4.5.1　串的简单模式匹配算法

4.5.1.1　题目要求

（1）输入形式：主串 s，子串 t，分两行输入

（2）输出形式：子串 t 在主串 s 中的位置

（3）样例输入：abcabcdabcdefg
　　　　　　　abcdefg

（4）样例输出：7

4.5.1.2　题目分析

本题目可以采用顺序串作为存储结构。首先，定义并创建主串 s 和子串 t，然后用循环结构，将子串 t 的字符和主串 s 的字符依次进行比较。分别利用计数指针 i 和 j 指示主串 s 和子串 t 中当前正待比较的字符位置，i 初值为 1，j 初值为 1；如果两个串均未比较到串尾，即 i 和 j 均分别小于或等于 s 和 t 的长度时，则循环执行以下操作：取出 i 和 j 所指向的字符并比较，若相等则 i 和 j 分别加 1，否则将 i 回溯至下一个子串的首字符，j 重置为 0。当 j 最终的值大于或等于子串 t 的长度时，表明匹配成功，否则匹配失败。

4.5.1.3　算法实现

```
#include "sqstring.cpp"                 //包含顺序串的基本运算算法
int Index(SqString s,SqString t)        //简单匹配算法
{
    int i=0,j=0;
    while(i<s.length && j<t.length)
    {   if(s.data[i]==t.data[j])        //继续匹配下一个字符
        {   i++;                        //主串和子串依次匹配下一个字符
            j++;
        }
        else                            //主串、子串指针回溯重新开始下一次匹配
        {   i=i-j+1;                   //主串从下一个位置开始匹配
            j=0;                       //子串从头开始匹配
        }
    }
    if(j>=t.length)
        return(i-t.length);             //返回匹配的第一个字符的下标
```

```
    else
        return(-1);             //模式匹配不成功
}
int main()
{
    int j;
    int next[MaxSize],nextval[MaxSize];
    SqString s,t;
    StrAssign(s,"abcabcdabcdeabcdefabcdefg");
    StrAssign(t,"abcdeabcdefab");
    printf("串 s:");DispStr(s);
    printf("串 t:");DispStr(t);
    printf("简单匹配算法:\n");
    printf("  t在s中的位置=%d\n",Index(s,t));
    DestroyStr(s);DestroyStr(t);
    return 1;
}
```

运行结果如图 4.3 所示。

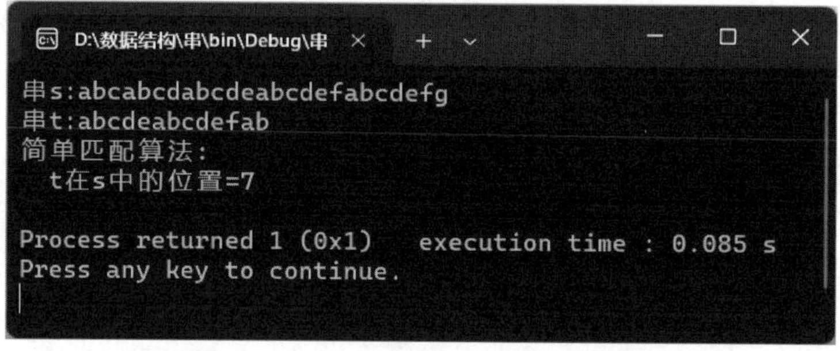

图 4.3　串的简单匹配算法运行结果

4.5.2　KMP 算法

4.5.2.1　题目要求

（1）输入形式：两个字符串 s，t，分两行输入。

（2）输出形式：串 t 在串 s 中的位置。

（3）样例输入：abcabcdabcdefg。

abcdefg。

（4）样例输出：7。

4.5.2.2　题目分析

本题目可以采用顺序串作为存储结构。在串的简单模式匹配算法中，主串 s 的指针有

"回溯"。KMP 算法相较于简单模式匹配算法的优势在于：在保证指针 i 不回溯的前提下，当匹配失败时，让模式串向右移动最大的距离。为此需要用一个数组 next 存放模式串向右移动的距离值。next [j] 的含义是：在子串的第 i 个字符与主串发生失配时，则跳到子串的 next [j] 位置重新与主串当前位置进行比较。

4.5.2.3　算法实现

```
#include "sqstring.cpp"                    //包含顺序串的基本运算算法
void GetNext(SqString t,int next[])  //由模式串 t 求出 next 值
{   int j,k;
    j=0;k=-1;next[0]=-1;
    while(j<t.length-1)
    {   if(k==-1 || t.data[j]==t.data[k])   //k 为-1 或比较的字符相等时
        {   j++;k++;
            next[j]=k;
        }
        else  k=next[k];
    }
}
int KMPIndex(SqString s,SqString t)   //KMP 算法
{
    int next[MaxSize],i=0,j=0;
    GetNext(t,next);
    while(i<s.length && j<t.length)
    {   if(j==-1 || s.data[i]==t.data[j])
        {   i++;
            j++;                //i,j 各增 1
        }
        else j=next[j];      //i 不变,j 后退
    }
    if(j>=t.length)
        return(i-t.length);  //返回匹配模式串的首字符下标
    else
        return(-1);            //返回不匹配标志
}
int main()
{
    int j;
    int next[MaxSize],nextval[MaxSize];
    SqString s,t;
    StrAssign(s,"abcabcdabcdeabcdefabcdefg");
    StrAssign(t,"abcdeabcdefab");
```

```
    printf("串 s:");DispStr(s);
    printf("串 t:");DispStr(t);
    GetNext(t,next);     //由模式串 t 求出 next 值
    printf("    j  ");
    for(j=0;j<t.length;j++)
        printf("%4d",j);
    printf("\n");
    printf(" t[j]  ");
    for(j=0;j<t.length;j++)
        printf("%4c",t.data[j]);
    printf("\n");
    printf(" next  ");
    for(j=0;j<t.length;j++)
        printf("%4d",next[j]);
    printf("\n");
    printf("KMP 算法:\n");
    printf("  t 在 s 中的位置=%d\n",KMPIndex(s,t));
    DestroyStr(s);DestroyStr(t);
    return 1;
}
```

运行结果如图 4.4 所示。

KMP 算法是一种改进后的字符串匹配算法，由 D. E. Knuth 与 V. R. Pratt 和 J. H. Morris 同时发现，因此人们称它为克努特——莫里斯——普拉特操作（简称 KMP 算法）。

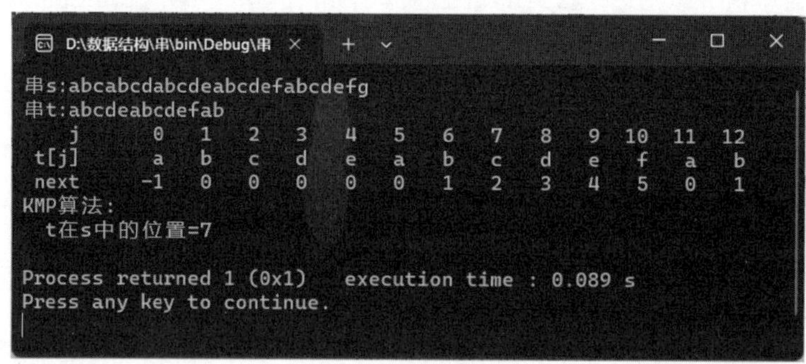

图 4.4　KMP 算法运行结果

4.5.3　改进的 KMP 算法

4.5.3.1　题目要求

（1）输入形式：两个字符串 s，t，分两行输入

（2）输出形式：串 t 在串 s 中的位置

（3）样例输入：abcabcdabcdefg
　　　　　　　abcdefg

（4）样例输出：7

4.5.3.2　题目分析

KMP 算法的关键在于 next 数组的确定，其实对于 KMP 算法中的 next 数组，不是最精简的，还可以简化，例如：

模式串　T：abcac
　　　next：01112

在模式串“abcac”中，有两个字符‘a’，我们假设第一个为 a1，第二个为 a2。在程序匹配过程中，如果 *j* 指针指向 a2 时匹配失败，那么此时，主串中的 *i* 指针不动，*j* 指针指向 a1，很明显，由于 a1 = = a2，而 a2! = S［*i*］，所以 a1 也肯定不等于 S［*i*］。为了避免不必要的判断，需要对 next 数组进行精简，对于“abcac”这个模式串来说，由于 T［4］ = = T［next［4］］，所以，可以将 next 数组改为：

模式串　T：abcac
　　　next：01102

这样简化，如果匹配过程中由于 a2 匹配失败，那么也不用再判断 a1 是否匹配，直接绕过 a1，进行下一步。

4.5.3.3　算法实现

```
#include "sqstring.cpp"                        //包含顺序串的基本运算算法
void GetNextval(SqString t,int nextval[])   //由模式串 t 求出 nextval 值
{
    int j=0,k=-1;
    nextval[0]=-1;
    while(j<t.length)
    {if(k==-1 || t.data[j]==t.data[k])
        {   j++;k++;
            if(t.data[j]!=t.data[k])
                nextval[j]=k;
            else
                nextval[j]=nextval[k];
        }
        else
            k=nextval[k];
    }
}
int KMPIndex1(SqString s,SqString t)//修正的 KMP 算法
{
    int nextval[MaxSize],i=0,j=0;
    GetNextval(t,nextval);
```

```
    while(i<s.length && j<t.length)
    {   if(j==-1 || s.data[i]==t.data[j])
        {   i++;
            j++;
        }
        else
            j=nextval[j];
    }
    if(j>=t.length)
        return(i-t.length);
    else
        return(-1);
}
int main()
{
    int j;
    int next[MaxSize],nextval[MaxSize];
    SqString s,t;
    StrAssign(s,"abcabcdabcdeabcdefabcdefg");
    StrAssign(t,"abcdeabcdefab");
    printf("串 s:");DispStr(s);
    printf("串 t:");DispStr(t);
    GetNextval(t,nextval);        //由模式串 t 求出 nextval 值
    printf("    j  ");
    for(j=0;j<t.length;j++)
        printf("%4d",j);
    printf("\n");
    printf(" t[j]  ");
    for(j=0;j<t.length;j++)
        printf("%4c",t.data[j]);
    printf("\n");
    printf(" nextval");
    for(j=0;j<t.length;j++)
        printf("%4d",nextval[j]);
    printf("\n");
    printf("改进的 KMP 算法:\n");
    printf("  t 在 s 中的位置=%d\n",KMPIndex1(s,t));
    DestroyStr(s);
    DestroyStr(t);
    return 1;
}
```

运行结果如图 4. 5 所示。

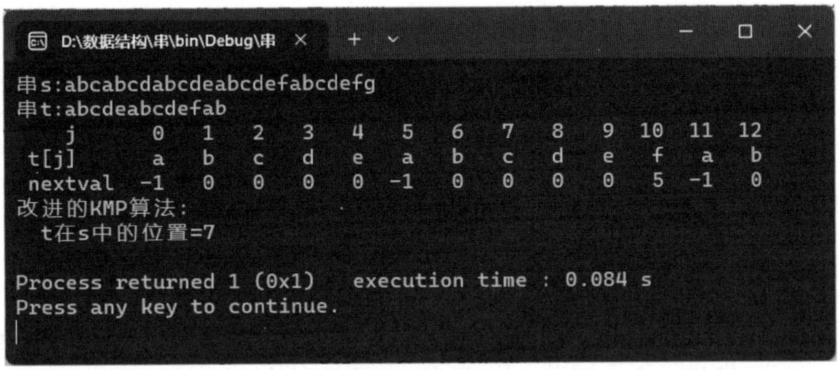

```
D:\数据结构\串\bin\Debug\串
串s:abcabcdabcdeabcdefabcdefg
串t:abcdeabcdefab
    j      0   1   2   3   4   5   6   7   8   9  10  11  12
 t[j]      a   b   c   d   e   a   b   c   d   e   f   a   b
 nextval  -1   0   0   0   0  -1   0   0   0   0   5  -1   0
改进的KMP算法:
  t在s中的位置=7

Process returned 1 (0x1)   execution time : 0.084 s
Press any key to continue.
```

图 4. 5　改进 KMP 算法运行结果

尽管 KMP 算法已经在极大程度上提高了字符串匹配的效率，但是也可以看到，改进的 KMP 算法能进一步的提高算法效率。在科学研究上，要时刻保持精益求精的精神，不断钻研、探索，才能不断创新，更好的造福人类。

4. 6　创新篇

4. 6. 1　文本编辑

问题描述：

请选择合适的串结构，实现文本编辑功能。

实践要求：

设计文本编辑程序，实现以下功能：

(1) 打开文本文件。

(2) 显示文本文件的内容。

(3) 在文本中插入行。

(4) 在文本中删除行。

(5) 拷贝某一行的文本。

(6) 修改某一行的文本。

(7) 在文本中查找字符串。

(8) 替换文本中的字符串。

(9) 保存文本文件。

(10) 退出文本编辑。

思路分析：

为了编辑方便，用户可以利用换页符和换行符把文本划分为若干页，每页有若干行（当然，也可不分页而把文件直接划成若干行）。可以把文本看成是一个字符串，称为文本串。

页则是文本串的子串，行又是页的子串。为了管理文本串的页和行，在进入文本编辑的时候，编辑程序先为文本串建立相应的页表和行表，即建立各子串的存储映象。页表的每一项给出了页号和该页的起始行号。而行表的每一项则指示每一行的行号、起始地址和该行子串的长度。文本编辑程序中设立页指针、行指针和字符指针，分别指示当前操作的页、行和字符。如果在某行内插入或删除若干字符，则要修改行表中该行的长度。若该行的长度超出了分配给它的存储空间，则要为该行重新分配存储空间，同时还要修改该行的起始位置。如果要插入或删除一行，就要涉及行表的插入或删除。若被删除的行是所在页的起始行，则还要修改页表中相应页的起始行号（修改为下一行的行号）。为了查找方便，行表是按行号递增顺序存储的，因此，对行表进行的插入或删除运算需移动操作位置以后的全部表项。页表的维护与行表类似，在此不再赘述。由于访问是以页表和行表作为索引的，所以在作行和页的删除操作时，可以只对行表和页表作相应的修改，不必删除所涉及的字符，可以节省不少时间。

4.6.2 建立词索引表

问题描述：

信息检索是计算机应用的重要领域之一。例如在图书馆书名检索系统中一般通过书名关键词检索读者感兴趣的书。因为读者一般不知道自己目标书籍全名，可能会凭印象提供一些关键词。那么检索系统就要求能够根据读者提供的关键词，显示所有含有该关键词的书目。

实践要求：

（1）从书名文件中读取一个书名串。

（2）从书名串中提取所有关键词到词表中。

（3）对词表中的每一个关键词，再关键词索引表中进行查找并作相应的插入操作。

（4）设计一个判断是否为关键词的机制，创建一个常用词表（an、a、of、the），如果从书名提取出的词不与常用词表中任意词相等，即为关键词。

（5）在索引表中查询关键词，考虑以下情况：

①索引表中已有此关键词的索引项，只要在该项中插入书号索引即可；

②需在索引表中插入词关键词的索引项，插入应按照词典有序原则进行；

实践思路：

设定数据结构，词表为线性表，只存放一本书的书名中若干个关键字，其数量有限，采用顺序存储结构即可，其中每个词是一个字符串。索引表为有序表，虽是动态生成，在生成过程中需频繁进行插入操作，但考虑索引表主要为查找用，为了提高查找效率，采用顺序存储结构；表中每个索引项包含两个内容：一是关键词，因索引表为常驻内存，则考虑节省存储，采用堆分配存储表示的串类型；二是书号索引，由于书号索引是在索引表生成过程中逐个插入，且不同关键词的书号索引个数不等，甚至可能相差很多，则宜采用链表结构的线性表。

信息检索技术的发展可以促进信息的共享和传播，推动社会的发展。如在医疗领域，信息检索技术可以帮助医生快速地搜索相关病例和治疗方案，提高医疗水平和效率；在教育领域，信息检索技术可以帮助学生快速地获取相关知识和资料，提高学习效率和质量。因此，如何通过改进算法提高信息检索效率，是算法设计者要努力解决的问题。

第 5 章　数组和广义表

本章介绍数组和广义表的主要特性，包括数组的顺序存储和广义表的链式存储表示方法。读者在熟悉基础知识的基础上，实现数组和广义表的各种基本操作及其代码实现，以完成基础篇实践，进而完成提高篇实践，并针对实际问题选择合适的存储结构、设计算法，完成最后一部分的综合创新型实践。其中，“5.1　数组和广义表概述”部分可作为此章重点理论知识点的预习或复习使用。

5.1　数组和广义表的概述

数组和广义表是一种扩展的线性表，表中的数据元素本身也是一个数据结构。

5.1.1　数组

5.1.1.1　数组

用来存储具有“一对一”逻辑关系数据的线性存储结构，既可以用来存储不可再分的数据元素，也可以用来存储像顺序表、链表这样的数据结构。

根据数组中存储数据之间逻辑结构的不同，数组可细分为：一维数组，存储不可再分数据元素的数组，即线性表；二维数组，数据元素为一维数组（线性表）的线性表；*N* 维数组，数据元素为 *N*-1 维数组的线性表。

5.1.1.2　数组的顺序存储

数组作为一种线性存储结构，对存储的数据通常只做查找和修改操作，因此数组结构的实现使用顺序存储结构。数组中数据的存储有两种先后存储方式：

（1）按列序存储：按照行号从小到大的顺序，依次存储每一列的元素。

（2）按行序存储：按照列号从小到大的顺序，依次存储每一行的元素。

如果二维数组采用以行序为主的方式，则在二维数组 a_{nm} 中查找 a_{ij} 存放位置的公式为：LOC（i，j）= LOC（0，0）+（i * m+j）* L；其中，LOC（i，j）为 a_{ij} 在内存中的地址，LOC（0，0）为二维数组在内存中存放的起始位置（即 a_{00} 的位置）。

5.1.1.3　数据的顺序存储表示

顺序存储的 C 语言描述如下：

```
#define MAX_ARRAY_DIM 8//假设数组维数的最大值为 8
typedef struct {
  ElemType  *base;            //数组元素基址,由 InitArray 分配
```

```
    int dim;                        //数组维数
    int  *bounds;                   //数组维界基址,由 InitArray 分配
    int  *constants;            //数组映象函数常量基址,由 InitArray 分配
  } Array;
```

5.1.2 矩阵的压缩存储

矩阵的压缩存储：为多个值相同的元素只分配一个存储空间，对零元素不分配空间。包括特殊矩阵和稀疏矩阵。

（1）特征矩阵，相同元素或零元元素在矩阵中的分布有一定规律，如对称矩阵和三角矩阵。

（2）对称矩阵，指矩阵中的数据元素沿主对角线两侧对应相等；结合数据结构压缩存储思想，可使用一维数组存储，存储对角线一侧（含对角线）的数据。

（3）三角矩阵，主对角线下（上）的数据元素全部相同的矩阵；其存储方式为：采用对称矩阵的方式存储非0数据（元素0不用存储）。

（4）稀疏矩阵。

①稀疏矩阵，大多数元素为0的矩阵。一般当非零元素个数低于总元素的5%时，这样的矩阵为稀疏矩阵。

②稀疏矩阵的压缩存储：采取“三元组”表示法，除了存储元素值以外，还存储非零元素在矩阵中所处的行号和列。

③稀疏矩阵的三元组顺序表存储表示（顺序存储的C语言描述）如下：

```
#define MAXSIZE 12500            //假设非零元个数的最大值为 12500
typedef struct {                  //三元组结构体
  int row;                       //该非零元的行标 row
  int col;                      //该非零元的列标 col
  ElemType value;                  //元素值
} Triple;
typedef struct {                         //矩阵的结构表示
  Triple data[MAXSIZE+1];               //存储该矩阵中所有非零元素的三元组
  int rows,cols,nums;               //矩阵的行数和列数,和所有非零元个数
} TSMatrix;
```

5.1.3 广义表

广义表是n个数据元素的有限序列，每个元素可以是单个元素（称为原子），还可以是一个广义表（称为子表），通常用链式存储结构来表示。当广义表不是空表时，称第一个数据（原子或子表）为“表头”，剩下的数据构成的新广义表为“表尾”。

广义表的扩展线性链表存储表示（C语言描述）如下：

```
typedef char ElemType;
typedef struct Lnode
{  int tag;     //节点类型标识,tag=1 表示指向表节点;tag=0 表示指向原子结点
   union              //原子结点和表结点的联合部分
   {
      ElemType atom;//原子结点的值
      struct Lnode*hp;  //表节点的表头结点
   } data;
   struct Lnode*tp;  //相当于线性表的 next,指向下一个元素
} GLNode;                //声明广义表节点类型
```

5.2　实践目的和要求

本部分可供基础篇、提高篇和创新篇实践共同使用。

（1）掌握数组的逻辑结构特性及其在计算机内的顺序存储结构。

（2）了解数组的两种存储表示方法，并掌握数组在以行为主的存储结构中的地址计算方法。

（3）掌握稀疏矩阵的三元顺序存储表示的定义及其实现。

（4）掌握稀疏矩阵的顺序存储结构中的各种基本操作。

（5）掌握广义表的链式存储结构的定义及其实现。

数组的定义

5.3　实践原理

本部分可供基础篇、提高篇和创新篇实践共同使用。

数组是用来存储具有“一对一”逻辑关系数据的线性存储结构，既可以用来存储不可再分的数据元素，也可以用来存储可再分数据元素。

数组常用顺序存储，包括“按列序存储”和“按行序存储”两种存储方式。按列序存储，即按照行号从小到大的顺序，依次存储每一列的元素；而按行序存储，即按照列号从小到大的顺序，依次存储每一行的元素。

二维数组，即矩阵，常使用“矩阵的压缩存储”来表示。矩阵压缩存储，即为多个值相同的元只分配一个存储空间，对零元不分配空间，包括特殊矩阵和稀疏矩阵。特殊矩阵，相同元素或零元素在矩阵中的分布有一定规律，包括对称矩阵和三角矩阵。对称矩阵，由于沿主对角线两侧对应相等，因此只存储对角线一侧（包含对角线）的数据即可；三角矩阵，由于主对角线下（上）的数据元素全部相同，因此，采用对称矩阵的方式存储上（下）三角的数据（元素 0 不用存储）。稀疏矩阵，大多数元素为 0 的矩阵。其存储方式采取“三元组”

表示法，除了存储元素值以外，还存储非零元素在矩阵中所处的行号和列号。

广义表是 n 个数据元素的有限序列，每个元素可以是单个元素（称为原子），还可以是一个广义表（称为子表），通常用链式存储结构来表示。

对数组和广义表，首先要掌握抽象数据类型（abstract data type，ADT）中涉及的基本操作（见基础篇实践部分），进而实现实践内容中的提高篇和后续创新篇实践。

数组的顺序存储

5.4 基础篇

5.4.1 数组顺序存储的基本运算及实现

5.4.1.1 实践目的

领会数组的顺序存储结构及其基本操作。

5.4.1.2 实践内容

构建一个三维数组，采用顺序存储，设计程序实现以下功能。

（1）构建一个 3×4×2 的三维数组 A。

（2）输出数组 A 的数组维界基址 A. bounds。

（3）输出数组 A 的数组映象函数常量基址 A. constants。

（4）为数组 A 赋值，并输出每个元素值。

5.4.1.3 算法实现

本实践设计的函数如下：

（1）InitArray（Array * A，int dim，…）：构建一个 dim 维的数组 A。

（2）DestroyArray（Array * A）：销毁数组 A。

（3）Locate（Array A，va_list ap，int * off）：输出 ap 元素在 A 中的相对地址 off；

（4）Value（ElemType * e，Array A，…）：将 A 中的某元素赋值给 e；

（5）Assign（Array * A，ElemType e，…）：为数组 A 中的元素赋值；

实现程序 exp5-1. cpp 结构如图 5. 1 所示，图中方框表示函数，方框中的文字为函数名；箭头方向表示函数间的调用关系。

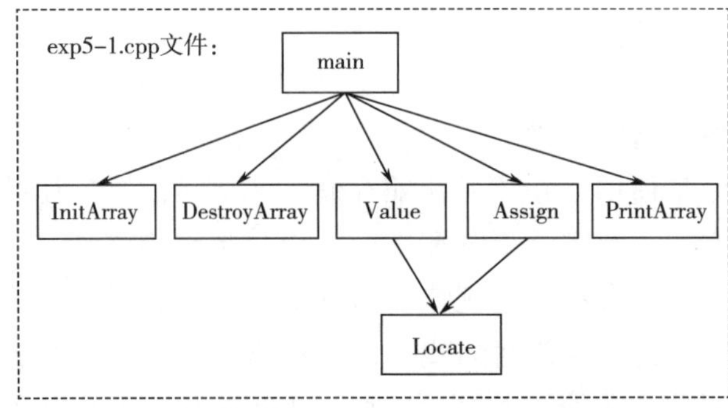

图 5. 1　exp5-1. cpp 的程序结构

实现程序 exp5-2. cpp 的代码如下：

```
#include<stdio.h>
#include<stdlib.h>
#include<stdarg.h>
#define MAX_ARRAY_DIM 3
typedef int ElemType;
typedef struct {
    ElemType*base;      //数组元素基址
    int dim;            //数组维数
    int*bounds;         //数组维界基址
    int*constants;      //数组映象函数常量基址
} Array;

//构建 dim 维的数组 A
int InitArray(Array*A,int dim,...) {
    if(dim<1 || dim > MAX_ARRAY_DIM) {
        return 0;
    }

    A->dim=dim;
    A->bounds=(int*)malloc(dim*sizeof(int));
    A->constants=(int*)malloc(dim*sizeof(int));

    va_list ap;            //表示变长参数列表
    va_start(ap,dim);   //获取可变参数的起始地址

    int totalElements=1;   //记录数组总元素个数
    for(int i=0;i<dim;i++) {
        A->bounds[i]=va_arg(ap,int);
        totalElements*=A->bounds[i];
    }

    va_end(ap);     //结束使用 va_start 和 va_arg 宏定义的可变参数列表

    A->base=(ElemType*)malloc(totalElements*sizeof(ElemType));

    //计算数组映象函数常量基址
    A->constants[dim-1]=1;
    for(int i=dim-2;i >=0;i--) {
        A->constants[i]=A->constants[i+1]*A->bounds[i+1];
    }
```

```
    return 1;
}

//销毁数组 A
void DestroyArray(Array*A) {
    free(A->base);
    free(A->bounds);
    free(A->constants);
    A->base=NULL;
    A->bounds=NULL;
    A->constants=NULL;
    A->dim=0;
}

//输出 ap 元素在 A 中的相对地址 off
int Locate(Array A,va_list ap,int*off) {
    *off=0;
    for(int i=0;i<A.dim;i++) {
        int index=va_arg(ap,int);
        if(index<0 || index >=A.bounds[i]) {
            return 0;//下标超出范围
        }
        *off+=A.constants[i]*index;
    }
    return 1;
}

//将 A 中的某元素赋值给 e
int Value(ElemType*e,Array A,...) {
    int off;
    va_list ap;
    va_start(ap,A);
    if(!Locate(A,ap,&off)) {
        va_end(ap);
        return 0;
    }
    *e=*(A.base+off);
    va_end(ap);
    return 1;
}
```

```
//为数组 A 中的元素赋值
int Assign(Array*A,ElemType e,...) {
    int off;
    va_list ap;
    va_start(ap,e);
    if(!Locate(*A,ap,&off)) {
        va_end(ap);
        return 0;
    }
    *(A->base+off)=e;
    va_end(ap);
    return 1;
}

//输出三维数组的元素值
void PrintArray(Array A) {
    for(int i=0;i<A.bounds[0];i++) {
        for(int j=0;j<A.bounds[1];j++) {
            for(int k=0;k<A.bounds[2];k++) {
                ElemType e;
                Value(&e,A,i,j,k);
                printf("A[%d][%d][%d]=%d\t", i,j,k,e);
            }
            printf("\n");
        }
        printf("\n");
    }
}
int main() {
    Array A;
    InitArray(&A,3,3,4,2);

    printf("数组维界基址:\n");
    for(int i=0;i<A.dim;i++) {
        printf("A.bounds[%d]=%d\n", i,A.bounds[i]);
    }

    printf("\n数组映象函数常量基址:\n");
    for(int i=0;i<A.dim;i++) {
        printf("A.constants[%d]=%d\n", i,A.constants[i]);
    }
```

```
    printf("\n 为数组赋值并输出每个元素值:\n");
    for(int i=0;i<A.bounds[0];i++) {
        for(int j=0;j<A.bounds[1];j++) {
            for(int k=0;k<A.bounds[2];k++) {
                int value=i*100+j*10+k;
                Assign(&A,value,i,j,k);
            }
        }
    }
    PrintArray(A);

    DestroyArray(&A);

    return 0;
}
```

exp5-1. cpp 程序的执行结果如图 5. 2 所示。

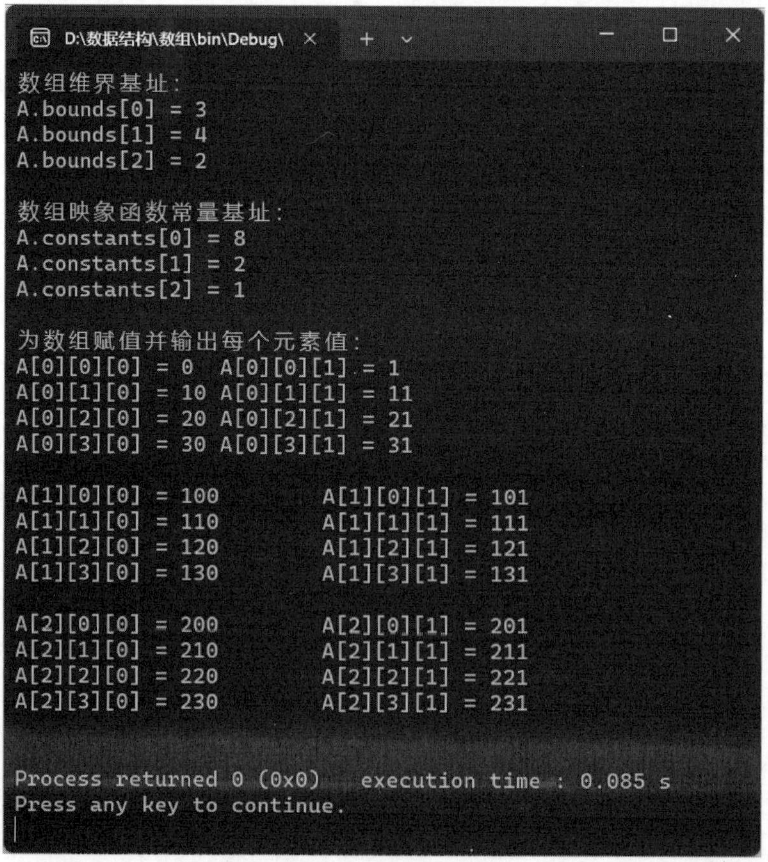

```
D:\数据结构\数组\bin\Debug\
数组维界基址:
A.bounds[0] = 3
A.bounds[1] = 4
A.bounds[2] = 2

数组映象函数常量基址:
A.constants[0] = 8
A.constants[1] = 2
A.constants[2] = 1

为数组赋值并输出每个元素值:
A[0][0][0] = 0  A[0][0][1] = 1
A[0][1][0] = 10 A[0][1][1] = 11
A[0][2][0] = 20 A[0][2][1] = 21
A[0][3][0] = 30 A[0][3][1] = 31

A[1][0][0] = 100        A[1][0][1] = 101
A[1][1][0] = 110        A[1][1][1] = 111
A[1][2][0] = 120        A[1][2][1] = 121
A[1][3][0] = 130        A[1][3][1] = 131

A[2][0][0] = 200        A[2][0][1] = 201
A[2][1][0] = 210        A[2][1][1] = 211
A[2][2][0] = 220        A[2][2][1] = 221
A[2][3][0] = 230        A[2][3][1] = 231


Process returned 0 (0x0)   execution time : 0.085 s
Press any key to continue.
```

图 5. 2　exp5-1. cpp 程序的执行结果

5.4.2　采用三元组实现稀疏矩阵的基本运算

5.4.2.1　实践目的

掌握稀疏矩阵的三元组存储结构及其基本算法设计。

5.4.2.2　实践内容

假设有两个 $n\times n$ 的稀疏矩阵，设计程序实现以下功能。

（1）生成稀疏矩阵 $\boldsymbol{a}$ 和 $\boldsymbol{b}$ 的三元组表示。

$$\boldsymbol{a}=\begin{bmatrix}1&0&1&0\\0&2&0&0\\0&0&3&0\\0&0&1&2\end{bmatrix}\quad \boldsymbol{b}=\begin{bmatrix}2&0&0&0\\0&3&0&0\\0&0&2&0\\0&0&0&2\end{bmatrix}$$

（2）输出 $\boldsymbol{a}$ 转置矩阵的三元组。

（3）输出 $\boldsymbol{a}+\boldsymbol{b}$ 的三元组。

（4）输出 $\boldsymbol{a}\times\boldsymbol{b}$ 的三元组。

5.4.2.3　算法实现

本实践设计的函数如下：

（1）CreatMatrix（TSMatrix &M，ElemType A［N］［N］）：输出稀疏矩阵 A 的三元组表示。

（2）DisplayMatrix（TSMatrix M）：输出稀疏矩阵 M 的三元组表示。

（3）TransposeMatrix（TSMatrix M，TSMatrix &T）：求稀疏矩阵 M 的转置矩阵 &T 的三元组表示。

（4）AddMatrix（TSMatrix a，TSMatrix b）：输出矩阵 a 和矩阵 b 的和，即 a+b，并采用三元组表示。

（5）GetValue（TSMatrix t，int i，int j）：返回三元组中稀疏矩阵 A 的 A［i］［j］之值。

（6）MultMatrix（TSMatrix a，TSMatrix b），求矩阵 a 和矩阵 b 的积，即 a×b，并采用三元组表示。步骤如下：①从矩阵的三元组表示中获取元素值，即设计 GetValue（）函数，通过给定的行号和列号获取原矩阵中对应的元素值。②如果在三元组表示中找到此元素，则返回其元素值；如果找不到，说明该位置处的元素值为 0，因此返回 0。③执行矩阵相乘操作，若求出某个元素值不为 0，则将其存入结果矩阵的三元组表示中，否则不存入。

实现程序 exp5-2. cpp 结构如图 5. 3 所示，图中方框表示函数，方框中的文字为函数名；箭头方向表示函数间的调用关系。

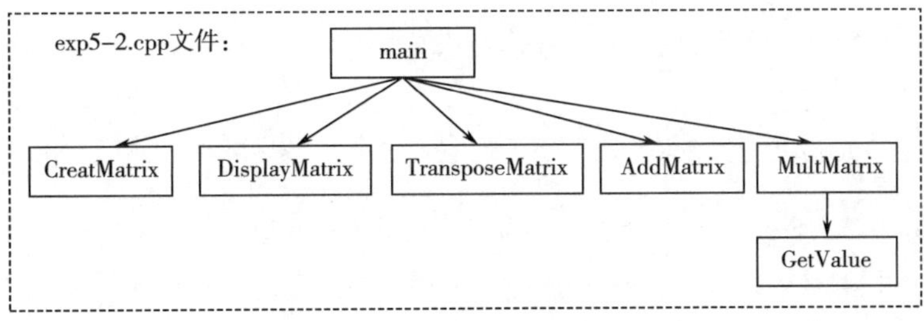

图 5. 3　xp5-2. cpp 的程序结构

实现程序 exp5-2. cpp 的代码如下：

```
#include<stdio.h>
#include<stdlib.h>
#define N 4
typedef int ElemType;
#define MAXSIZE  100  //矩阵中非零元素最多个数
typedef struct
{
    int row;            //非零元素的行下标
    int col;            //非零元素的列下标
    ElemType value;     //非零元素值
} Triple;               //三元组定义
typedef struct
{
    Triple data[MAXSIZE];//非零元三元组表
    int rows;                  //矩阵的行数
    int cols;              //矩阵的列数
    int nums;                  //矩阵的非零元素个数
} TSMatrix;

void CreatMatrix(TSMatrix &M,ElemType A[N][N]) {//创建稀疏矩阵 A 的三元组表示 M
    int i,j;
    M.rows=N;M.cols=N;M.nums=0;
    for(i=0;i<N;i++) {
            for(j=0;j<N;j++) {
                    if(A[i][j]!=0) {
                        M.data[M.nums].row=i;
                        M.data[M.nums].col=j;
                        M.data[M.nums].value=A[i][j];M.nums++;
                        }
            }
    }
}
void DisplayMatrix(TSMatrix M)  //输出三元组表示 M
{
    int i;
    if(M.nums<=0)
        return;
    printf("\t%d\t%d\t%d\n",M.rows,M.cols,M.nums);
    printf("\t--------------------\n");
```

```
    for(i=0;i<M.nums;i++)
        printf("\t%d\t%d\t%d\n",M.data[i].row,M.data[i].col,M.data[i].value);
}

void TransposeMatrix(TSMatrix M,TSMatrix &T) {      //求 M 三元组表示的转置矩阵 T
    T.rows=M.cols;T.cols=M.rows;T.nums=M.nums;   //将矩阵的行列值互换
    if(M.nums!=0) {
        int q=0;
        for(int v=0;v<M.cols;v++)          //T.data[q]中的记录以 c 域的次序排列
            for(int p=0;p<M.nums;p++)      //p 为 M.data 的下标,q 为 T.data[q]的下标
                if(M.data[p].col==v) {
                    T.data[q].row=M.data[p].col;
                    T.data[q].col=M.data[p].row;
                    T.data[q].value=M.data[p].value;
                    q++;
                }
    }
}

TSMatrix AddMatrix(TSMatrix a,TSMatrix b)   //返回两个矩阵的和 a+b
{
    int i=0,j=0,k=0;
    TSMatrix c;
    //ElemType e;
    if(a.rows!=b.rows || a.cols!=b.cols) {      //行数或列数不等时不能进行相加运算
        printf("Error:Matrix dimensions do not match.\n");
        exit(1);
    }
    c.rows=a.rows;c.cols=a.cols;                  //c 的行列数与 a 的相同
    while(i<a.nums && j<b.nums)                   //处理 a 和 b 中的每个元素
    {
        if(a.data[i].row==b.data[j].row)     //行号相等时
        {
            if(a.data[i].col<b.data[j].col)   //a 元素的列号小于 b 元素的列号
            {
                c.data[k]=a.data[i];              //将 a 元素添加到 c 中
                k++;i++;
            }
            else if(a.data[i].col>b.data[j].col)     //a 元素的列号大于 b 元素的列号
            {
```

```
                c.data[k]=b.data[j];      //将b元素添加到c中
                k++;j++;
                }
                else                              //a元素的列号等于b元素的列号
            {
                c.data[k]=a.data[i];
                c.data[k].value+=b.data[j].value;
                k++;
                i++;j++;
            }
        }
        else if(a.data[i].row<b.data[j].row)   //a元素的行号小于b元素的行号
        {
            c.data[k]=a.data[i];                //将a元素添加到c中
            k++;i++;
        }
        else                                    //a元素的行号大于b元素的行号
        {
            c.data[k]=b.data[j];              //将b元素添加到c中
            k++;j++;
        }
        c.nums=k;
    }
    return c;
}

int GetValue(TSMatrix M,int i,int j)        //返回矩阵M三元组表示的M[i][j]元素值
{
    int k=0;
    while(k<M.nums) {
        if(M.data[k].row==i && M.data[k].col==j)
            return(M.data[k].value);
        else k++;
    }
    return 0;
}
TSMatrix MultMatrix(TSMatrix a,TSMatrix b) //返回两个矩阵的乘积a×b
{
    int i,j,k,p=0;
    TSMatrix c;
```

```
    ElemType s;
    if(a.cols!=b.rows) {        //a 的列数不等于 b 的行数时不能进行相乘运算
        printf("Error:Matrix dimensions do not match. \n");
        exit(1);
    }
    for(i=0;i<a.rows;i++)
        for(j=0;j<b.cols;j++)
        {
            s=0;
            for(k=0;k<a.cols;k++)
                s=s+GetValue(a,i,k)*GetValue(b,k,j);
            if(s!=0)        //产生一个三元组元素
            {
                c.data[p].row=i;
                c.data[p].col=j;
                c.data[p].value=s;
                p++;
            }
        }
    c.rows=a.rows;
    c.cols=b.cols;
    c.nums=p;
    return c;
}

int main()
{
    ElemType a1[N][N]={ {1,0,1,0}, {0,2,0,0}, {0,0,3,0}, {0,0,1,2} };
    ElemType b1[N][N]={ {2,0,0,0}, {0,3,0,0}, {0,0,2,0}, {0,0,0,2} };
    TSMatrix a,b,c;
    CreatMatrix(a,a1);
    CreatMatrix(b,b1);
    printf("a 的三元组: \n");DisplayMatrix(a);
    printf("b 的三元组: \n");DisplayMatrix(b);
    printf("a 转置为 c \n");
    TransposeMatrix(a,c);
    printf("c 的三元组: \n");DisplayMatrix(c);
    printf("c=a+b \n");
    c=AddMatrix(a,b);
    printf("c 的三元组: \n");DisplayMatrix(c);
```

```
    printf("c=a×b\n");
    c=MultMatrix(a,b);
    printf("c的三元组:\n");DisplayMatrix(c);
    return 1;
}
```

exp5-2. cpp 程序的执行结果如图 5.4 所示。

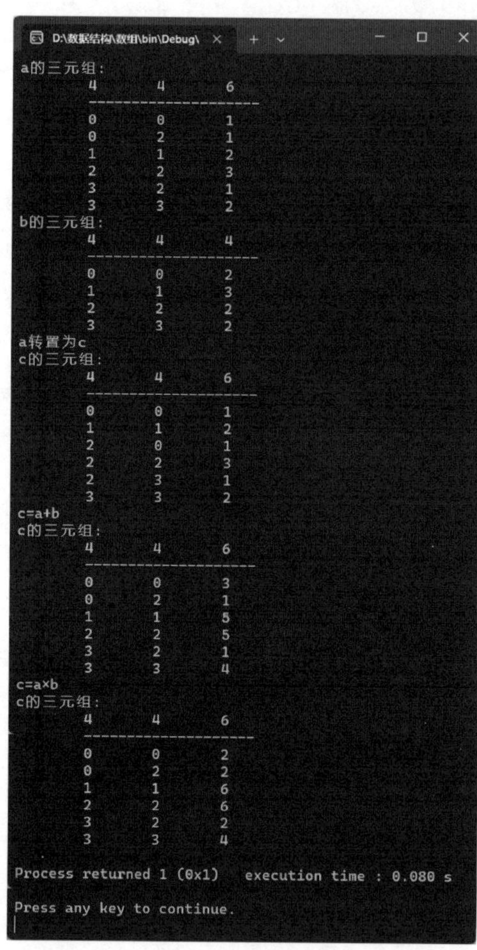

图 5.4 exp5-2. cpp 程序的执行结果

5.4.3 广义表链式存储的基本运算及实现

5.4.3.1 实践目的

了解广义表的链式存储结构及其基本算法设计与实现。

5.4.3.2 实践内容

编写程序实现广义表的基本运算，完成以下功能：

(1) 建立广义表 g=(a, (b, c), (a, (#), d), ((a, b), e, (#))) 的链式存储

结构。

（2）输出广义表 g 的长度。

（3）输出广义表 g 的最大原子。

5.4.3.3　算法实现

本实践设计的函数如下：

（1）CreateGList（char * &s）：由广义表括号表示串，建立一个广义表并返回。

（2）GListLength（GLNode * g）：求广义表 g 的长度。

（3）DisplayGList（GLNode * g）：输出广义表 g。

（4）MaxAtom（GLNode * g）：求广义表 g 中的最大原子。

（5）DestroyGList（GLNode * &g）：销毁广义表 g。

实现程序 exp5-3. cpp 的结构如图 5.5 所示，图中方框表示函数，方框中指出函数名；箭头方向表示函数间的调用关系：虚线方框表示文件的组成，即指出该虚线方框中的函数存放在哪个文件中。

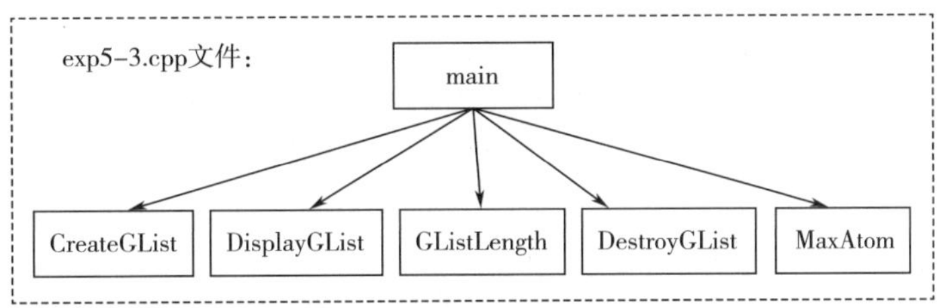

图 5.5　exp5-3 的程序结构

实现程序 exp5-3. cpp 的代码如下：

```
#include<stdio.h>
#include<malloc.h>
typedef char ElemType;
typedef struct Lnode
{    int tag;           //节点类型标识,tag=1 表示指向表节点;//tag=0 表示指向原子结点
     union             //原子结点和表结点的联合部分
          {
               ElemType atom;   //原子结点的值
               struct lnode*hp;   //表节点的表头结点
          } data;
          struct lnode*tp;   //相当于线性表的 next,指向下一个元素
     } GLNode;                  //声明广义表节点类型

GLNode*CreateGList(char*&s)   //返回由括号表示法表示 s 的广义表链式存储结构
{    GLNode*g;
     char ch=*s++;                    //取字符串中的一个字符
```

```
    if(ch!='\0')                          //判断串未结束
    {    g=(GLNode*)malloc(sizeof(GLNode));  //创建一个新节点
        if(ch=='(' )                      //当前字符为左括号时
        {    g->tag=1;                      //新节点作为表头节点
            g->data.hp=CreateGList(s);  //递归,构造子表并链到表头节点
        }
        else if(ch==')')
            g=NULL;                         //遇到')' 字符,g 置为空
        //else if(ch=='#')            //遇到'#' 字符,表示空表
            //g->data.hp=NULL;
        else                              //为原子字符
        {    g->tag=0;                      //新节点作为原子节点
            g->data.atom=ch;
        }
    }
    else                                   //串结束,g 置为空
        g=NULL;
    ch=*s++;                                //取下一个字符
    if(g!=NULL)                            //串未结束,继续构造兄递节点
        if(ch==',')                        //当前字符为','
            g->tp=CreateGList(s);          //递归构造兄递节点
        else                              //没有兄弟了,将兄弟指针置为 NULL
            g->tp=NULL;
    return g;                             //返回广义表 g
}
int GListLength(GLNode*g)                  //求广义表 g 的长度
{
    int n=0;
    g=g->data.hp;                    //g 指向广义表的第一个元素
    while(g!=NULL)
    {
        n++;
        g=g->tp;
    }
    return n;
}
int GListDepth(GLNode*g)          //求广义表 g 的深度
{
    int max=0,dep;
    if(g->tag==0)
        return 0;
```

```
    g=g->data.hp;                           //g 指向第一个元素
    if  (g==NULL)                           //为空表时返回 1
        return 1;
    while(g!=NULL)                          //遍历表中的每一个元素
    {
        if(g->tag==1)                       //元素为子表的情况
        {
            dep=GListDepth(g);              //递归调用求出子表的深度
            if(dep>max)max=dep;//max 为同一层所求过的子表中深度的最大值
        }
        g=g->tp;                            //使 g 指向下一个元素
    }
    return(max+1);                          //返回表的深度
}
void DisplayGList(GLNode*g)                     //输出广义表 g
{   if(g!=NULL)                                 //表不为空判断
    {                                           //先输出 g 的元素
        if(g->tag==0)                           //g 的元素为原子时
            printf("%c", g->data.atom);     //输出原子值
        else                                    //g 的元素为子表时
        {   printf("(");                        //输出'('
            if(g->data.hp==NULL)                //为空表时
                printf("#");
            else                                //为非空子表时
                DisplayGList(g->data.hp);   //递归输出子表
            printf(")");                        //输出')'
        }
        if(g->tp!=NULL)
        {   printf(",");
            DisplayGList(g->tp);                //递归输出 g 的兄弟
        }
    }
}
ElemType MaxAtom(GLNode*g)                      //求广义表 g 中最大原子
{
    ElemType max1,max2;
    if(g!=NULL)
    {
        if(g->tag==0)
        {
            max1=MaxAtom(g->tp);
```

```
                return(g->data.atom>max1? g->data.atom:max1);
            }
            else
            {
                max1=MaxAtom(g->data.hp);
                max2=MaxAtom(g->tp);
                return(max1>max2? max1:max2);
            }
        }
        else
            return 0;
}
void DestroyGList(GLNode*&g) //销毁广义表g
{   GLNode*g1,*g2;
    g1=g->data.hp;                  //g1 指向广义表的第一个元素
    while(g1!=NULL)                    //遍历所有元素
    {   if(g1->tag==0)            //若为原子节点
        {   g2=g1->tp;            //g2 临时保存兄弟节点
            free(g1);             //释放 g1 所指原子节点
            g1=g2;               //g1 指向后继兄弟节点
        }
        else                     //若为子表
        {   g2=g1->tp;           //g2 临时保存兄弟节点
            DestroyGList(g1);  //递归释放 g1 所指子表的空间
            g1=g2;               //g1 指向后继兄弟节点
        }
    }
    free(g);                     //释放头节点空间
}
int main()
{
    GLNode*g;
    char*str="(b,(b,a,(#),d),((a,b),c,((#))))";
    g=CreateGList(str);
    printf("广义表g:");DisplayGList(g);printf("\n");
    printf("广义表g的长度:%d\n",GListLength(g));
    printf("广义表g的深度:%d\n",GListDepth(g));
    printf("最大原子:%c\n",MaxAtom(g));
    DestroyGList(g);
    return 1;
}
```

exp5-3. cpp 程序的执行结果如图 5. 6 所示。

```
D:\数据结构\数组\bin\Debug\
广义表g:(a,(b,c),(a,(#),d),((a,b),e,(#)))
广义表g的长度:4
最大原子:e

Process returned 1 (0x1)   execution time : 0.073 s
Press any key to continue.
```

图 5. 6　exp5-3. cpp 程序的执行结果

特殊矩阵的压缩存储

5. 5　提高篇

5. 5. 1　实践题目

5. 5. 1. 1　求 8×8 阶螺旋方阵

（1）实践目的。

掌握数组的算法设计。

（2）实践内容。

以下是一个 8×8 阶的螺旋方阵，编写一个程序输出该形式的 n×n（n<10）阶方阵（按顺时针方向旋进）。

1	2	3	4	5	6	7	8
28	29	30	31	32	33	34	9
27	48	49	50	51	52	35	10
26	47	60	61	62	53	36	11
25	46	59	64	63	54	37	12
24	45	58	57	56	55	38	13
23	44	43	42	41	40	39	14
22	21	20	19	18	17	16	15

（3）算法实现。

本实践设计的函数如下：

①GenerateMatrix（int *a*［］［］，int *n*）：产生 n 阶螺旋矩阵 $\boldsymbol{A}$，用二维数组 $\boldsymbol{a}$ 存放。n 阶螺旋方阵共有 n×n 个数，每一圈均有按顺时针方向，产生横行向右填充数字，产生右竖行向下填充数字，产生横行向左填充数字，产生竖行向上填充数字。

②PrintMatrix（int *a*［］［］，int *n*）：输出 n 阶螺旋矩阵 $\boldsymbol{A}$。

实现程序 exp5-4. cpp 的结构如图 5. 7 所示，图中方框表示函数，方框中指出函数名；箭头方向表示函数间的调用关系；虚线方框表示文件的组成，即指出该虚线方框中的函数存放在哪个文件中。

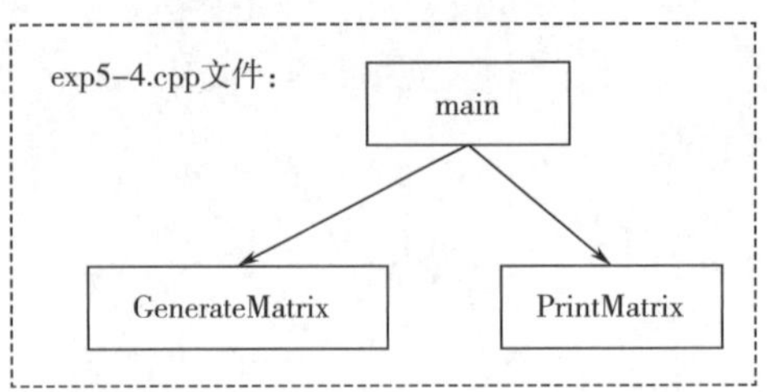

图 5.7　exp5-4. cpp 程序的结构

实现程序 exp5-4. cpp 的代码如下：

```
#include<stdio.h>
#define MaxLen 10
void GenerateMatrix(int a[MaxLen][MaxLen],int n) {
    int value=1;
    int minRow=0,maxRow=n-1;                    //最大和最小行号
    int minCol=0,maxCol=n-1;                        //最大和最小列号
    while(value<=n*n) {
        for(int col=minCol;col<=maxCol;col++) {     //向右填充
            a[minRow][col]=value++;
        }
        minRow++;
        for(int row=minRow;row<=maxRow;row++) {     //向下填充
            a[row][maxCol]=value++;
        }
        maxCol--;
        for(int col=maxCol;col >=minCol;col--) {     //向左填充
            a[maxRow][col]=value++;
        }
        maxRow--;
        for(int row=maxRow;row >=minRow;row--) {     //向上填充
            a[row][minCol]=value++;
        }
        minCol++;
    }
}
void PrintMatrix(int a[MaxLen][MaxLen],int n) {     //输出方阵
    for(int i=0;i<n;i++) {
        for(int j=0;j<n;j++) {
```

```
            printf("%4d ", a[i][j]);
        }
        printf("\n");
    }
}
int main() {
    int a[MaxLen][MaxLen],n;
    printf("输入 n(n<10):");
    scanf("%d",&n);
    if(n<MaxLen) {
        GenerateMatrix(a,n);
        printf("%d 阶数字方阵如下:\n",n);
        printMatrix(a,n);
    }
    else printf("输入有误\n");
    return 1;
}
```

exp5-4. cpp 程序的执行结果如图 5. 8 所示。

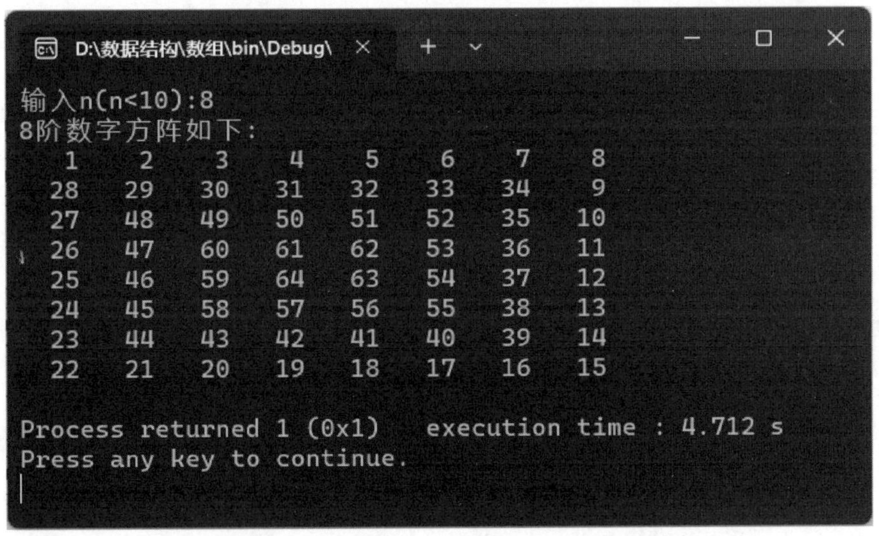

图 5. 8　exp5-4. cpp 程序的执行结果

5. 5. 1. 2　计算出矩阵的马鞍点

(1) 实践目的。

掌握数组的算法设计。

(2) 实践内容。

在经济学中，供需矩阵中的马鞍点可以判断市场的供需平衡。

给定一个矩阵 **A**，检测其中是否存在元素满足以下条件：

（1）**A**［*i*］［*j*］是第 *i* 行中值最小的元素。

（2）**A**［*i*］［*j*］又是第 *j* 列中值最大的元素。

满足以上两个条件的元素，称为该矩阵的一个马鞍点。设计程序，输出 $m\times n$ 的矩阵 **A** 的所有马鞍点。

（3）算法实现。

本实践设计 MinMax（int matrix［］［］）函数，实现求矩阵马鞍点功能的算法，主要思路为：

①计算出每行的最小元素，存到 minVal 变量中；

②查找最小值所在的列，判断其是否为列的最大值；

③如果是同时满足（1）和（2），则为马鞍点，将其行号和列号记录至 saddlePoints 数组中；

④输出 saddlePoints 数据中的所有马鞍点。

实现程序 exp5-5. cpp 代码如下：

```
#include<stdio.h>
#define MAX_SIZE 100

void MinMax(int matrix[MAX_SIZE][MAX_SIZE],int rows,int cols) {
    int saddlePoints[MAX_SIZE][2];        //用一个 2 列的数组来分别记录马鞍点的行号和列号
    int saddleCount=0;                    //记录马鞍点的数量

    for(int i=0;i<rows;i++) {
        int minVal=matrix[i][0];
        int minCol=0;

        //查找行中的最小值和对应的列索引
        for(int j=1;j<cols;j++) {
            if(matrix[i][j]<minVal) {        //判断是否为最小值
                minVal=matrix[i][j];
                minCol=j;                //记录最小值的列索引
            }
        }

        //检查是否是所在列的最大值
        bool isSaddle=true;
        for(int k=0;k<rows;k++) {
            if(matrix[k][minCol]> minVal) {
                isSaddle=false;
```

```
                break;
            }
        }

        //如果是马鞍点,记录下来
        if(isSaddle) {
            saddlePoints[saddleCount][0]=i;
            saddlePoints[saddleCount][1]=minCol;
            saddleCount++;
        }
    }

    //输出马鞍点
    if(saddleCount > 0) {
        printf("马鞍点:\n");
        for(int i=0;i<saddleCount;i++) {
            int row=saddlePoints[i][0];
            int col=saddlePoints[i][1];
            printf("A[%d][%d]=%d",row,col,matrix[row][col]);
        }
    } else {
        printf("没有找到马鞍点。\n");
    }
}

int main() {
    int rows=4,cols=4;
    int matrix[MAX_SIZE][MAX_SIZE]={ {10,6,7,9}, {18,25,20,17}, {24,30,21,16}, {13,
12,4,8} };
    printf("A矩阵:\n");
    for(int i=0;i<rows;i++)
    {    for(int j=0;j<cols;j++)
            printf("%4d",matrix[i][j]);
        printf("\n");
    }
    MinMax(matrix,rows,cols);        //调用 MinMax()找马鞍点
    return 0;
}
```

exp5-5. cpp 程序的执行结果如图 5.9 所示。

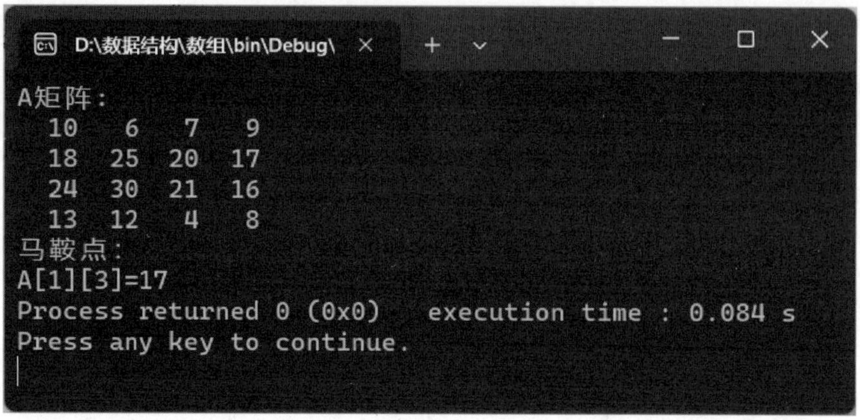

```
A矩阵:
  10   6   7   9
  18  25  20  17
  24  30  21  16
  13  12   4   8
马鞍点:
A[1][3]=17
Process returned 0 (0x0)   execution time : 0.084 s
Press any key to continue.
```

图 5.9　exp5-5. cpp 程序的执行结果

5.5.2　习题与指导

【习题一】假设你是一位成绩管理员，已知班级成绩为有序数组，请将两个班级的成绩合并为有序数组。

习题指导：依次比较两个数组中的每个元素，将较小的那个元素复制到新数组中，并将数组中剩余的元素复制到新数组，合并后形成有序数组。

算法实现：

```
void merge(int arr1[],int m,int arr2[],int n,int merged[]) {
  int i=0,j=0,k=0;
    //将两个有序数组合并为一个有序数组
    while(i<m && j<n) {
        if(arr1[i]<arr2[j]) {
            merged[k]=arr1[i];  //将较小的元素复制到合并后的数组中
            i++;
        } else {
            merged[k]=arr2[j];
            j++;
        }
        k++;
    }

    //将剩余元素复制到合并数组中
    while(i<m) {
        merged[k]=arr1[i];
        i++;
```

```
        k++;
    }
    while(j<n) {
        merged[k]=arr2[j];
        j++;
        k++;
    }
}
```

【习题二】求两个无序数组的交集。

习题指导：遍历第一个数组中的元素，并检查每个元素是否在第二个数组中存在。如果某个元素同时在两个数组中存在，则说明是交集部分，将其输出。

算法实现：

```
void FindIntersection(int arr1[],int size1,int arr2[],int size2) {
    printf("两个数组的交集为:");

    //遍历第一个数组中的元素
    for(int i=0;i<size1;i++) {
        /*检查第一个数组中的元素是否在第二个数组中存在*/
        int found=0;
        for(int j=0;j<size2;j++) {
            if(arr1[i]==arr2[j]) {
                found=1;
                break;
            }
        }
        //如果元素在两个数组中都存在,则输出为交集元素
        if(found) {
            printf("%d ", arr1[i]);
        }
    }

    printf("\n");
}
```

5.6 创新篇

5.6.1 实践项目范例

对称矩阵已在机器学习、图像处理等领域中得到了广泛的应用，请求两个对称矩阵 ***A*** 和 ***B*** 的和与乘积。

5.6.1.1 实践目的

掌握对称矩阵的压缩存储方法及相关算法的设计。

5.6.1.2 实践内容

已知 ***A*** 和 ***B*** 为两个 $n \times n$ 的对称矩阵，可采用一维数组来存储。如图 5.10 所示，对称矩阵 ***M*** 存储在一维数组 ***A*** 中。因此，输入 ***A*** 和 ***B*** 元素时，只需输入下三角元素，并将其存入一维数组，设计程序实现以下功能：

（1）求两个对称矩阵 ***A*** 和 ***B*** 的和。

（2）求两个对称矩阵 ***A*** 和 ***B*** 的乘积。

$$\boldsymbol{M} = \begin{bmatrix} x_{0,0} & & & & \\ x_{1,0} & x_{1,1} & & & \\ x_{2,0} & x_{2,1} & x_{2,2} & & \\ \cdots & \cdots & \cdots & \cdots & \\ x_{n-1,0} & x_{n-1,1} & x_{n-1,2} & \cdots & x_{n-1,n-1} \end{bmatrix}$$

A:	$x_{0,0}$	$x_{1,0}$	$x_{1,1}$	$x_{2,0}$	$x_{2,1}$	$x_{2,2}$	…	$x_{n-1,0}$	$x_{n-1,1}$	$x_{n-1,2}$	…	$x_{n-1,n-1}$

图 5.10 对称矩阵的存储转换形式

5.6.1.3 算法实现

本实现设计的函数如下：

- GetIndex（int *a*［］，int *i*，int *j*）：返回压缩存储 *a* 中 *a*［*i*］［*j*］的值。
- Add（int *a*［］，int *b*［］，int *c*［］［*N*］）：求压缩存储 *a* 和 *b* 的和。
- Mult（int *a*［］，int *b*［］int *c*［］［N］）：求压缩存储 *a* 和 *b* 的乘积。
- Display1（int *a*［］）：输出压缩存储 *a*。
- Display2（int *c*［］［*N*］）：输出对称矩阵 *c*。

GetIndex（）算法的思路为：对称矩阵 ***M*** 的第 *i* 行和第 *j* 列的元素的数据存储在一维数组中的位置 *k*，其计算公式如下：

$$k = \begin{cases} i(i+1)/2 + j, & \text{当 } i \geqslant j \text{ 时,} \\ j(j+1)/2 + i, & \text{当 } i < j \text{ 时.} \end{cases}$$

实现程序 exp5-6.cpp 的结构如图 5.11 所示，图中方框表示函数，方框中指出函数名；

箭头方向表示函数间的调用关系；虚线方框表示文件的组成，即指出该虚线方框中的函数存放在哪个文件中。

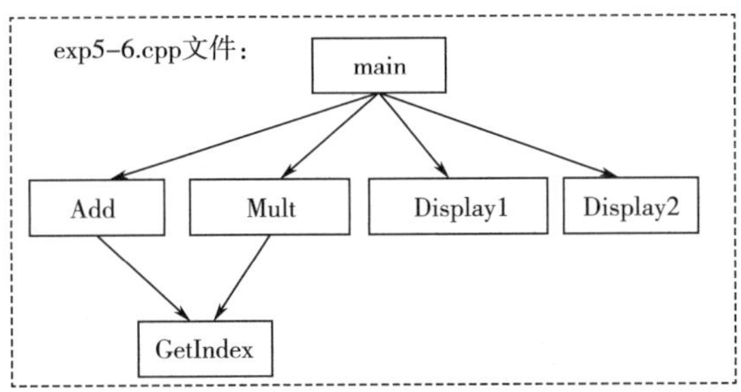

图 5. 11　exp5-6. cpp 程序的结构

实现程序 exp5-6. cpp 的代码如下：

```
#include<stdio.h>
#define N 4

//计算对称矩阵 M 的第 i 行和第 j 列的元素在一维数组中的位置
int GetIndex(int i,int j) {
    if(i >=j) {
        return i*(i+1)/2+j;
    } else {
        return j*(j+1)/2+i;
    }
}

//求两个对称矩阵 a 和 b 的和,结果存储在 c 中
void Add(int a[],int b[],int c[][N]) {
    for(int i=0;i<N;i++) {
        for(int j=i;j<N;j++) {
            int index=GetIndex(i,j);
            c[i][j]=a[index]+b[index];
            c[j][i]=c[i][j];//对称矩阵需要同时更新对应的上三角元素
        }
    }
}
//求两个对称矩阵 a 和 b 的乘积,结果存储在 c 中
void Mult(int a[],int b[],int c[][N]) {
    for(int i=0;i<N;i++) {
        for(int j=0;j<N;j++) {
            c[i][j]=0;
            for(int k=0;k<N;k++) {
```

```
                int indexA=GetIndex(i,k);
                int indexB=GetIndex(k,j);
                c[i][j]+=a[indexA]*b[indexB];
            }
        }
    }
}

//输出压缩存储 a,a 是一维数组
void Display1(int a[]) {
    for(int i=0;i<N;i++) {
        for(int j=0;j<N;j++) {
            int index=GetIndex(i,j);
            printf("%d\t", a[index]);
        }
        printf("\n");
    }
}

//输出对称矩阵 c,c 为二维数组
void Display2(int c[][N]) {
    for(int i=0;i<N;i++) {
        for(int j=0;j<N;j++) {
            printf("%d\t", c[i][j]);
        }
        printf("\n");
    }
}

int main() {
    int a[10]={1,2,3,4,5,6,7,8,9,10};
    int b[10]={1,1,1,1,1,1,1,1,1,1};
    printf("a 矩阵:\n");Display1(a);
    printf("\nb 矩阵:\n");Display1(b);
    int c[N][N];

    //求两个对称矩阵的和与乘积
    Add(a,b,c);printf("\n 称矩阵 A 和 B 的和为:\n");Display2(c);
    Mult(a,b,c);printf("\n 对称矩阵 A 和 B 的乘积为:\n");Display2(c);
    return 0;
}
```

exp5-6. cpp 程序的执行结果如图 5. 12 所示。

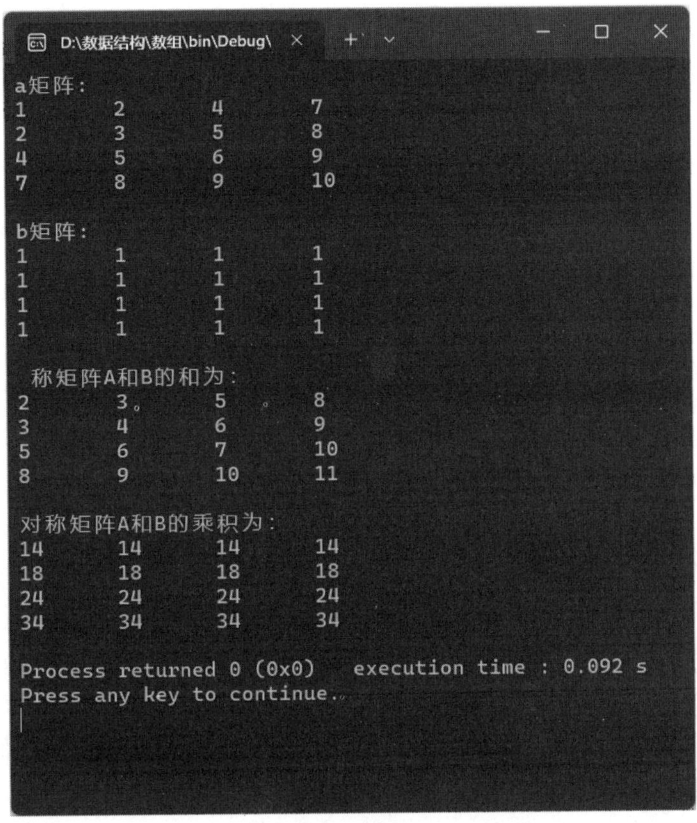

图 5. 12　exp5-6. cpp 程序的执行结果

5. 6. 2　习题与指导

【习题一】求两个稀疏矩阵的 ***A*** 和 ***B*** 的和。

问题描述：稀疏矩阵常采用三元组表示，实现两个稀疏矩阵和的计算。

实践要求：设计程序实现两个稀疏矩阵的和。

(1) 采用三元组表示数组 ***A*** 和 ***B***。

(2) 计算稀疏矩阵 ***A*** 和 ***B*** 的和。

实践思路：为实现两上稀疏矩阵的和，需要设计实现以下几个功能：

(1) 表示稀疏矩阵，即将稀疏矩阵 ***A*** 和 ***B*** 转换成三元组形式表示。在三元组中，每个非零元素由其行号、列号和值组成。

(2) 稀疏矩阵的加法：按照三元组的行号和列号进行排序，然后同时遍历两个三元组数组，将相同位置的元素相加，并将结果保存到一个新的三元组数组中。

(3) 输出新数组的三元组表示。

【习题二】采用二维数组来解决杨辉三角问题。

问题描述：杨辉三角是一个由数字构成的三角形，其规律是每个数字等于它上方两个数字之和，如图 5.13 所示。

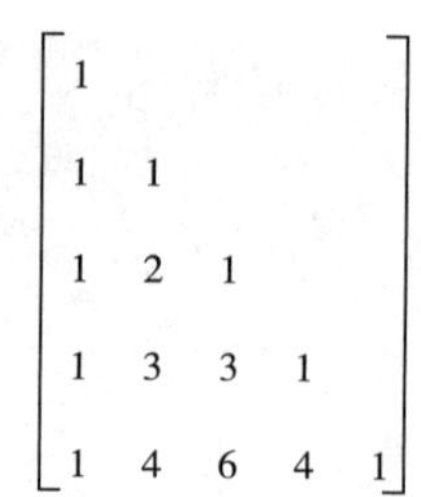

图 5.13　杨辉三角案例

实践要求：根据用户输入的行数，输出对应行数的杨辉三角。

实践思路：利用二维数组来存储杨辉三角的每个元素，其中数组的每一行表示杨辉三角的一行，数组的每个元素表示杨辉三角中对应位置的数字。杨辉三角的第一列和最后一列都是 1，从第三行开始，每个元素都是它上方两个元素之和。因此，可以使用一个循环嵌套来填充二维数组。具体步骤如下：

（1）创建一个二维数组来存储杨辉三角，数组大小为 n 行 n 列，其中 n 表示杨辉三角的行数。

（2）使用两个嵌套循环遍历数组，外层循环控制行数，内层循环控制列数。

（3）在内层循环中，首先判断当前元素是否位于杨辉三角的边界（即第一列或最后一列），如果是，将其值设置为 1；否则，将其值设置为上一行同列和前一列的元素之和。

（4）循环结束后，二维数组中的元素即为杨辉三角的所有数字。

第 6 章　树和二叉树

本章先介绍树和二叉树的相关概念，尤其是二叉树的特点及性质，及其存储结构及遍历方式等。在熟悉这些基础知识的前提下，首先完成基础篇的实践，即在不同存储结构下的基本操作的实现；其次，在此基础上再完成提高篇的实践，这部分要求能针对不同的应用问题选择合适的存储结构，并设计算法；最后，再尝试完成难度更大，更能促进读者对基本知识的理解并进行灵活应用的创新篇的实践。

6.1　树和二叉树的概述

树和二叉树的定义

二叉树的性质

6.1.1　树

树是一种重要的非线性数据结构，树结构的各结点之间具有典型的“一对多”关系，是一种层次结构，并且具有分支特性。树结构的基本概念及相关术语如下：

（1）树（tree）的定义。树是 n（$n \geqslant 0$）个结点的有限集。在任意一棵非空树中：

①有且仅有一个特定的称为根（root）的结点。

②当 $n>1$ 时，其余结点可分为 m（$m>0$）个互不相交的有限集 T_1，T_2，…，T_m，其中，每个集合本身又是一棵树，并且称为根的子树（subtree）。

（2）结点的度（degree）。结点拥有的子树个数。

（3）叶子结点。度为 0 的结点，也称为终端结点。

（4）分支结点。度不为 0 的结点，也称为非终端结点。

（5）树的度。树中各结点度的最大值。

（6）结点的层次。从根开始定义起，根为第一层，根的孩子为第二层；若某结点在第 l 层，则其子树的根就在第 $l+1$ 层。

（7）树的深度（depth）。树中结点的最大层次，也称为树的高度。

（8）树的序。如果将树中结点的各子树看成从左至右是有次序的（即不能互换），则称该树为有序树，否则称为无序树。

（9）森林（forest）。m（$m \geqslant 0$）棵互不相交的树的集合。对树中每个结点而言，其子树的集合即为森林。

（10）树的双亲表示法存储结构定义（C 语言描述）。

```
#define MaxSize  100                  //二叉树的最大结点数
typedef char TElemType;                   //数据类型
typedef struct PTNode
{
  TElemType data;                    //数据域
int parent;                        //双亲位置
} PTNode;
typedef struct
{
PTNode nodes[MaxSize];
int r;                           //根的位置
int n;                           //结点数
} PTree;                            //树结构
```

（11）树的孩子链表表示法存储结构定义（C 语言描述）。

```
#define MaxSize  100               //树的最大结点数
typedef char TElemType;             //数据类型
typedef struct CTNode
{
  int child;                      //孩子结点在向量中对应的序号
  Struct CTNode*next;                //指针域
} *ChildPtr;
typedef struct
{
  TElemType data;                  //存放树中结点数据
ChildPtr firstchild;             //孩子链表头指针
} CTBox;
typedef struct
{
CTBox nodes[MaxSize];
int n,r;
} CTree;
```

（12）树的孩子兄弟链表表示法存储结构的定义（C 语言描述）。

```
typedef struct CSNode
{
TElemType data;               //存放树中结点数据
```

```
struct CSNode*firstchild;
struct CSNode*nextsibling;
} CSNode,*CSTree;
```

现实生活中，树形结构的管理模式无处无在。如我国的行政区域划分就可以用树形结构来表示。目前，我国由 23 个省、5 个自治区、4 个直辖市和 2 个特别行政区组成，而各个省又由多个地级市组成。

6.1.2　二叉树

二叉树（binary tree）是一类重要的树型结构。许多实际问题抽象出来的数据结构往往是二叉树形式，即使是一般的树也能很容易地转换为二叉树，而且二叉树的存储结构及其算法都较为简单，因此在树型结构中二叉树显得特别重要。二叉树的基本概念及相关性质如下：

（1）二叉树（binary tree）。是一种特殊的树结构，每个结点至多只有两棵子树（即二叉树中不存在度大于 2 的结点），并且子树有严格的左右之分，次序不能颠倒。

（2）二叉树的性质。

性质 1　在二叉树的第 i 层上至多有 2^{i-1} 个结点（$i \geqslant 1$）。

性质 2　深度为 k 的二叉树至多有 2^k-1 个结点（$k \geqslant 1$）。

性质 3　对任何一棵二叉树 T，如果其终端结点数为 n_0，度为 2 的结点数为 n_2，则 $n_0 = n_2+1$。

性质 4　具有 n 个结点的完全二叉树的深度为 $\lfloor \log_2 n \rfloor +1$。

性质 5　如果对一棵有 n 个结点的完全二叉树，其结点按层次编号，从第 1 层到第 $\lfloor \log_2 n \rfloor +1$ 层，每层从左到右，则对任一结点 i（$1 \leqslant i \leqslant n$），有：

a. 如果 $i=1$，则结点 i 是二叉树的根，无双亲；如果 $i>1$，则其双亲 PARENT（i）是结点 $i/2$ 取下限。

b. 如果 $2i>n$，则结点 i 无左孩子（结点 i 为叶子结点）；否则，其左孩子 LCHIID（i）是结点 $2i$。

c. 如果 $2i+1>n$，则结点 i 无右孩子；否则，其右孩子 RCHILD（i）是结点 $2i+1$。

（3）遍历二叉树。按照某种搜索路径访问树中的每一个结点，使得每个结点均被访问一次，并且仅被访问一次。二叉树的遍历主要包括层次遍历、先序遍历、中序遍历和后序遍历等。

（4）线索二叉树（threaded binary tree）。利用二叉链表剩余的 $n+1$ 个空指针域来存放遍历过程中结点的前驱、后继指针，这种附加的指针称为线索，加上了线索的二叉树称为线索二叉树。

（5）二叉树的顺序存储结构定义（C 语言描述）。

```
#define  MaxTreeSize  100                        //二叉树的最大结点数
typedef  TElemType  SqBitree[MaxTreeSize];       //0 号结点存储根结点
SqBitree T;
```

(6) 二叉树的二叉链表存储结构定义（C语言描述）。

```
#define  MaxSize  100                          //二叉树的最大结点数
typedef char TElemType;                         //数据类型
typedef struct BitNode
{
  TElemType data;                               //数据域
  Struct BiTNode*lchild;                        //左孩子
  Struct BiTNode*rchild;                        //右孩子
} BiTree;                                       //二叉链表结点类型定义
BiTree T;
```

(7) 二叉树的二叉线索存储表示。

```
#define  MaxSize  100                          //二叉树的最大结点数
typedef char TElemType;                         //数据类型
typedef struct BiThrNode
{
  TElemType data;                               //数据域
  Struct BiThrNode*lchild;                      //左孩子
  Struct BiThrNode*rchild;                      //右孩子
  int Ltag,Rtag;                                //线索标记
} BiThrNode,*BiThrTree;
```

6.1.3 树的应用相关术语

为了方便对树的应用进行描述，定义树的应用相关术语如下：

(1) 路径。从树中一个结点到另一个结点之间的分支。

(2) 路径长度。路径上分支的数目。

(3) 结点的权。在实际应用中常给树中的每个结点赋予一个具有某实际意义的数值，该数值称为结点的权。

(4) 带权路径长度。从树根到某一个结点的路径长度与该结点的权的乘积。

(5) 树的带权路径长度。树中所有叶子结点的带权路径长度之和。

(6) 哈夫曼树。给定 n 个权值（w_1，w_2，…，w_n），构造一棵有 n 个叶子结点的二叉树，假设第 i 个叶子结点的权值为 w_i，则其中带权路径长度最小的二叉树称为哈夫曼树。

(7) 前缀编码。如果任何一个字符的编码都不是其他字符编码的前缀，这种编码称为前缀编码。

(8) 哈夫曼编码。对一棵具有 n 个叶子的哈夫曼树，若对树中的每个左分支赋予0，右分支赋予1，则从根到每个叶子的路径上，各分支的赋值分别构成一个二进制串，该二进制串就称为哈夫曼编码。

哈夫曼编码满足两个性质：

性质 1　哈夫曼编码是前缀编码。

哈夫曼编码是根到叶子路径上的编码序列，由树的特点可知，若路径 A 是另一条路径 B 的最左部分，B 经过了 A，则 A 的终点一定不是叶子，而哈夫曼编码对应路径的终点一定为叶子，因此，任一哈夫曼编码都不会与任意其他哈夫曼编码的前缀部分完全重叠，因此哈夫曼编码是前缀编码。

性质 2　哈夫曼编码是最优前缀编码。

对于包括 n 个字符的数据文件，分别以它们的出现次数为权值构造哈夫曼树，则利用该树对应的哈夫曼编码对文件进行编码，能使该文件压缩后对应的二进制文件的长度最短。

哈夫曼编码产生的背景

1951 年，正在 MIT 任教的罗伯特·范诺正在思考一道信息论的难题：如何用二进制代码高效表示数字、字母或者其他符号？尽管在 1948 年，信息论之父香农和范诺分别独立地提出了一种有效的编码方式，称为香农—范诺编码。范诺认为一定存在更好的压缩策略。于是，这样的重任就交到了他的学生手里。他给学生们出了一道选择题：要么参加期末考试，要么写篇论文改进现有算法，自己挑。学生一听“交篇论文”就不用考试，“拍脑袋”就决定写论文，包括大卫·哈夫曼。不选不知道，一选吓一跳。初出茅庐的哈夫曼很快意识到了老师挖的坑——这论文也太难了。这一写，就是好几个月，并且苦苦挣扎中，哈夫曼仍然一无所获。但命运有时候十分奇妙。就在哈夫曼终于放弃“逃考”，准备将论文笔记扔到垃圾桶中时，突然灵光一现，答案出现了！哈夫曼放弃对已有编码的研究，转向新的探索，最终发现了基于有序频率二叉树编码的方法。他提出的这一想法，效率成功超越他老师的方法论。甚至在之后的发展中，以他命名的编码方法——哈夫曼编码，直接改变了数据压缩范式。至于当时那篇结题报告，已引用近万次。

思政点：创新无处不在。要养成多动脑，勤思考的习惯，以激发自身的创新意识；同时，还需丰富知识储备，提升自身的创新能力。

6.2　实践目的和要求

本部分可供基础篇、提高篇和创新篇部分实践共同使用。

(1) 掌握二叉树的基本特点。

(2) 掌握二叉树的各种存储结构特点以及适用情况。

(3) 掌握二叉树的基本操作，如二叉树的创建、二叉树中结点的查找、插入、删除等。

(4) 掌握二叉树的递归遍历算法及非递归遍历算法的实现。

(5) 理解二叉树的各种遍历算法，并能通过二叉树遍历的扩展，解决一些实际的应用问题。

(6) 掌握哈夫曼树的创建及基本应用的实现。

(7) 掌握线索二叉树的存储及基本操作的实现

(8) 掌握树的存储及遍历算法的实现。

6.3 实践原理

本部分可供基础篇、提高篇和创新篇部分共同使用。当数据元素之间可以组成一对多的层次关系的时候，数据的组织都可以考虑用树型结构来表示。

树是 m（$m \geqslant 0$）棵互不相交的子树的集合。在一棵非空树中，结点之间的关系是典型的一对多的层次关系。树的定义是一种典型的递归定义，因此，对树的操作基本上都可以采用递归的方式。

二叉树是一种特殊的树型结构，其特殊性体现在两个方面：第一，每个结点的度不能超过2；第二，结点有严格的左右之分。基于二叉树的这两个特点，对二叉树的存储通常采用完全二叉树形式的顺序存储和二叉链表形式的非顺序存储两种方式。二叉树的遍历通常有四种方法，即层次遍历，先序遍历，中序遍历和后序遍历。对二叉树的遍历是实现二叉树其他操作的基础和前提。

树的实现形式有多种，本实践中，将树作为一种抽象数据类型，要求根据实际要解决的问题，采用合适的存储结构及基本操作，在此基础上完成基础篇、提高篇和创新篇的实践内容。

6.4 基础篇

二叉树的存储结构

二叉树的遍历

二叉树遍历的应用

6.4.1 二叉树顺序存储的基本运算及实现

6.4.1.1 实践目的

熟练掌握二叉树的顺序存储结构及基本运算的算法设计与实现。

6.4.1.2 实践内容

（1）顺序存储二叉树的创建。

（2）查找孩子结点。

（3）查找双亲结点。

（4）依次访问二叉树中每个结点的值。

6.4.1.3 算法实现

二叉树的顺序存储必须将其按照完全二叉树的结构存放，对于空结点可以用一个特殊的值来表示。如图6.1所示的二叉树对应的顺序存储结构见表6.1。用一个一维数组依次存放二叉树中结点的值，0 号单元可以用来存放二叉树的结点个数。

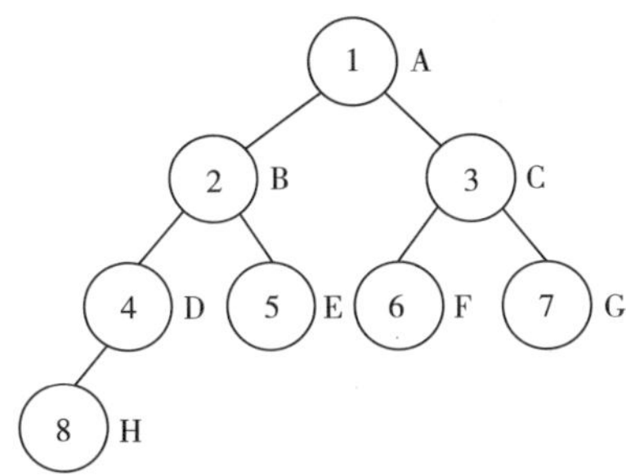

图 6.1　二叉树示例

表 6.1　二叉树顺序存储示例

0	1	2	3	4	5	6	7	8
	A	B	C	D	E	F	G	H

```
#include<stdio.h>
#include<malloc.h>
#define MaxTreeSize 100
typedef char SqBiTree[MaxTreeSize];//顺序存储结构类型定义
int num;//结点数

//基本操作
//顺序存储二叉树的创建
    void InitBiTree(SqBiTree T) {
    int i;
    char ch;
    printf("请输入长度");
    scanf("%d",&num);
    printf("按照层序输入结点的值(T[0]='0'表示空树):");
    ch=getchar();
    for(i=1;i<=num;i++)
    {
        scanf("%c",&T[i]);//依次输入各结点值
    }
}

//依次输出显示树中每一个结点的元素值
void DispBiTree(SqBiTree T)
{
```

```
    int i;
    for(i=1;i<=num;i++)
    {
        printf("%c ",T[i]);
    }
    printf("\n");
}

//查找结点的左孩子
char LeftChild(SqBiTree T,char e) {
    int i;
    if(T[i]=='0')//如果为'0'则为空树
        return NULL;
    else
    {
        for(i=1;i<=num;i++)
        {
            if(T[i]==e)
                return T[i*2];//根据树的特性,其左孩子为 T[i*2]
            }
        }
    }

    //查找结点的右孩子
    char RightChild(SqBiTree T,char e) {
        int i;
        if(T[i]=='0')//如果为'0'则为空树
            return NULL;
        else
        {
            for(i=1;i<=num;i++)
            {
                if(T[i]==e)
                    return T[i*2+1];//根据树的特性,其右孩子为 T[i*2+1]
                }
            }
        }

    //获取结点的双亲
    char Parent(SqBiTree T,char e) {
```

```
    int i;
    if(T[i]=='0')//如果为'0'则为空树
        return NULL;
    else
    {
        for(i=1;i<=num;i++)
        {
            if(T[i]==e)
                return T[i/2];
        }
    }
}

//主函数
void main()
{
    SqBiTree T;
    InitBiTree(T);
    printf("该二叉树为:");//首先输入长度为 8,接着输入 ABCDEFGH
    DispBiTree(T);
    printf("B 的左孩子是:%c\n",LeftChild(T,'B'));
    printf("B 的右孩子是:%c\n",RightChild(T,'B'));
    printf("B 的双亲是:%c\n",Parent(T,'B'));
}
```

运行结果如图 6.2 所示。

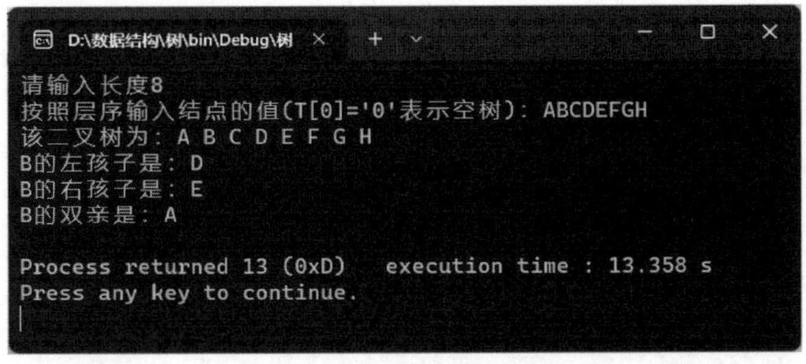

图 6.2　顺序二叉树的基本运算

6.4.2　二叉树二叉链表存储的基本运算及实现

6.4.2.1　实践目的

熟练掌握二叉树的二叉链表存储结构及基本运算的算法设计与实现。

6.4.2.2　实践内容

（1）二叉树的创建。

（2）二叉树的销毁。

（3）二叉树的遍历（先序遍历、中序遍历、后序遍历和层次遍历）。

（4）用括号表示法输出二叉树。

6.4.2.3　算法实现

二叉树的二叉链表结构中，每个结点由三部分组成：左孩子域，数据域和右孩子域，如图6.3所示。

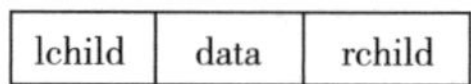

图6.3　二叉树的二叉链表结点结构

图6.4所示的二叉树，其对应的二叉链表存储结构如图6.5所示。

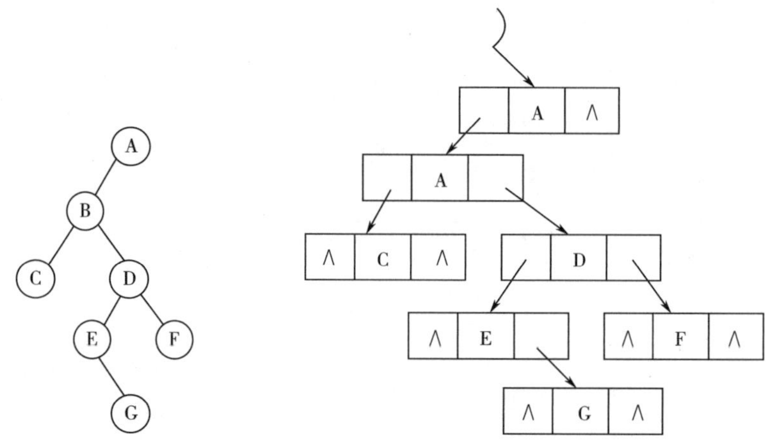

图6.4　二叉树示例　　　　图6.5　二叉链表存储结构示例

```
//命名为btree.cpp
#include<stdio.h>
#include<malloc.h>
#define MaxTreeSize 100//二叉树的最大结点数,或空间的最大值
typedef char TElemType;//数据类型
typedef struct BiTNode
{
    TElemType data;//数据域
    struct BiTNode*lchild;//左孩子
    struct BiTNode*rchild;//右孩子
} BiTree;//二叉链表结点类型定义
```

```
//基本操作

//递归销毁二叉树 T
void DestroyBiTree(BiTree*T)
{
    if(T!=NULL)//后序顺序销毁二叉树
    {
        DestroyBiTree(T->lchild);
        DestroyBiTree(T->rchild);
        free(T);
    }
}

//FindBiTreeNode(BiTree*T,TElemType e)为中间辅助函数,其功能为返回 data 域为//e 的结点指针函数
BiTree*FindBiTreeNode(BiTree*T,TElemType e)
{
    BiTree*p=(BiTree*)malloc(sizeof(BiTree));
    if(T->data!=e&&T!=NULL)//判断如果当前根结点不是要找的结点且不为空,则继续寻找
    {
            p=FindBiTreeNode(T->lchild,e);
        if(p==NULL)
            return FindBiTreeNode(T->rchild,e);
        else
            return p;
    }
    else if(T==NULL)//为空则返回空
    {
        return NULL;
    }
    else if(T->data==e)//如果根结点值即为所要找的值,则返回根结点
        return T;
    else//否则给出用户提示“异常”
        printf("异常");
}

//二叉树的先序、中序、后序和层次遍历

//先序递归遍历 T
void PreOrderTraverse(BiTree*T)
{
```

```
    if(T==NULL)//若二叉树为空,则直接调用 return
    {
        return;
    }
    else//若二叉树非空,递归调用先序递归遍历,依次访问根结点,递归访问左孩子,递归访问右孩子
    {
        printf("%c ",T->data);//访问根结点
        PreOrderTraverse(T->lchild);//递归访问左孩子
        PreOrderTraverse(T->rchild);//递归访问右孩子
    }

}

//中序递归遍历 T
void InOrderTraverse(BiTree*T)
{
    if(T==NULL)//若二叉树为空,则直接调用 return
    {
        return;
    }
    else//若二叉树非空,递归调用中序递归遍历,依次递归访问左孩子,访问根结点,递归访问右孩子
    {
        InOrderTraverse(T->lchild);//递归访问左孩子
     printf("%c ",T->data);//访问根结点
        InOrderTraverse(T->rchild);//递归访问右孩子
    }
}

//后序递归遍历 T
void PostOrderTraverse(BiTree*T)
{
    if(T==NULL)//若二叉树为空,则直接调用 return
    {
        return;
    }
    else//若二叉树非空,递归调用后序递归遍历,依次递归访问左孩子,递归访问右孩子,访问根结点
    {
        PostOrderTraverse(T->lchild);//递归访问左孩子
        PostOrderTraverse(T->rchild);//递归访问右孩子
        printf("%c ",T->data);//访问根结点
    }
```

```
}

//层次递归遍历 T
//需要采用辅助队列实现
void LevelOrderTraverse(BiTree*T)
{
    BiTree*Queue[MaxTreeSize];//辅助结构使用循环队列实现
    int front;//队头指针
    int rear;//队尾指针
    front=0;//队头指针初值
    rear=0;//队尾指针初值
    if(T==NULL)//根结点为空
        return;
    else//根结点非空
        printf("%c ",T->data);//访问
    rear++;//尾指针后移
    Queue[rear]=T;//入队
    while(rear!=front)//循环队列判断不为空
    {
        front=(front+1)% MaxTreeSize;/*此处注意循环队列需要对最大存储空间 MaxTreeSize
取模*/
        T=Queue[front];//出队
        if(T->lchild!=NULL)//左孩子非空
        {
            printf("%c ",T->lchild->data);//访问
            rear=(rear+1)% MaxTreeSize;//尾指针后移
            Queue[rear]=T->lchild;//入队
        }
        if(T->rchild!=NULL)//右孩子非空
        {
            printf("%c ",T->rchild->data);//访问
            rear=(rear+1)% MaxTreeSize;//尾指针后移
            Queue[rear]=T->rchild;//入队
        }
    }
}

//显示输出二叉树的结点值
void DispBiTree(BiTree*T)
{
  if(T==NULL)//判断根结点是否为空
```

```
    {
        return;
    }
    else
    {
        printf("%c",T->data);//输出结点值
        if(T->lchild!=NULL || T->rchild!=NULL)//当左孩子或右孩子有其中之一不为空时
        {
            printf("(");
            DispBiTree(T->lchild);
            if(T->rchild!=NULL)
                printf(",");
            DispBiTree(T->rchild);
            printf(")");
        }
    }

}

//初始化二叉树 T,用括号表示法输入二叉树
void InitBiTree(BiTree*T,char*s)
{
    BiTree*stack[MaxTreeSize];
    for(int num=1;num<=MaxTreeSize;num++)
    {
        stack[num]=(BiTree*)malloc(sizeof(BiTree));
    }
    BiTree*q=(BiTree*)malloc(sizeof(BiTree));
    BiTree*lq=(BiTree*)malloc(sizeof(BiTree));
    BiTree*rq=(BiTree*)malloc(sizeof(BiTree));
    BiTree*p=(BiTree*)malloc(sizeof(BiTree));
    int top=-1;
    int i,j;
    char c;
    j=0;
    T=NULL;//树的初始状态为空
    c=s[j];//c 指向待创建树串的头
    while(c!='\0')
    {
        switch(c)
        {
```

```
        case '(':top++;        //处理左子树
            stack[top]=p;
            i=1;
            break;
        case ',':i=2;          //处理右子树
                  break;
        case ')':top--;        //处理子树
                  break;
        default:p=(BiTree*)malloc(sizeof(BiTree));
            p->data=c;
            p->lchild=p->rchild=NULL;
            if(T==NULL)      //若 T 为 NULL,p 则为根结点
                T=p;
            else
            {
                switch(i)
                {
            case 1:stack[top]->lchild=p;
                    break;
            case 2:stack[top]->rchild=p;
                    break;
            }
            } //if
    } //switch
    j++;
    c=s[j];
} //while
printf("2、输出二叉树:\n");
DispBiTree(T);
printf("\n");
printf("3、B 结点:");
q=FindBiTreeNode(T,'B');
if(q!=NULL)
{
    lq=q->lchild;
    if(lq!=NULL)
        printf("左孩子为%c",lq->data);
    else
        printf("无左孩子");
    rq=q->rchild;
    if(rq!=NULL)
```

```
            printf("右孩子为%c",rq->data);
        else
            printf("无右孩子");
    } printf("\n");

    printf("4、二叉树的先序遍历:\n");
    PreOrderTraverse(T);printf("\n");
    printf("5、二叉树的中序遍历:\n");
    InOrderTraverse(T);printf("\n");
    printf("6、二叉树的后序遍历:\n");
    PostOrderTraverse(T);printf("\n");
    printf("7、二叉树的层次遍历:\n");
    LevelOrderTraverse(T);printf("\n");
    printf("8、释放二叉树\n");
    DestroyBiTree(T);
}

void main()
{
    BiTree*T=(BiTree*)malloc(sizeof(BiTree));
    printf("二叉树的基本操作如下:\n");
    printf("1、建立二叉树\n");
    InitBiTree(T,"A(B(D,E),C");//包含其他操作调用
    printf("\n");
}
```

运行结果如图 6.6 所示。

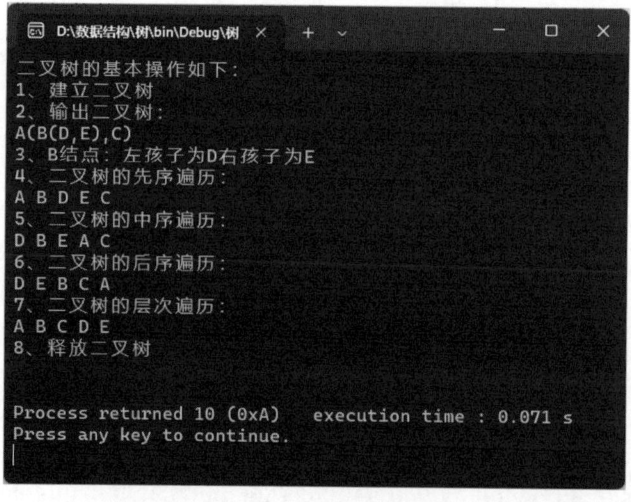

图 6.6　链式二叉树的基本运算

6.4.3　线索二叉树的基本运算及实现

6.4.3.1　实践目的

熟练掌握线索二叉树的存储结构及基本运算的算法设计与实现。

线索二叉树

6.4.3.2　实践内容

(1) 线索二叉树的创建。

(2) 线索二叉树的中序遍历线索化。

(3) 线索二叉树的中序遍历。

(4) 在中序线索二叉树上查找结点的前驱和后继。

6.4.3.3　算法实现

线索二叉树的结点由 5 部分组成：左孩子域、左线索标记、数据域、右线索标记和右孩子域。线索二叉树的结点结构如图 6.7 所示。

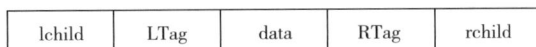

lchild	LTag	data	RTag	rchild

图 6.7　线索二叉树的结点结构

其中，LTag 和 RTag 定义为整型。若 LTag=0，lchild 域指向左孩子；若 LTag=1，lchild 域指向其前驱。若 RTag=0，rchild 域指向右孩子；若 RTag=1，rchild 域指向其后继。

```
#include<stdio.h>
#include<malloc.h>
#define MaxSize 100//二叉树的最大结点数
typedef char TElemType;//数据类型
typedef struct BiThrNode
{
    TElemType data;//数据域
    struct BiThrNode  *lchild;//左孩子
    struct BiThrNode  *rchild;//右孩子
    int LTag;//线索标记
    int RTag;//线索标记
} BiThrNode,*BiThrTree;
BiThrNode  *pre=NULL;

//基本操作

//构造线索二叉树
void InitBiThrTree(BiThrTree  *T)
{
    TElemType ch;
    scanf("%c",&ch);
```

```
    if(ch!='#')//以'#'号表示结束
    {
        *T=(BiThrNode*)malloc(sizeof(BiThrNode));//申请空间
        (*T)->data=ch;//赋值
        InitBiThrTree(&((*T)->lchild));//递归
        if((*T)->lchild)//置线索标记
            (*T)->LTag=0;
        InitBiThrTree(&((*T)->rchild));//递归
        if((*T)->rchild)//置线索标记
            (*T)->RTag=0;
    }
    else
        (*T)=NULL;
}

//线索二叉树的中序遍历线索化
void InThreading(BiThrNode*t)
{
    if(t)
    {
        InThreading(t->lchild);//递归线索化
        if(!pre->rchild)//判断右孩子是否为空
        {
            pre->RTag=1;//置线索
            pre->rchild=t;
        }
        if(!t->lchild)//判断左孩子是否为空
        {
            t->lchild=pre;
            t->LTag=1;//置线索
        }
        pre=t;
        InThreading(t->rchild);//递归线索化
    }
}

void InOrderThreading(BiThrNode*Th,BiThrNode*T)
{
    Th->LTag=0;
    Th->RTag=1;
    Th->rchild=Th;
```

```
    if(T!=NULL)
    {
        Th->lchild=T;
        pre=Th;
        InThreading(T);
        pre->rchild=Th;
        pre->RTag=1;
        Th->rchild=pre;
    }
    else
        Th->lchild=Th;
}

//中序遍历线索二叉树
void InOrderTraverseBiThrTree(BiThrNode*T)
{
    BiThrNode*r=(BiThrNode*)malloc(sizeof(BiThrNode));
    r=T->lchild;
    for(;r!=T;r=r->rchild)
    {
        while(r->LTag==0)
            r=r->lchild;
        for(;r->RTag==1&&r->rchild!=T;r=r->rchild)
            printf("%c ",r->data);
    }
}

//在中序线索二叉树上查找前驱
BiThrNode*InOrderPre(BiThrNode*s)
{
    BiThrNode*t=(BiThrNode*)malloc(sizeof(BiThrNode));
    if(s->LTag!=1)//判断是否为线索
    {
        t=s->rchild;
        while(t->LTag==0)
            t=t->lchild;
        return t;
    }
    else
        return s->rchild;
}
```

```
//在中序线索二叉树上查找后继
BiThrNode*InOrderPost(BiThrNode*s)
{
    BiThrNode*t=(BiThrNode*)malloc(sizeof(BiThrNode));
    if(s->LTag!=1)//判断是否为线索
    {
        t=s->lchild;
        while(t->RTag==0)
            t=t->rchild;
        return t;
    }
    else
        return s->lchild;
}

void main()
{
    BiThrNode*T=(BiThrNode*)malloc(sizeof(BiThrNode));
    BiThrNode*Thrt=(BiThrNode*)malloc(sizeof(BiThrNode));
    BiThrNode*Temp=(BiThrNode*)malloc(sizeof(BiThrNode));
    InitBiThrTree(T);
    InOrderThreading(Thrt,T);
    InOrderTraverseBiThrTree(T);
    Temp=InOrderPost(T);
    printf("T的后继为%c",Temp->data);
    Temp=InOrderPre(T->lchild);
    printf("T的前驱为%c",Temp->data);


}
```

运行结果如图6.8所示。

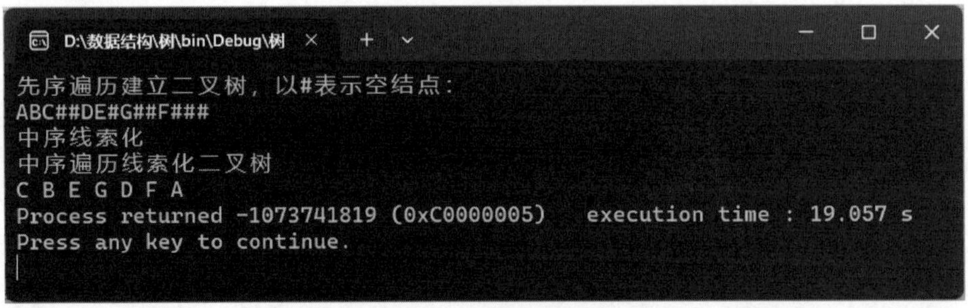

```
D:\数据结构\树\bin\Debug\树
先序遍历建立二叉树，以#表示空结点：
ABC##DE#G##F###
中序线索化
中序遍历线索化二叉树
C B E G D F A
Process returned -1073741819 (0xC0000005)   execution time : 19.057 s
Press any key to continue.
```

图6.8　线索二叉树的基本运算

6.4.4　树的存储结构及遍历

6.4.4.1　实践目的

熟练掌握树的存储结构及基本运算的算法设计与实现。

6.4.4.2　实践内容

（1）树的创建（双亲表示法、孩子表示法及孩子兄弟表示法）。

（2）树的遍历。

6.4.4.3　算法实现

这里只给出存储结构的表示，具体的算法实现详见教材。

```
#define MaxSize 100        //树的最大结点数
typedef char TElemType;//数据类型
//双亲表示法
typedef struct PTNode
{
    TElemType data;     //数据域
    int parent;       //双亲位置
} PTNode;
typedef struct
{
    PTNode nodes[MaxSize];
    int r;//根的位置
    int n;//结点数
} PTree;//树结构

//孩子表示法
typedef struct CTNode//孩子结点
{
    int child;//孩子结点在向量中对应的序号
    struct CTNode*next;//指针域
} *ChildPtr;
typedef struct
{
    TElemType data;//存放树中的结点数据
    ChildPtr firstchild;//孩子链表头指针
} CTBox;
typedef struct
{
    CTBox nodes[MaxSize];
    int n,r;  //n 为结点总数,r 指出根在向量中的位置
```

```
} CTree;
//孩子兄弟链表示法
typedef struct CSNode
{
    TElemType data;
    struct CSNode*firstchild;
    struct CSNode*nextsibling;
} CSNode,*CSTree;
```

6.5 提高篇

树的存储结构

森林与二叉树的转换

6.5.1 实践题目

本部分可以作为数据结构实践的上机内容、课后练习或课后作业等使用。本部分题目的设置结合了各类程序设计竞赛或考研题目所考察的知识点。

6.5.1.1 哈夫曼树的构造及哈夫曼编码的生成

哈夫曼树及其应用

（1）题目要求。

①输入形式：叶子结点个数及对应权值

②输出形式：各结点的哈夫曼编码

③样例输入：6

30 25 20 10 10 5

④样例输出：00 01 10 110 1110 1111

（2）题目分析。

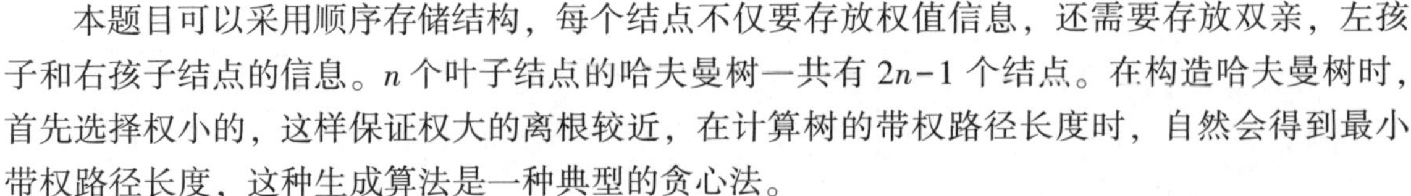

本题目可以采用顺序存储结构，每个结点不仅要存放权值信息，还需要存放双亲，左孩子和右孩子结点的信息。n 个叶子结点的哈夫曼树一共有 $2n-1$ 个结点。在构造哈夫曼树时，首先选择权小的，这样保证权大的离根较近，在计算树的带权路径长度时，自然会得到最小带权路径长度，这种生成算法是一种典型的贪心法。

哈夫曼树的构造过程如下：

①根据给定的 n 个权值，构建 n 棵只有根结点的二叉树，这 n 棵二叉树构成一个森林 F。

②在森林中选取两棵根结点的权值最小的树作为左右子树构造一棵新的二叉树，且置新

的二叉树的根结点的权值为其左、右子树上的权值之和。

③在森林 F 中删除这两棵树，同时将新得到的二叉树加入 F 中。

④重复 2 和 3，直到 F 中只含一棵树时为止。这棵树便是哈夫曼树。

哈夫曼编码的实现过程如下：

①分配存储 n 个字符编码的编码表空间 HC，长度为 $n+1$；分配临时存储每个字符编码的动态数组空间 cd，cd［n-1］置为'\ 0'。

②逐个求解 n 个字符的编码，循环 n 次，执行以下操作：

a. 设置变量 start 用于记录编码在 cd 中存放的位置，start 初始时指向最后，即编码结束符位置 $n-1$；

b. 设置变量 c 用于记录从叶子结点向上回溯至根结点所经过的结点下标，c 初始时为当前待编码字符的下标 i，f 用于记录 i 的双亲结点的下标；

c. 从叶子结点向上回溯至根结点，求得字符 i 的编码，当 f 没有到达根结点时，循环执行以下操作：

回溯一次 start 向前指一个位置，即--start；

若结点 c 是 f 的左孩子，则生成代码 0，否则生成代码 1，生成的代码 0 或 1 保存在 cd［start］中；

继续向上回溯，改变 c 和 f 的值。

根据数组 cd 的字符串长度为第 i 个字符编码分配空间 HC［i］，然后将数组 cd 中的编码复制到 HC［i］中。

③释放临时空间 cd。

（3）算法实现。

```
#include<stdlib.h>
#include<iostream>
typedef struct {
    int weight;
    int parent,lchild,rchild;
} HTNode,*HuffmanTree;
typedef char**HuffmanCode;//动态分配数组存储哈夫曼编码表
void CreateHuffmanTree(HuffmanTree &HT,int n);       //构造哈夫曼树
void Select(HuffmanTree HT,int end,int*s1,int*s2);  //select 函数
void CreateHuffmanCode(HuffmanTree HT,HuffmanCode &HC,int n);//哈夫曼编码

void CreateHuffmanTree(HuffmanTree& HT,int n) {
    //构造哈夫曼树
    if(n<=1)  return;
    int m=2*n-1;
    HT=(HTNode*)malloc(sizeof(m+1));//0 号单元未用,下标从 1 开始
    for(int i=1;i<=m;i++) {/*初始化,将下标 1~m 号结点的双亲,左孩子,右孩子置为 0*/
```

```
        HT[i].parent=0;
        HT[i].lchild=0;
        HT[i].rchild=0;
    }
    for(int i=1;i<=n;i++) {
        scanf("%d",HT[i].weight);  //输入前 n 个结点的权值
    }
//初始化结束,下面开始创建哈夫曼树
//---------------------------------------------------------
for(int i=n+1;i<=m;i++) {
    /*在 select 函数中,在前 n 个结点中通过 n-1 次的选择两个权值较小的结点,
    进行合并,删除 来创建哈夫曼树*/
    int s1=0,s2=0;
    Select(HT,i-1,&s1,&s2);
    /*在 select 中挑选出两个权值较小的结点,且 s1<s2;
    合并成一个新的结点,新的结点的结点号为 i,此时 s1 和 s2 结点的双亲结点即为 i*/
    HT[s1].parent=i;HT[s2].parent=i;
    HT[i].lchild=s1;//将 s1 和 s2 分别作为结点 i 的左右孩子
    HT[i].rchild=s2;
     HT[i].weight=HT[s1].weight+HT[s2]. weight;//结点 i 的权值为左右孩子之和
  }


}


//Select 函数
void Select(HuffmanTree HT,int end,int*s1,int*s2) {
    int min1,min2;//min1 存放较小的,min2 存放第二小的,min1<min2
    /*先挑选出一个双亲结点为 0 的结点 ,如果双亲节点不为 0 说明这个结点已经在生成新节点中被使
用过*/
    int i=1;
    while(HT[i].parent!=0&&i<=end) {
        i++;
    }
    /*将第一次挑选出来的结点的权值先赋值给 min1,然后 i 加一,挑选第二个双亲结点为 0 的结点*/
    min1=HT[i].weight;
    *s1=i;
    i++;
    //挑选第二个双亲结点为 0 的结点
    while(HT[i].parent!=0&&i<=end) {
```

```
        i++;
    }
    /*对挑选出来的第一个结点第二个结点再进行权值的比较,如果第二次挑选出来的 HT[i].weight
小于 min1 的值,则先将 min1 的值付给 min2,再将 HT[i]. weight 赋给 min1;如果第二次挑选出来的
HT[i].weight 大于 min1 的值,则将 HT[i].weight 赋给 min2*/
    if(HT[i].weight<min1) {
        min2=min1;
        *s2=*s1;
        min1=HT[i].weight;
        *s1=i;
    } else {
        min2=HT[i].weight;
        *s2=i;
    }
    //对余下的结点进行遍历
    for(int j=i+1;j<=end;j++) {
        if(HT[j].parent!=0)continue;
        if(HT[j].weight<min1) {
            min2=min1;
            min1=HT[j].weight;
            *s2=*s1;
            *s1=j;
        }
        /*如果 min1<=HT[i].weight<=min2,则 将 HT[j].weight 的值赋给 min2*/
        else if(HT[j].weight>=min1&&HT[j]. weight<min2) {
            min2=HT[j].weight;
            *s2=j;
        }

    }
}

void CreateHuffmanCode(HuffmanTree HT,HuffmanCode*HC,int n) {
    //得到哈夫曼编码
    int start,c,f;
    HC=(char*)malloc(sizeof(n+1));/*下表从 1 开始,分配存储 n 个字符编码的编码表空间*/
    char*cd=(char*)malloc(sizeof(n));  //临时存放每个字符编码的动态数组空间
    cd[n-1]='\0';          //编码结束符
    for(int i=1;i<=n;i++) {        //逐个字符求哈夫曼编码
```

```
        start=n-1;                    //start 开始指向最后,即编码结束符的位置
        c=i;f=HT[i].parent;     //f 指向结点 c 的双亲结点,
        while(f!=0) {
        start--;           //回溯一次,start 位置向前指一个位置
    //如果结点 c 是 f 的左孩子,则生成代码 0
        if(HT[f].lchild==c)cd[start]='0';
        else cd[start]='1';                //如果结点 c 是 f 的右孩子,则生成代码 0
            c=f;f=HT[f].parent;        //继续向上回溯,直至 f 的双亲为 0 回溯结束
        }
        /*注意:1.for 循环是为了逐个字符求哈夫曼编码;while 循环是为了对所求字符进行回溯,直
至双亲为 0
              2.结点的双亲,左孩子,右孩子指向的全都是结点 i,并不是结点的权值,这一点很容易
混淆
        */
        HC[i]=(char*)malloc(sizeof(n-start)); //为第 i 个字符进行编码
        strcpy(HC[i],&cd[start]); //为第 i 个字符编码分配空间
    }
    free(cd);                             //释放临时空间
}

int main() {
    HuffmanTree HT;
    HuffmanCode HC;
    int n;
    scanf("%d",&n);
    printf("输入叶子结点的权重:\n");
    CreateHuffmanTree(HT,n);
    CreateHuffmanCode(HT,HC,n);
    printf("各结点的哈夫曼编码为:\n");
    for(int i=1;i<=n;i++) {
        printf("%c\n",HC[i]);
    }
    return 0;
}
```

运行结果如图 6.9 所示。

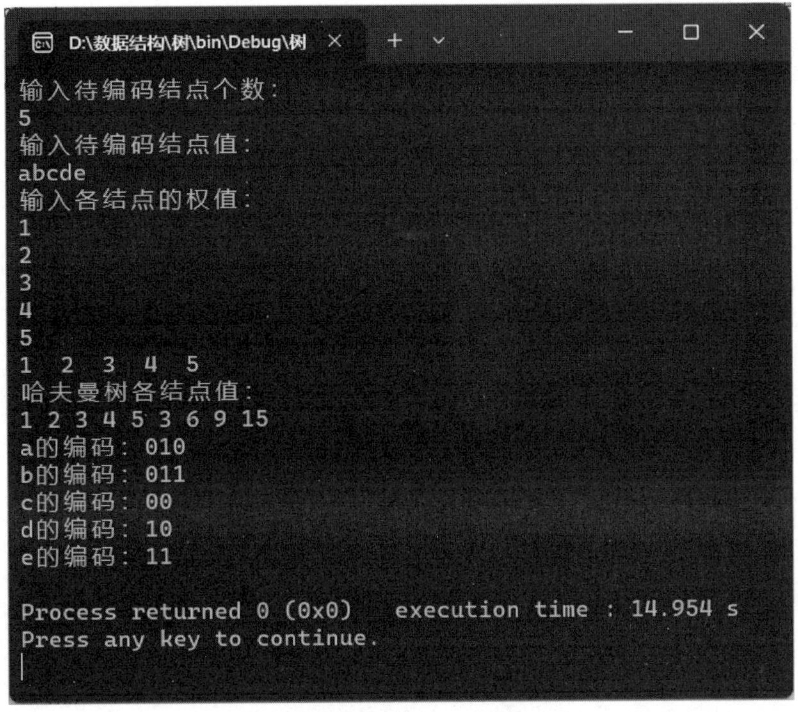

图 6.9　哈弗曼编码

6.5.1.2　求二叉树的叶子结点个数及结点总数

（1）题目要求。

①输入形式：按照括号表示法输入各结点的字符

②输出形式：两个整数分别表示叶子结点数和总结点数

③样例输入：A（B（D，E），C）

④样例输出：3

5

（2）题目分析。

本题目可以采用二叉链表作为存储结构。首先，定义并创建二叉树，然后用递归方法求二叉树的叶子结点数和总结点数。

（3）算法实现。

```
#include<stdio.h>
#include<malloc.h>
#define MaxSize 100//最大存储空间
typedef char TElemType;//数据类型
typedef struct BiTNode
{
```

```
    TElemType data;//数据域
    struct BiTNode*lchild;//左孩子
    struct BiTNode*rchild;//右孩子
} BiTree;

//基本操作

//递归销毁二叉树 T
void DestroyBiTree(BiTree*T)
{
    if(T!=NULL)//判断是否为空,若非空则采用后序遍历方式递归销毁树
    {
        DestroyBiTree(T->lchild);//递归左子树
        DestroyBiTree(T->rchild);//递归右子树
        free(T);//释放根结点
    }
}

//输出显示二叉树(括号表示法)
void DispBiTree(BiTree*T)
{
    if(T!=NULL)
    {
        printf("%c",T->data);
        if(T->lchild!=NULL || T->rchild!=NULL)
        {
            printf("(");
            DispBiTree(T->lchild);
            if(T->rchild!=NULL)printf(",");
            DispBiTree(T->rchild);
            printf(")");
        }
    }

}

//求结点数
int Size(BiTree*T)
{
    if(T==NULL)
```

```
        return 0;
    else
        return Size(T->lchild)+Size(T->rchild)+1;
}
//求叶子结点数
int Leaf(BiTree*T)
{
    if(T==NULL)
        return 0;
    If(T->lchild==NULL&&T->rchild==NULL)
        Return 1;
    else
        return Leaf(T->lchild)+Leaf(T->rchild);
}

//建立二叉树
void InitBiTree(BiTree*T,char*s)
{
    BiTree*stack[MaxSize];
    for(int num=1;num<=MaxSize;num++)
    {
        stack[num]=(BiTree*)malloc(sizeof(BiTree));
    }
    BiTree*q=(BiTree*)malloc(sizeof(BiTree));
    BiTree*lq=(BiTree*)malloc(sizeof(BiTree));
    BiTree*rq=(BiTree*)malloc(sizeof(BiTree));
    BiTree*p=(BiTree*)malloc(sizeof(BiTree));
    int top=-1;
    int i,j;
    char c;
    j=0;
    T=NULL;//树的初始状态为空
    c=s[j];//c 指向待创建树串的头
    while(c!='\0')
    {
        switch(c)
        {
            case '(':top++;        //处理左子树
                stack[top]=p;
                i=1;
```

```
                break;
            case ',':i=2;          //处理右子树
                  break;
            case ')':top--;        //处理子树
                  break;
            default:p=(BiTree*)malloc(sizeof(BiTree));
                  p->data=c;
                  p->lchild=p->rchild=NULL;
                  if(T==NULL)  /*若 T 为 NULL,p 则为根结点*/
                      T=p;
                  else
                  {
                      switch(i)
                      {
                          case 1:stack[top]->lchild=p;
                                 break;
                          case 2:stack[top]->rchild=p;
                                 break;
                      }
                } //if
        } //switch
        j++;
        c=s[j];
    } //while
    printf("2、输出二叉树:\n");
    DispBiTree(T);printf("\n");
    printf("3、二叉树的结点数:%d\n",Size(T));
    printf("4、二叉树的叶子结点数:%d\n",Leaf(T));
    printf("5、释放二叉树\n");
    DestroyBiTree(T);
}

void main()
{
    BiTree*T=(BiTree*)malloc(sizeof(BiTree));
    printf("二叉树的基本操作如下:\n");
    printf("1、建立二叉树\n");
    InitBiTree(T,"A(B(D,E),C");//包含其他操作调用
    printf("\n");
}
```

运行结果如图 6.10 所示：

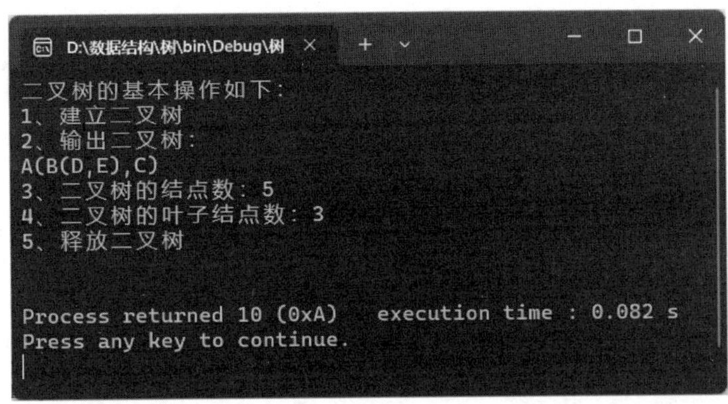

图 6.10　求叶子结点及总结点数

6.5.1.3　求二叉树的深度

（1）题目要求。

①输入形式：按照括号表示法输入各结点的字符

②输出形式：整数

③样例输入：A（B（D，E），C）

④样例输出：3

（2）题目分析。

本题目可以采用二叉链表作为存储结构。首先，定义并创建二叉树，然后用递归方法求二叉树的高度。

（3）算法实现。

```
#include<stdio.h>
#include<malloc.h>
#define MaxSize 100
typedef char TElemType;
typedef struct BiTNode
{
    TElemType data;//数据域
    struct BiTNode*lchild;//左孩子
    struct BiTNode*rchild;//右孩子
} BiTree;

//基本操作

//递归销毁二叉树 T
void DestroyBiTree(BiTree*T)
{
```

```
    if(T!=NULL)//判断是否为空,若非空则采用后序遍历方式递归销毁树
    {
        DestroyBiTree(T->lchild);//递归左子树
        DestroyBiTree(T->rchild);//递归右子树
        free(T);//释放根结点
    }
}

//递归求二叉树的高度
int BiTHeight(BiTree*T)
{
    int lchildheight,rchildheight;//左右子树高度变量
    if(T!=NULL)
    {
        lchildheight=BiTHeight(T->lchild);//递归左子树
        rchildheight=BiTHeight(T->rchild);//递归右子树
        return(lchildheight>rchildheight)? (lchildheight+1):(rchildheight+1);
//返回计算和比较得到的高度
    }
    else
        return 0;//空树高度为0
}

//输出显示二叉树(括号表示法)
void DispBiTree(BiTree*T)
{
    if(T!=NULL)
    {
        printf("%c",T->data);
        if(T->lchild!=NULL || T->rchild!=NULL)
        {
            printf("(");
            DispBiTree(T->lchild);
            if(T->rchild!=NULL)printf(",");
            DispBiTree(T->rchild);
            printf(")");
        }
    }

}
```

```
//建立二叉树
void InitBiTree(BiTree*T,char*s)
{
    BiTree*stack[MaxSize];
    for(int num=1;num<=MaxSize;num++)
    {
        stack[num]=(BiTree*)malloc(sizeof(BiTree));
    }
    BiTree*q=(BiTree*)malloc(sizeof(BiTree));
    BiTree*lq=(BiTree*)malloc(sizeof(BiTree));
    BiTree*rq=(BiTree*)malloc(sizeof(BiTree));
    BiTree*p=(BiTree*)malloc(sizeof(BiTree));
    int top=-1;
    int i,j;
    char c;
    j=0;
    T=NULL;//树的初始状态为空
    c=s[j];//c 指向待创建树串的头
    while(c!='\0')
    {
        switch(c)
        {
            case '(':top++;          //处理左子树
                    stack[top]=p;
                    i=1;
                    break;
            case ',':i=2;            //处理右子树
                    break;
            case ')':top--;          //处理子树
                    break;
            default:p=(BiTree*)malloc(sizeof(BiTree));
                    p->data=c;
                p->lchild=p->rchild=NULL;
                if(T==NULL)  /*若 T 为 NULL,p 则为根结点*/
                    T=p;
                else
                {
                    switch(i)
                    {
                        case 1:stack[top]->lchild=p;
```

```
                                break;
                        case 2:stack[top]->rchild=p;
                                break;
                        }
                    } //if
            } //switch
            j++;
            c=s[j];
        } //while
        printf("2、输出二叉树:\n");
        DispBiTree(T);printf("\n");
        printf("3、二叉树的高度为:%d",BiTHeight(T));printf("\n");
        printf("4、释放二叉树\n");
        DestroyBiTree(T);
}

void main()
{
        BiTree*T=(BiTree*)malloc(sizeof(BiTree));
        printf("二叉树的基本操作如下:\n");
        printf("1、建立二叉树\n");
        InitBiTree(T,"A(B(D,E),C");/*包含其他操作调用*/
        printf("\n");
}
```

运行结果如图 6.11 所示。

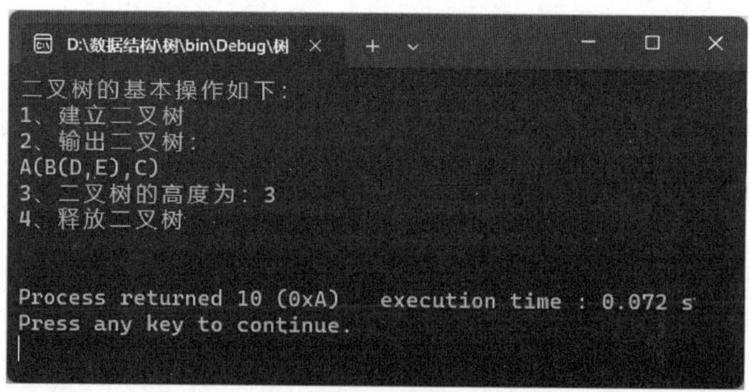

图 6.11　求树高

6.5.1.4　求二叉树中从根结点到叶子结点的路径

(1) 题目要求。

①输入形式：按照括号表示法输入各结点的字符

②输出形式：从叶子结点到根结点的逆路径

③样例输入：A（B（D，E），C）

④样例输出：

D 的逆路径：D->B->A

E 的逆路径：E->B->A

C 的逆路径：C->A

（2）题目分析。

本题目可以采用二叉链表作为存储结构。首先，定义并创建二叉树，然后用先序遍历法输出各叶子结点到根结点的逆路径。

（3）算法实现。

```
#include<stdio.h>
#include<malloc.h>
#define MaxSize 100
typedef char TElemType;
typedef struct BiTNode
{
    TElemType data;//数据域
    struct BiTNode*lchild;//左孩子
    struct BiTNode*rchild;//右孩子
} BiTree;

//基本操作

//递归销毁二叉树 T
void DestroyBiTree(BiTree*T)
{
    if(T!=NULL)//判断是否为空,若非空则采用后序遍历方式递归销毁树
    {
        DestroyBiTree(T->lchild);//递归左子树
        DestroyBiTree(T->rchild);//递归右子树
        free(T);//释放根结点
    }
}

//输出显示二叉树(括号表示法)
void DispBiTree(BiTree*T)
{
    if(T!=NULL)
    {
```

```
            printf("%c",T->data);
            if(T->lchild!=NULL || T->rchild!=NULL)
            {
                printf("(");
                DispBiTree(T->lchild);
                if(T->rchild!=NULL)printf(",");
                DispBiTree(T->rchild);
                printf(")");
            }
        }
}

//先序遍历,输出当前各叶子结点到根结点的逆路径
void DispPath(BiTree*T,TElemType path[],int l)
{
    int num;
    if(T==NULL)
        return;
    else
    {
        if(T->lchild!=NULL || T->rchild!=NULL)
        {
            path[l]=T->data;//放入路径中
            l++;
            DispPath(T->lchild,path,l);//递归左子树
            DispPath(T->rchild,path,l);//递归右子树
        }
        else
        {
            printf("%c 的逆路径:%c-",T->data,T->data);
            for(num=l-1;num>0;num--)//num 初值为 l-1
                printf("%c-",path[num]);
            printf("%c \n",path[0]);
        }
    }

}

//建立二叉树
void InitBiTree(BiTree*T,char*s)
{
```

```
BiTree*stack[MaxSize];
TElemType path[MaxSize];
for(int num=1;num<=MaxSize;num++)
{
    stack[num]=(BiTree*)malloc(sizeof(BiTree));
}
BiTree*q=(BiTree*)malloc(sizeof(BiTree));
BiTree*lq=(BiTree*)malloc(sizeof(BiTree));
BiTree*rq=(BiTree*)malloc(sizeof(BiTree));
BiTree*p=(BiTree*)malloc(sizeof(BiTree));
int top=-1;
int i,j;
char c;
j=0;
T=NULL;//树的初始状态为空
c=s[j];//c 指向待创建树串的头
while(c!='\0')
{
    switch(c)
    {
        case '(':top++;        //处理左子树
                 stack[top]=p;
                 i=1;
                 break;
        case ',':i=2;          //处理右子树
               break;
        case ')':top--;        //处理子树
               break;
        default:p=(BiTree*)malloc(sizeof(BiTree));
                p->data=c;
                p->lchild=p->rchild=NULL;
                if(T==NULL)  //若 T 为 NULL,p 则为根结点
                    T=p;
                else
                {
                    switch(i)
                    {
                        case 1:stack[top]->lchild=p;
                               break;
                        case 2:stack[top]->rchild=p;
                               break;
```

```
                        }
                    } //if
            } //switch
            j++;
            c=s[j];
        } //while
        printf("2、输出二叉树:\n");
        DispBiTree(T);printf("\n");
        printf("3、输出树中各个叶子结点的逆路径:\n");
        DispPath(T,path,0);
        printf("4、释放二叉树\n");
        DestroyBiTree(T);
}
void main()
{
        BiTree*T=(BiTree*)malloc(sizeof(BiTree));
        printf("二叉树的基本操作如下:\n");
        printf("1、建立二叉树\n");
        InitBiTree(T,"A(B(D,E),C");//包含其他操作调用

        printf("\n");
}
```

运行结果如图 6.12 所示。

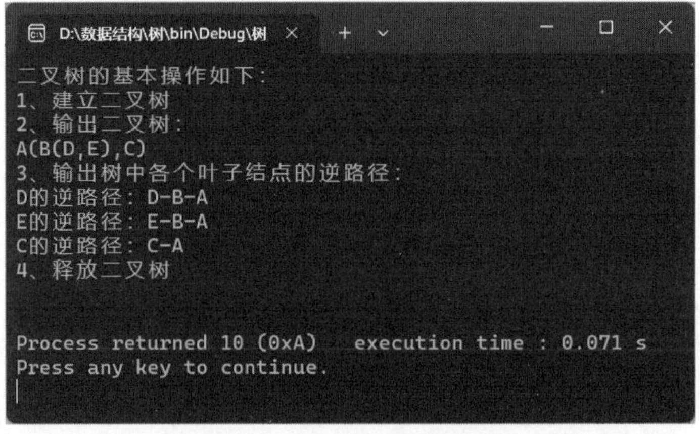

图 6.12　根结点到叶子结点的路径

6.5.1.5　利用二叉树构造简单算术表达式并求值

(1) 题目要求。

①输入形式：算术表达式

②输出形式：保留一位小数的浮点数

③样例输入：1+2＊3-4/5

④样例输出：6.2

（2）题目分析。

本题目可以采用二叉链表作为存储结构。首先，定义并创建一棵表示简单算术表达式的二叉树，树的每一个结点包括一个运算符或运算数。然后用后序遍历法递归计算表达式的值。

（3）算法实现。

```
#include "btree.cpp"  //包含二叉树的基本运算算法
#include<stdlib.h>
#include<string.h>
typedef char TElemType;
BTNode*CRTree(char s[],int i,int j)/*建立简单算术表达式 s[i..j]对应的二叉树*/
{
    BTNode*p;
    int k,plus=0,posi;     //plus 记录运算符的个数
    if(i==j)               //处理 i=j 的情况,说明只有一个字符
    {
        p=(BTNode*)malloc(sizeof(BTNode));
        p->data=s[i];
        p->lchild=NULL;
        p->rchild=NULL;
        return p;
    }
    //以下为 i!=j 的情况
    for(k=i;k<=j;k++)          //首先查找+和-运算符
        if(s[k]=='+' || s[k]=='-')
        {
            plus++;             //plus 记录+或者-的个数
            posi=k;             //posi 记录最后一个+或-的位置
        }
    if(plus==0)                 //没有+或-的情况
        for(k=i;k<=j;k++)
            if(s[k]=='*' || s[k]=='/')
        {
            plus++;      //plus 记录*或者/的个数
            posi=k;      //posi 记录最后一个*或/的位置
        }
    if(plus!=0)          //有运算符的情况,创建一个存放它的结点
    {
```

```
        p=(BTNode*)malloc(sizeof(BTNode));
        p->data=s[posi];
        p->lchild=CRTree(s,i,posi-1);//递归处理 s[i..posi-1]构造左子树
        p->rchild=CRTree(s,posi+1,j);//递归处理 s[posi+1..j]构造右子树
        return p;
    }
    else        //若没有任何运算符,返回 NULL
        return NULL;
}
double Comp(BTNode*b)  //计算二叉树对应表达式的值
{
    double v1,v2;
    if(b==NULL)return 0;
    if(b->lchild==NULL && b->rchild==NULL)
        return b->data-'0';  //叶子结点直接返回结点值
    v1=Comp(b->lchild);      //递归求出左子树的值 v1
    v2=Comp(b->rchild);      //递归求出右子树的值 v2
    switch(b->data)          //根据 b 结点做相应运算
    {
    case '+':
        return v1+v2;
    case '-':
        return v1-v2;
    case '*':
        return v1*v2;
    case '/':
        if(v2!=0)
            return v1/v2;
        else
            abort();    //除 0 异常退出

    }
}
int main()
{
    BTNode*b;
    char s[MaxSize]="1+2*3-4/5";
    printf("算术表达式%s\n",s);
    b=CRTree(s,0,strlen(s)-1);
    printf("对应二叉树:");
```

```
    DispBTree(b);
    printf("\n算术表达式的值:%g\n",Comp(b));
    DestroyBTree(b);
    return 1;
}
```

运行结果如图 6.13 所示。

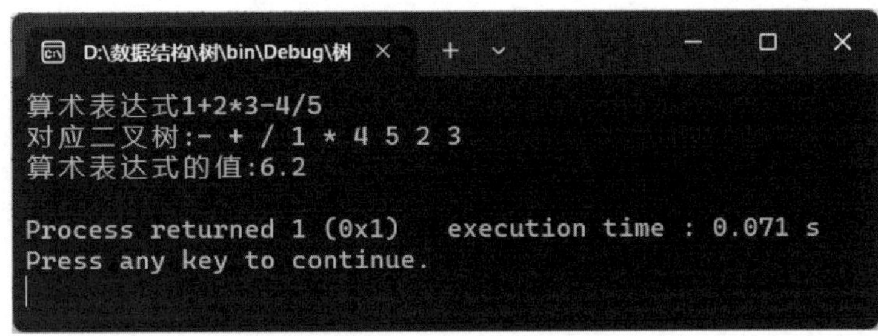

图 6.13　利用二叉树求算术表达式

6.5.2　习题与指导

【习题一】试给出二叉树的自下而上、从右向左的层次遍历算法。

习题指导：利用原有的层次遍历算法，出队的同时将各结点指针入栈，在所有结点入栈后再从栈顶开始依次访问。

具体实现如下：

（1）将根结点入队列。

（2）将一个元素出队列，遍历这个元素。

（3）依次把这个元素的左孩子、右孩子入队列。

（4）若队列不空，则跳到第二步，否则结束。

算法实现：

```
void InvertLevel(BiTree bt)
{
    Stack s;
    Queue Q;
    if(bt !=NULL)
    {
        InitStack(s);
        InitQueue(Q);
        EnQueue(Q,bt);
        while(IsEmpty(Q)==false)
        {
```

```
            DeQueue(Q,p);
            Push(s,p);
            if(p->lchild)
                EnQueue(Q,p->lchild);
            if(p->rchild)
                EnQueue(Q,p->rchild);
        }
        while(IsEmpty(s)==false)
        {
            Pop(s,p);
            visit(p->data);
        }
    } //if
}
```

【习题二】假设二叉树采用二叉链表的存储结构，设计一个非递归算法求二叉树的高度。

习题指导：采用层次遍历的算法，设置变量 level 记录当前结点所在的层数，设置变量 last 指向当前层的最右结点，每次层次遍历出队时与 last 指针比较，若两者相等，则层数加 1，并让 last 指向下一层的最右结点，直到遍历完成。level 的值即为二叉树的高度。

算法实现：

```
int Btdepth(BiTree T)
{
    if(!T)
        return 0;
    int front=-1,rear=-1;
    int last=0,level=0;
    BiTree Q[MaxSize];
    Q[++rear]=T;
    BiTree p;
    while(front<rear)
    {
        p=Q[++front];
        if(p->lchild)
            Q[++rear]=p->lchild;
        if(p->rchild)
            Q[++rear]=p->rchild;
        if(front==last)
        {
            level++;
```

```
            last=rear;
        }
    }
    return level;
}
```

【习题三】翻转二叉树，即交换二叉树中所有结点的左右子树。

习题指导：这里用到递归，交换当前结点的左右孩子，交换完后再交换左孩子的左右子树，依次递归。当两个孩子都为空时，则是该子树翻转完毕。再交换右孩子的左右子树。同理，当两个孩子都为空时，则是该子树翻转完毕。

算法实现：

```
typedef struct TreeNode {
    int val;
    TreeNode  *left;
    TreeNode  *right;
    } TreeNode;
TreeNode*mirrorTree(TreeNode  *root)
    {
        if(root==null)
            return null;
        TreeNode*tmp=root->left;
        root->left=root->right;
        root->right=tmp;
        mirrorTree(root->left);
        mirrorTree(root->right);
        return root;
    }
```

【习题四】给定两棵二叉树，编写一个函数来检验它们是否相同。如果两棵树在结构上相同，并且节点具有相同的值，则认为它们是相同的。

习题指导：可以同时遍历两棵树，依次比较他们结点的值是否相同，这里我们用先序遍历两棵树，当他们的值相同时，就遍历左子树是否相同，如果相同，再遍历右子树。只有左右子树都相同时，这两棵树才是相同的树。

算法实现：

```
typedef struct TreeNode {
    int val;
    TreeNode*left;
    TreeNode*right;
```

```
    } TreeNode;
  bool IsSameTree(TreeNode*p,TreeNode*q)
    {
        if(p==null && q==null)
            return true;
        if(p==null || q==null)
            return false;
        return(p->val==q->val)
                && IsSameTree(p->left,q->left)
                && IsSameTree(p->right,q->right);
    }
```

【习题五】给定两棵非空二叉树 s 和 t，检验 s 中是否包含和 t 具有相同结构和节点值的子树。s 的一棵子树包括 s 的一个节点和这个节点的所有子孙。s 也可以看作它自身的一棵子树。

习题指导：递归判断 s 树的每个结点，让每个结点都为一个根节点去与 t 树判断是否为相同树，只要是相同树就返回 true，也就是 s 树中是否包含和 t 树具有相同结构和节点值的子树。当当前节点与 t 树不同时，再访问 s 树的下一个结点，这里采用的是先序遍历，每个结点都要访问。

算法实现：

```
typedef struct TreeNode {
        int val;
        TreeNode*left;
        TreeNode*right;
        } TreeNode;
bool IsSameTree(TreeNode*p,TreeNode*q)
    {
        if(p==nullptr && q==nullptr)
            return true;
        if(p==nullptr || q==nullptr)
            return false;
        return(p->val==q->val)
            && IsSameTree(p->left,q->left)
            && IsSameTree(p->right,q->right);
    }

    bool IsSubtree(TreeNode*root,TreeNode*subRoot)
    {
```

```
        if(root==nullptr)
            return false;
        if(subRoot==nullptr)
            return true;
        if(IsSameTree(root,subRoot))
            return true;
        return IsSubtree(root->left,subRoot) || IsSubtree(root->right,subRoot);
    }
```

【习题六】给定一个二叉树，检查它是否是镜像对称的。

习题指导：根据题目的描述，镜像对称，就是左右两边相等，也就是左子树和右子树是相等的。注意，左子树和右子树相等，也就是说要递归的比较左子树和右子树。我们将根节点的左子树记做 left，右子树记做 right。比较 left 是否等于 right，不等的话直接返回。如果相等，比较 left 的左节点和 right 的右节点，再比较 left 的右节点和 right 的左节点。

算法实现：

```
typedef struct TreeNode {
        int val;
        TreeNode*left;
        TreeNode*right;
        } TreeNode;
bool Helper(TreeNode*left,TreeNode*right)
    {
        if(left==nullptr && right==nullptr)
            return true;
        if(left==nullptr || right==nullptr)
            return false;
        return(left->val==right->val)
            && Helper(left->left,right->right)
            && Helper(left->right,right->left);
    }
    bool IsSymmetric(TreeNode*root)
    {
        if(root==nullptr)
            return true;
        return Helper(root->left,root->right);
    }
```

6.6 创新篇

6.6.1 实践项目范例

创建家族关系数据库

问题描述：建立家族关系数据库，实现对家族成员关系的查询。

实践要求：设计一个家族关系数据库模拟系统。

（1）实现文件操作功能。家谱记录的输入、输出，清除全部文件记录及存储。

（2）实现家谱基本操作。用括号表示法输出家谱二叉树，查找某人的所有儿子、祖先。

实践思路：由于家谱是一种树结构，而不是一棵二叉树，所以在存储时要转换成二叉树的形式。规定一个父结点的左孩子结点表示母亲结点（父结点无右孩子结点），母亲结点的右孩子表示它们的所有孩子。这样就将家谱树转换成二叉树了。

算法实现：

```
#include<stdio.h>
#include<string.h>
#include<stdlib.h>
#define true 1
#define false 0
#define MaxSize 30              //栈的最大元素个数
#define NAMEWIDTH 10             //姓名的最多字符个数
typedef struct fnode
{
    char father[NAMEWIDTH];//父
    char wife[NAMEWIDTH];  //母
    char son[NAMEWIDTH];  //子
} FamType;                    //家谱文件的记录类型
typedef struct tnode
{
    char name[NAMEWIDTH];
    struct tnode*lchild,*rchild;
} BTree;                      //家谱二叉树结点树类型
int n;                         //家谱记录个数
FamType fam[MaxSize];        //家谱记录数组
//----家谱二叉树操作算法------------------------------------
BTree*CreateBTree(char*root)  //从 fam(含 n 个记录)递归创建一棵二叉树
{
```

```
    int i=0,j;
    BTree*b,*p;
    b=(BTree*)malloc(sizeof(BTree));            //创建父亲结点
    strcpy(b->name,root);
    b->lchild=b->rchild=NULL;
    while(i<n && strcmp(fam[i].father,root)!=0)
        i++;
    if(i<n)                                    //找到了该姓名的记录
    {
        p=(BTree*)malloc(sizeof(BTree));     //创建母亲结点
        p->lchild=p->rchild=NULL;
        strcpy(p->name,fam[i].wife);
        b->lchild=p;
        for(j=0;j<n;j++)                        //找所有孩子
            if(strcmp(fam[j].father,root)==0) //找到一个孩子
            {
                p->rchild=CreateBTree(fam[j].son);
                p=p->rchild;
            }
    }
    return(b);
}
void DispTree(BTree*b) //以括号表示法输出二叉树
{
    if(b!=NULL)
    {
        printf("%s",b->name);
        if(b->lchild!=NULL || b->rchild!=NULL)
        {
            printf("(");
            DispTree(b->lchild);
            if(b->rchild!=NULL)
                printf(",");
            DispTree(b->rchild);
            printf(")");
        }
    }
}
BTree*FindNode(BTree*b,char xm[]) //采用先序递归算法找 name 为 xm 的结点
{
```

```
    BTree*p;
    if(b==NULL)
        return(NULL);
    else
    {
        if(strcmp(b->name,xm)==0)
            return(b);
        else
        {
            p=FindNode(b->lchild,xm);
            if(p!=NULL)
                return(p);
            else
            return(FindNode(b->rchild,xm));
        }
    }
}
void FindSon(BTree*b)     //输出某人的所有儿子
{
    char xm[NAMEWIDTH];
    BTree*p;
    printf("  >>父亲姓名:");
    scanf("%s",xm);
    p=FindNode(b,xm);
    if(p==NULL)
        printf("  >>不存在%s 的父亲! \n",xm);
    else
    {
        p=p->lchild;
        if(p==NULL)
            printf("  >>%s 没有妻子\n",xm);
        else
        {
            p=p->rchild;
            if(p==NULL)
                printf("  >>%s 没有儿子! \n",xm);
            else
            {
                printf("  >>%s 的儿子:",xm);
                while(p!=NULL)
                {
```

```
                    printf("%10s",p->name);
                    p=p->rchild;
                }
                printf("\n");
            }
        }
    }
}
int Path(BTree*b,BTree*s)     //采用后序非递归遍历方法输出从根结点到 s 结点的路径
{
    BTree*St[MaxSize];
    BTree*p;
    int i,top=-1;              //栈指针置初值
    bool flag;
    do
    {
        while(b)                  //将 b 的所有左下结点进栈
        {
            top++;
            St[top]=b;
            b=b->lchild;
        }
        p=NULL;                  //p 指向当前结点的前一个已访问的结点
        flag=true;               //flag 为真表示正在处理栈顶结点
        while(top!=-1 && flag)
        {
            b=St[top];           //取出当前的栈顶元素
            if(b->rchild==p) //右子树不存在或已被访问,访问之
            {   if(b==s)       //当前访问的结点为要找的结点,输出路径
                {
                 printf("  >>所有祖先:");
                 for(i=0;i<top;i++)
                     printf("%s ",St[i]->name);
                 printf("\n");
                 return 1;
                }
                else
                {
                 top--;
                 p=b;            //p 指向则被访问的结点
                }
```

```
            }
            else
            {
                b=b->rchild;    //b 指向右子树
                flag=false;          //表示当前不是处理栈顶结点
            }
        }
    } while(top!=-1);                 //栈不空时循环
    return 0;                        //其他情况时返回 0
}
void Ancestor(BTree*b)               //输出某人的所有祖先
{
    BTree*p;
    char xm[NAMEWIDTH];
    printf("  >>输入姓名:");
    scanf("%s",xm);
    p=FindNode(b,xm);
    if(p!=NULL)
        Path(b,p);
    else
        printf("  >>不存在%s \n",xm);
}
void DestroyBTree(BTree*b)  //销毁家谱二叉树
{
    if(b!=NULL)
    {
        DestroyBTree(b->lchild);
        DestroyBTree(b->rchild);
        free(b);
    }
}

//----家谱文件操作算法----------------------------------------
void DelAll()                     //清除家谱文件全部记录
{
    FILE*fp;
    if((fp=fopen("fam.dat","wb"))==NULL)
    {
        printf("  >>不能打开家谱文件\n");
        return;
    }
```

```
    n=0;
    fclose(fp);
}
void ReadFile()            //读家谱文件存入 fam 数组中
{
    FILE*fp;
    long len;
    int i;
    if((fp=fopen("fam.dat","rb"))==NULL)
    {
        n=0;
        return;
    }
    fseek(fp,0,2);                  //家谱文件位置指针移到家谱文件尾
    len=ftell(fp);                  //len 求出家谱文件长度
    rewind(fp);                     //家谱文件位置指针移到家谱文件首
    n=len/sizeof(FamType);          //n 求出家谱文件中的记录个数
    for(i=0;i<n;i++)
        fread(&fam[i],sizeof(FamType),1,fp);//将家谱文件中的数据读到 fam 中
    fclose(fp);
}
void SaveFile()                     //将 fam 数组存入数据家谱文件
{
    int i;
    FILE*fp;
    if((fp=fopen("fam.dat","wb"))==NULL)
    {
        printf("  >>数据家谱文件不能打开\n");
        return;
    }
    for(i=0;i<n;i++)
        fwrite(&fam[i],sizeof(FamType),1,fp);
    fclose(fp);
}
void InputFam()                     //添加一个记录
{
    printf("  >>输入父亲、母亲和儿子姓名:");
    scanf("%s%s%s",fam[n].father,fam[n].wife,fam[n].son);
    n++;
}
```

```
void OutputFile()                    //输出家谱文件全部记录
{
    int i;
    if(n<=0)
    {
        printf("  >>没有任何记录\n");
        return;
    }
    printf("      父亲     母亲       儿子\n");
    printf("      ------------------------------\n");
    for(i=0;i<n;i++)
        printf("  %10s%10s%10s\n",fam[i].father,fam[i].wife,fam[i].son);
    printf("      ------------------------------\n");
}
//------------------------------------------------------------------------
void Fileop()  //家谱文件操作
{
    int sel;
    do
    {
        printf(">1:输入 2:输出 9:全清 0:存盘返回请选择:");
        scanf("%d",&sel);
        switch(sel)
        {
        case 9:
            DelAll();
            break;
        case 1:
            InputFam();
            break;
        case 2:
            OutputFile();
            break;
        case 0:
            SaveFile();
            break;
        }
    } while(sel!=0);
}
void BTreeop()        //家谱二叉树操作
{
```

```
    BTree*b;
    int sel;
    if(n==0)return;                //家谱记录为 0 时直接返回
    b=CreateBTree(fam[0].father);
    do
    {
        printf(" >1:括号表示法 2. 找某人所有儿子 3. 找某人所有祖先 0:返回 请选择:");
        scanf("%d",&sel);
        switch(sel)
        {
        case 1:
            printf("  >>");DispTree(b);printf("\n");
            break;
        case 2:
            FindSon(b);
            break;
        case 3:
            printf("  >>");Ancestor(b);
            break;
        }
    } while(sel!=0);
    DestroyBTree(b);     //销毁家谱二叉树
}
int main()
{
    BTree*b;
    int sel;
    ReadFile();
    do
    {
        printf("*1. 文件操作 2:家谱操作 0:退出 请选择:");
        scanf("%d",&sel);
        switch(sel)
        {
        case 1:
            Fileop();
            break;
        case 2:
            BTreeop();
            break;
        }
```

```
    } while(sel!=0);
    return 1;
}
```

文件操作运行结果如图 6.14 所示。

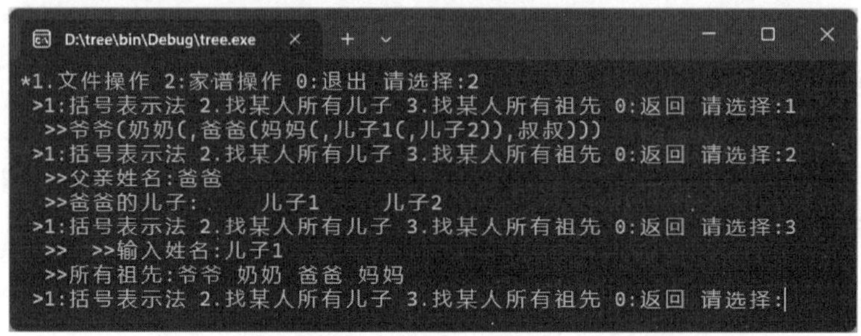

图 6.14 文件操作结果

家谱操作运行结果如图 6.15 所示。

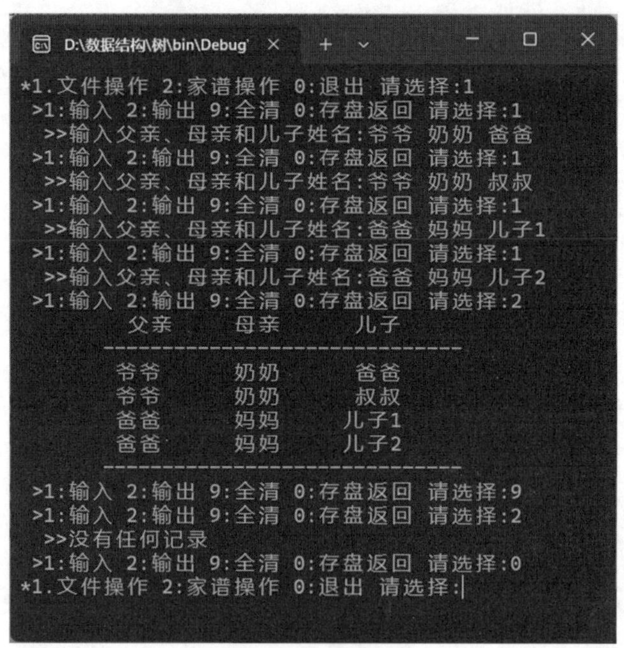

图 6.15 家谱操作结果

家这个字的概念，对于中国人来说有重要意义。每一个家庭的上头，都是要面对着一个家族，而每一个家族之上，则是民族、国家。一个人除了有自己的人生之外，还要知道自己是从哪里来，要到哪里去。大爱大情是一种凝聚力，家谱就是血缘亲情的凝聚力。古人说的好，家国家国，无家无国。傲气凛然有大志，修身齐家治国平天下。我们有幸生活在一个和平年代，要把家谱文化作为精神文化的需求，将认祖归宗的文化素养，成为弘扬家族文化和民族文化的正能量，从而促进社会和谐、家族文明和人类的进步，努力让中华民族更加灿烂。

6.6.2　实践项目与指导

6.6.2.1　Windows 系统文件目录管理

问题描述：在 Windows 系统中，采用树结构表示目录和文件。请选择适当的数据结构，实现对文件目录的管理和显示。

实践要求：设计文件目录管理程序。

(1) 实现在目录树中对指定文件的查找、添加、删除等功能。

(2) 将目录信息进行扩充。

(3) 将文件信息进行扩充。

思路：为实现文件目录的管理程序，需要设计实现以下几个功能。

(1) 查找，即在目录树中查找指定文件。

(2) 添加，即添加新文件到目录树中。

(3) 删除，即删除指定的目录或文件。注意删除目录前需要判定待删除的目录是否为根目录以及是否有子目录。

(4) 扩充，即扩充目录、文件信息，这种情况下需要设计权限控制功能。

6.6.2.2　创建大学的组织结构

问题描述：采用树结构表示大学的组织结构，实现对大学的数据统计。

实践要求：实现大学的组织结构管理程序。

(1) 用文本文件 a. txt 存放武汉纺织大学的组织结构信息，包含学院、专业、班级、人数。

(2) 从文本文件 a. txt 中读数据到数组 R 中。

(3) 由数组 R 创建树 t 的孩子链表存储结构。

(4) 采用括号表示法输出树 t。

(5) 求计算机学院的专业数。

(6) 求计算机学院的班级数。

(7) 求数理学院的学生数。

(8) 销毁树。

思路：该大学的组织结构是一棵树，而不是二叉树，采用树的孩子链表存储结构来存储。在分支结点中存放单位名称，叶子结点存放班级人数，每个叶子结点对应一个班级。

6.6.2.3　判断两棵二叉树是否有相同的子树

问题描述：判断二叉树 b1 中是否有与二叉树 b2 相同的子树。

实践要求：

(1) 实现二叉树的二叉链表存储。

(2) 对二叉树进行先序遍历，产生先序序列化序列。

(3) 判断二叉树 b2 的序列是否是二叉树 b1 序列的子串。

思路：求出二叉树 b1 的先序序列化序列 s1，二叉树 b2 的先序序列化序列 s2。如果 s2 是 s1 的子串，则 b1 中有和 b2 相同的子树。为了提高效率，串的匹配可以采用 KMP 算法。

第7章　图

本章节将回顾图结构的基本概念和相关算法等理论知识，重点实践图的两种存储方式，包括邻接矩阵和邻接表；然后，在此基础上进行图的遍历实践，包括深度优先遍历和广度优先遍历。完成生成树的普里姆算法和克鲁斯卡尔算法，以及单源最短路径算法和拓扑排序算法；最后，针对应用性问题，选择合适的存储结构和算法，完成创新性实践。

7.1　图的概述

图的定义和基本术语

在计算机科学中，图结构（graph）是一种非常重要的数据结构，它由节点和边组成，用于表示对象之间的关系。图结构不仅在实际应用中非常常见，而且在算法设计中也有着广泛的应用，包括社交网络分析、路由算法、地图导航、DNA 测序等。因此，对于计算机相关专业本科生而言，学习图结构是非常必要的。首先，回顾图结构的基础知识主要如下：

（1）图的定义。图是由节点（vertex）和边（edge）组成的数据结构，用于表示对象之间的关系。一个图可以用 G=（V，E）表示，其中 V 是节点的集合，E 是边的集合。每条边连接两个节点，表示这两个节点之间存在一种关系。

（2）相关术语的概念与特点。包括无向图、有向图、入度、出度、完全图、路径长度、回路、强连通图、连通分量等。

（3）图两种存储方式的原理。

①邻接矩阵（adjacency matrix）是一个二维数组，其中数组元素 a [i] [j] 表示节点 i 和节点 j 之间是否存在一条边。如果存在，则 a [i] [j] 的值为非 0；否则，其值为 0。

②邻接表（adjacency list）是一种基于链表的数据结构。对于每个节点，邻接表存储该节点所连接的所有边的信息。具体而言，邻接表由一个数组和一些链表组成。数组中的每个元素对应一个节点，而链表则记录该节点所连接的边。

（4）图两种遍历算法的原理。

①深度优先遍历（depth first search，DFS）是一种递归算法，其基本思想是从一个节点开始，先访问它的一个未被访问的邻居，然后递归地访问这个邻居的未被访问的邻居，直到没有未被访问的邻居，然后回溯到上一个节点，重复以上过程。

②广度优先遍历（breadth first search，BFS）。是一种迭代算法，其基本思想是从一个节点开始，先访问它的所有未被访问的邻居，然后依次访问它们的所有未被访问的邻居，直到遍历完整张图。

（5）最小生成树的两种算法。

①普里姆算法是一种贪心算法，它的基本思想是从一个顶点开始，不断向周围的顶点中找到一条权值最小的边，直到所有的顶点都被包含在生成树中为止。

②克鲁斯卡尔算法也是一种贪心算法，它的基本思想是先将所有边按照权值从小到大排序，然后依次选取权值最小的边，如果这条边连接的两个顶点不在同一个连通分量中，就将这条边加入生成树中，直到所有的顶点都被包含在生成树中为止。

（6）单源最短路径算法。迪杰斯特拉（dijkstra）算法。原理是从起始点开始，逐步扩展最短路径集合，直到到达目标节点或者无法到达。其核心思想是贪心选择，即每次选择距离起始点最近的节点，并更新与该节点相连的其他节点的距离。这样，在扩展最短路径集合时，每次都会选择距离起始点最近的节点，从而确保得到的路径是最短的。

（7）拓扑排序（topological sort）。是一种对有向无环图（DAG）进行线性排序的算法，其中的节点表示任务或事件，有向边表示任务间的依赖关系，且没有环存在，即任务间不存在循环依赖。拓扑排序算法的目的是将这些任务排序，使得每个任务都排在它的所有依赖任务之后。

7.2　实践目的与要求

本部分可供基础篇、提高篇和创新篇实践共同使用。

实践目的：通过实践加深对图的理解，掌握图的基本操作和算法实现的原理。

实践要求：

（1）掌握图的两种存储结构。邻接矩阵和邻接表，以及基本操作，增删点边，查询点边等。

（2）掌握图的两种遍历算法。图的深度遍历与广度遍历。

（3）掌握图的最小生成树算法。普里姆算法和克鲁斯卡尔算法。

（4）掌握有向无环图的验证和应用。拓扑排序和关键路径。

（5）掌握单源最短路径算法。迪杰斯特拉算法。

（6）在案例中深入理解典型算法的原理，并能融会贯通，掌握图在各种场景下的应用。

7.3　实践原理

本部分可供基础篇、提高篇和创新篇实践共同使用。

图是由一组节点和连接这些节点的边组成的非线性数据结构。节点表示对象，边表示对象之间的关系。图可以分为有向图（directed graph）和无向图（undirected graph）两种类型。有向图中的边是有方向的，表示从一个节点到另一个节点的单向关系；无向图中的边是无方向的，表示两个节点之间的双向关系。图还可以带有权重（weighted graph），即边上可以附带权值，用于表示节点之间的距离、成本等信息。图结构的基本操作包括节点的插入、删除、查找等，以及边的插入、删除、查找等。常见的图操作还包括图的遍历

(如深度优先搜索和广度优先搜索)、最短路径算法(如迪杰斯特拉算法和弗洛伊德算法)、最小生成树算法(如 Prim 算法和 Kruskal 算法)等。图结构在实际应用中具有广泛的应用场景,包括社交网络分析、路网和交通网络分析、电力网络分析、推荐系统、路径规划、网络路由等。

图的实现所使用的编程语言众多,本实践要求采用 C 语言;图的实现形式也比较丰富,本实践要求将图作为抽象数据类型。

7.4 基础篇

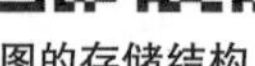

图的深度优先遍历

图的广度优先遍历

本小节的目的是学习图的邻接矩阵、邻接表的存储结构,掌握图的邻接矩阵、邻接表的设计与创建。

以图 7.1 为示例,完成 7.4.1~7.4.4 的实践要求。

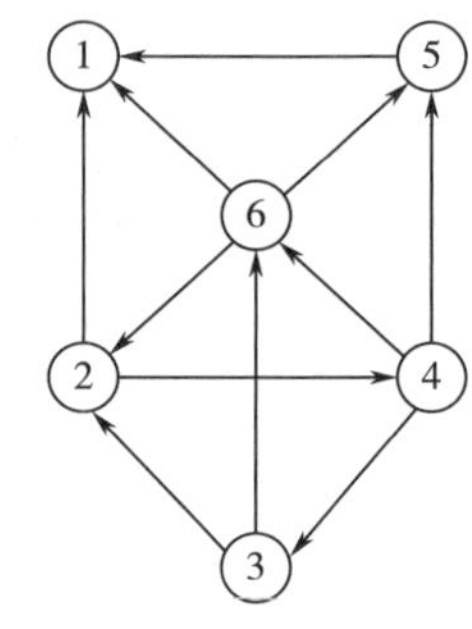

图 7.1　有向图示例

7.4.1　图的邻接矩阵存储结构实现

(1) 实践目的。

熟练掌握图的邻接矩阵存储结构的算法设计与实现。

(2) 实践内容。

图的邻接矩阵存储结构的实现。

(3) 算法实现。

以图 7.1 为示例,其邻接矩阵存储结构实现如下:

```
#include<stdio.h>
#include<malloc.h>

/*邻接矩阵存储结构*/
#define NumEdges 10//边条数
#define NumVertices 6//顶点个数
typedef char VertexData;//顶点数据类型
typedef int EdgeData;//权值类型
typedef struct {
    VertexData vexlist[NumVertices];//顶点表
    EdgeData edge[NumVertices][NumVertices];//边表即邻接矩阵
    int n,e;//图中当前顶点个数与边数
```

```
} MGraph;

//基本操作

/*创建图的邻接矩阵*/
void CreateMGraph(MGraph*G)
{
    int i,j;
    char c[NumVertices]={'1','2','3','4', '5', '6'};
    int
a[NumVertices][NumVertices]={ {0,0,0,0,0,0}, {1,0,0,1,0,0,0}, {0,1,0,0,0,0,1}, {0,
0,1,0,1,1}, {1,0,0,0,0,0}, {1,1,0,0,1,0,0} };
    G->n=NumVertices;//顶点数
    G->e=NumEdges;//边数
    for(i=0;i<G->n;i++)//建立顶点表
        G->vexlist[i]=c[i];
    for(i=0;i<G->n;i++)//邻接矩阵的初始化
        for(j=0;j<G->n;j++)
            G->edge[i][j]=a[i][j];
}

//输出邻接矩阵
void DispMGraph(MGraph*G)
{
    int i,j;
    for(i=0;i<G->n;i++)//邻接矩阵的输出
        {
            for(j=0;j<G->n;j++)
                printf("%d ",G->edge[i][j]);
            printf("\n");
        }
}

//主函数
void main()
{
    MGraph*G=(MGraph*)malloc(sizeof(MGraph));
    CreateMGraph(G);
    DispMGraph(G);
}
```

（4）运行结果如图 7.2 所示。

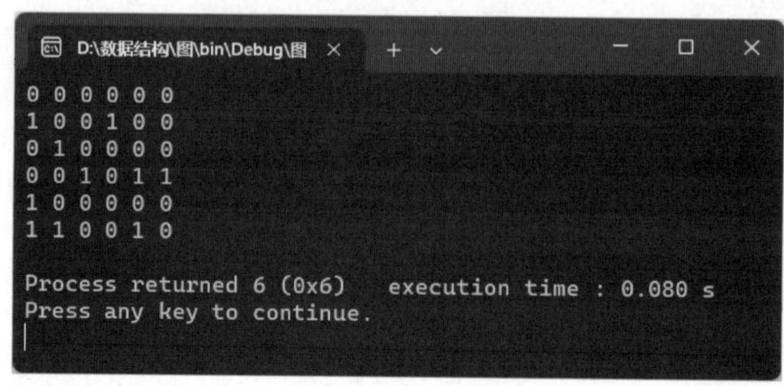

图 7.2　图的邻接矩阵表示

7.4.2　图的邻接表存储结构实现

（1）实践目的。

熟练掌握图的邻接表存储结构的算法设计与实现。

（2）实践内容。

图的邻接表存储结构的实现。

（3）算法实现。

以图 7.1 为示例，其邻接表存储结构实现如下：

```
#include<stdio.h>
#include<stdlib.h>
/*邻接表存储结构*/
#define NumEdges 10//边条数
#define NumVertices 6//顶点个数
typedef char VertexData;//顶点数据类型
typedef int EdgeData;//边上权值类型
typedef struct node {//边表中的结点类型
            int

                  ;//邻接点下标
   EdgeData cost;//边上权值
   struct node*next;//指向下一边
} EdgeNode;
typedef struct {//顶点表的结点类型
   VertexData vertex;//顶点数据信息域
   EdgeNode*firstedge;//边链表的头结点
} VertexNode;
```

```
typedef struct {//图的邻接表
    VertexNode vexlist[NumVertices];
    int n,e;//图中当前的顶点个数与边数
} AdjGragh;

//基本操作

/*创建图的邻接表*/
void CreateAdjGragh(AdjGragh*G)
{
    char c[NumVertices]={'1','2','3','4','5','6'};
    int a[NumEdges]={1,1,2,2,3,3,3,4,5,5,5};
    int b[NumEdges]={0,3,1,5,2,4,5,0,0,1,4};
    int i,head,tail,weight;
    G->n=NumVertices;//顶点个数
    G->e=NumEdges;//边数
    for(i=0;i<G->n;i++)
    {
        G->vexlist[i].vertex=c[i];//顶点信息
        G->vexlist[i].firstedge=NULL;//边表置为空表
    }
    for(i=0;i<G->e;i++)//边
    {
        EdgeNode*p=(EdgeNode*)malloc(sizeof(EdgeNode));
        p->adjvex=b[i];
        p->next=G->vexlist[a[i]].firstedge;
        G->vexlist[a[i]].firstedge=p;
    }
}

//输出邻接表
void DispAdjGragh(AdjGragh*G)
{
    int i,j;
    EdgeNode*p=(EdgeNode*)malloc(sizeof(EdgeNode));
    for(i=0;i<G->n;i++)
    {
        printf("%d:",i);
        p=G->vexlist[i].firstedge;
        while(p!=NULL)
        {
```

```
            printf("%d ",p->adjvex);
            p=p->next;
        }
        printf("\n");
    }
}

//主函数
void main()
{
    AdjGragh*G=(AdjGragh*)malloc(sizeof(AdjGragh));
    CreateAdjGragh(G);
    DispAdjGragh(G);
}
```

（4）运行结果如图 7.3 所示。

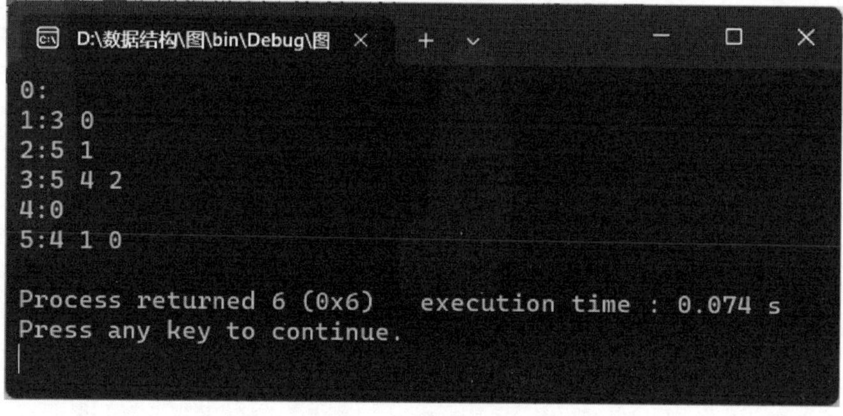

图 7.3　图的邻接表示

7.4.3　图的深度优先遍历

（1）实践目的。

掌握图的存储结构基础上的深度优先遍历设计与实现。

（2）实践内容。

分别基于图的邻接矩阵和邻接表存储结构，完成图的深度优先遍历，其对有向图和无向图都适用。

（3）算法实现。

本小节依然是以图 7.1 为示例，2 结点为根结点，实现如下。

（4）利用邻接矩阵进行深度优先遍历。

```
#include<stdio.h>
#include<malloc.h>
/*图的深度优先遍历*/
/*邻接矩阵存储结构*/
#define NumEdges 10//边条数
#define NumVertices 6//顶点个数
int visited[NumVertices]={0,0,0,0,0,0};//设置一个全局标志数组 visited[NumVertices]来
标志某个顶点是否被访问过
char c[NumVertices]={'1','2','3','4','5','6'};
typedef char VertexData;//顶点数据类型
typedef int EdgeData;//权值类型
typedef struct {
    VertexData vexlist[NumVertices];//顶点表
    EdgeData edge[NumVertices][NumVertices];//边表即邻接矩阵
    int n,e;//图中当前顶点个数与边数
} MGraph;

//基本操作

/*创建图的邻接矩阵*/
void CreateMGraph(MGraph*G)
{
    int i,j;
    int
a[NumVertices][NumVertices]={ {0,0,0,0,0,0}, {1,0,0,1,0,0,0}, {0,1,0,0,0,0,1}, {0,
0,1,0,1,1}, {1,0,0,0,0,0}, {1,1,0,0,1,0,0} };
    G->n=NumVertices;//顶点数
    G->e=NumEdges;//边数
    for(i=0;i<G->n;i++)//建立顶点表
        G->vexlist[i]=c[i];
    for(i=0;i<G->n;i++)//邻接矩阵的初始化
        for(j=0;j<G->n;j++)
            G->edge[i][j]=a[i][j];
}

//输出邻接矩阵
void DispMGraph(MGraph*G)
{
    int i,j;
    for(i=0;i<G->n;i++)
        {
```

```
            for(j=0;j<G->n;j++)
                printf("%d ",G->edge[i][j]);
            printf("\n");
        }
}
//访问函数
void visit(int i)
{
    printf("%c ",c[i]);
}

/*用邻接矩阵实现图的深度优先遍历*/
void DFS(MGraph*G,int i)
{
    int j;
    visit(i);//输出访问结点,该部分可为printf("%d",i);
    visited[i]=1;//置全局变量标志
    for(j=0;j<G->n;j++)
        if((G->edge[i][j]==1)&&(!visited[j]))
            DFS(G,j);
}

//主函数
void main()
{
    MGraph*G=(MGraph*)malloc(sizeof(MGraph));
    CreateMGraph(G);
    printf("图的邻接矩阵为:\n");
    DispMGraph(G);
    printf("图的深度优先遍历序列为(邻接矩阵存储结构):");
    DFS(G,1);
    printf("\n");

}
```

运行结果如图 7.4 所示。

```
图的邻接矩阵为：
0 0 0 0 0 0
1 0 0 1 0 0
0 1 0 0 0 0
0 0 1 0 1 1
1 0 0 0 0 0
1 1 0 0 1 0
图的深度优先遍历序列为（邻接矩阵存储结构）：1

Process returned 10 (0xA)   execution time : 0.071 s
Press any key to continue.
```

图 7.4 邻接矩阵图的深度优先遍历

（5）利用邻接表进行深度优先遍历。

```
#include<stdio.h>
#include<malloc.h>
/*图的深度优先遍历*/
/*邻接表存储结构*/
#define NumEdges 10//边条数
#define NumVertices 6//顶点个数
int visited[NumVertices]={0,0,0,0,0,0};//设置一个全局标志数组 visited[NumVertices]来
标志某个顶点是否被访问过
char c[NumVertices]={'1','2','3','4','5','6'};
typedef char VertexData;//顶点数据类型
typedef int EdgeData;//边上权值类型
typedef struct node {//边表中的结点类型
    int adjvex;//邻接点下标
    EdgeData cost;//边上权值
    struct node*next;//指向下一边
} EdgeNode;
typedef struct {//顶点表的结点类型
    VertexData vertex;//顶点数据信息域
    EdgeNode*firstedge;//边链表的头结点
} VertexNode;
typedef struct {//图的邻接表
    VertexNode vexlist[NumVertices];
    int n,e;//图中当前的顶点个数与边数
```

```
} AdjGragh;

//基本操作

/*创建图的邻接表*/
void CreateAdjGragh(AdjGragh*G)
{
    char c[NumVertices]={'1','2','3','4','5','6'};
    int a[NumEdges]={1,1,2,2,3,3,3,4,5,5,5};
    int b[NumEdges]={0,3,1,5,2,4,5,0,0,1,4};
    int i,head,tail,weight;
    G->n=NumVertices;//顶点个数
    G->e=NumEdges;//边数
    for(i=0;i<G->n;i++)
    {
        G->vexlist[i].vertex=c[i];//顶点信息
        G->vexlist[i].firstedge=NULL;//边表置为空表
    }
    for(i=0;i<G->e;i++)//边
    {
        EdgeNode*p=(EdgeNode*)malloc(sizeof(EdgeNode));
        p->adjvex=b[i];
        p->next=G->vexlist[a[i]].firstedge;
        G->vexlist[a[i]].firstedge=p;
    }
}

//访问函数
void Visit(int i)
{
    printf("%c ",c[i]);
}

/*用邻接表实现图的深度优先搜索*/
void DFS(AdjGragh*G,int i)
{
    EdgeNode*p;
    Visit(i);//输出访问结点
    visited[i]=1;//置全局变量标志
    for(p=G->vexlist[i].firstedge;p!=NULL;p=p->next)
    {
```

```
        if(!visited[p->adjvex])
            DFS(G,p->adjvex);
    }
}

//主函数
void main()
{
    AdjGragh*G=(AdjGragh*)malloc(sizeof(AdjGragh));
    CreateAdjGragh(G);
    printf("\n");
    printf("\n");
    printf("图的深度优先遍历序列为(邻接表存储结构):");
    DFS(G,1);
    printf("\n");
    printf("\n");
    printf("\n");
}
```

运行结果如图 7.5 所示。

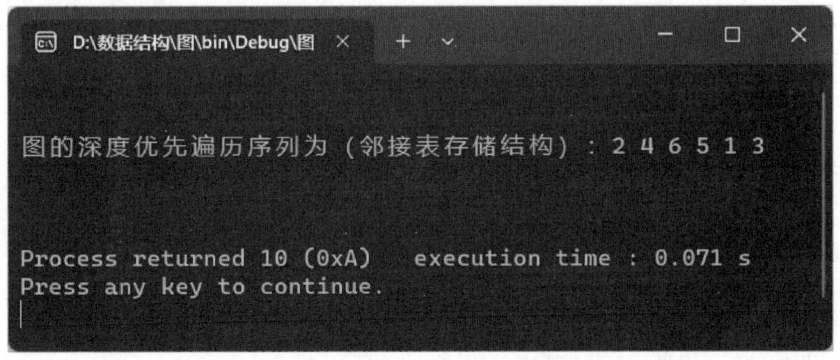

图 7.5　邻接表图的深度优先遍历

7.4.4　图的广度优先遍历

(1) 实践目的。

掌握图的存储结构基础上的广度优先遍历设计与实现。

(2) 实践内容。

分别基于图的邻接矩阵和邻接表存储结构，完成图的广度优先遍历，其对有向图和无向图都适用。

(3) 算法实现。

本小节依然是以图 7.1 为示例，实现如下。

(4) 利用邻接矩阵进行广度优先遍历。

```
#include<stdio.h>
#include<malloc.h>
/*图的广度优先遍历*/
/*邻接矩阵存储结构*/
#define NumEdges 10//边条数
#define NumVertices 6//顶点个数
int visited[NumVertices]={0,0,0,0,0,0};//设置一个全局标志数组 visited[NumVertices]来
标志某个顶点是否被访问过
char c[NumVertices]={'1','2','3','4','5','6'};
typedef char VertexData;//顶点数据类型
typedef int EdgeData;//权值类型
typedef struct {
    VertexData vexlist[NumVertices];//顶点表
    EdgeData edge[NumVertices][NumVertices];//边表即邻接矩阵
    int n,e;//图中当前顶点个数与边数
} MGraph;

//基本操作

/*创建图的邻接矩阵*/
void CreateMGraph(MGraph*G)
{
    int i,j;
    int
a[NumVertices][NumVertices]={ {0,0,0,0,0,0}, {1,0,0,1,0,0,0}, {0,1,0,0,0,0,1}, {0,
0,1,0,1,1}, {1,0,0,0,0,0}, {1,1,0,0,1,0,0} };
    G->n=NumVertices;//顶点数
    G->e=NumEdges;//边数
    for(i=0;i<G->n;i++)//建立顶点表
        G->vexlist[i]=c[i];
    for(i=0;i<G->n;i++)//邻接矩阵的初始化
        for(j=0;j<G->n;j++)
            G->edge[i][j]=a[i][j];
}

//输出邻接矩阵
void DispMGraph(MGraph*G)
{
```

```
    int i,j;
    for(i=0;i<G->n;i++)
        {
            for(j=0;j<G->n;j++)
                printf("%d ",G->edge[i][j]);
            printf("\n");
        }
}

//访问函数
void visit(int i)
{
    printf("%c ",c[i]);
}

//广度优先搜索
void BFS(MGraph*G,int i)
{
    int Q[G->n+1];//暂存队列
    int f,r,j;//f,r 分别标记对头和队尾
    f=r=0;
    visit(i);
    visited[i]=1;
    r++;
    Q[r]=i;//入队列
    while(f<r)
    {
        f++;
        i=Q[f];
        for(j=1;j<=G->n;j++)
        {
            if((G->edge[i][j]==1)&&(!visited[j]))
            {
                visit(j);
                visited[j]=1;
                r++;
                Q[r]=j;
            }
        }
    }
}
```

```
//主函数
void main()
{
    MGraph*G=(MGraph*)malloc(sizeof(MGraph));
    CreateMGraph(G);
    printf("图的邻接矩阵为:\n");
    DispMGraph(G);
    printf("图的广度优先遍历序列为(邻接矩阵存储结构):");
    BFS(G,1);
    printf("\n");
}
```

运行结果如图 7.6 所示。

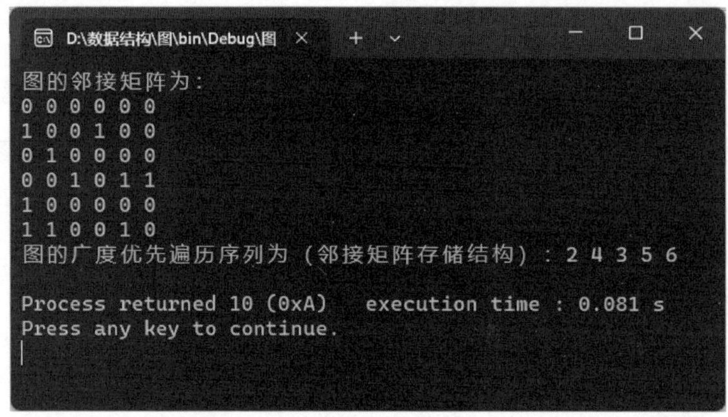

图 7.6　邻接矩阵图的广度优先遍历

(5) 利用邻接表进行广度优先遍历。

```
#include<stdio.h>
#include<malloc.h>
/*图的广度优先遍历*/
/*邻接表存储结构*/
#define NumEdges 10//边条数
#define NumVertices 6//顶点个数
int visited[NumVertices]={0,0,0,0,0,0};//设置一个全局标志数组 visited[NumVertices]来
标志某个顶点是否被访问过
char c[NumVertices]={'1','2','3','4','5','6'};
typedef char VertexData;//顶点数据类型
typedef int EdgeData;//边上权值类型
typedef struct node {//边表中的结点类型
```

```
    int adjvex;//邻接点下标
    EdgeData cost;//边上权值
    struct node*next;//指向下一边
} EdgeNode;
typedef struct {//顶点表的结点类型
    VertexData vertex;//顶点数据信息域
    EdgeNode*firstedge;//边链表的头结点
} VertexNode;
typedef struct {//图的邻接表
    VertexNode vexlist[NumVertices];
    int n,e;//图中当前的顶点个数与边数
} AdjGragh;

//基本操作

/*创建图的邻接表*/
void CreateAdjGragh(AdjGragh*G)
{
    char c[NumVertices]={'1','2','3','4','5','6'};
    int a[NumEdges]={1,1,2,2,3,3,3,4,5,5,5};
    int b[NumEdges]={0,3,1,5,2,4,5,0,0,1,4};
    int i,head,tail,weight;
    G->n=NumVertices;//顶点个数
    G->e=NumEdges;//边数
    for(i=0;i<G->n;i++)
    {
        G->vexlist[i].vertex=c[i];//顶点信息
        G->vexlist[i].firstedge=NULL;//边表置为空表
    }
    for(i=0;i<G->e;i++)//边
    {
        EdgeNode*p=(EdgeNode*)malloc(sizeof(EdgeNode));
        p->adjvex=b[i];
        p->next=G->vexlist[a[i]].firstedge;
        G->vexlist[a[i]].firstedge=p;
    }
}

//访问函数
```

```
void Visit(int i)
{
    printf("%c ",c[i]);
}

/*用邻接表实现图的广度优先搜索*/
void BFS(AdjGragh*G,int i)
{
    EdgeNode*p;
    int q[100];//定义队列并初始化
    int f=0;//队列头
    int r=0;//队列尾
    int w;
    Visit(i);//输出被访问结点
    visited[i]=1;//标记访问结点
    r=(r+1)% 100;
    q[r]=i;//入队
    while(f!=r)//若队列非空
    {
        f=(f+1)% 100;
        w=q[f];//出队列
        p=G->vexlist[w].firstedge;//找第一个相邻点
        while(p!=NULL)
        {
            if(visited[p->adjvex]==0)//若未被访问
            {
                visit(p->adjvex);//访问相邻结点
                visited[p->adjvex]=1;//标记访问过的顶点
                r=(r+1)% 100;//入队
                q[r]=p->adjvex;
            }
            p=p->next;//找下一个相邻结点
        }
    }
    printf("\n");
}
//主函数
void main()
{
    AdjGragh*G=(AdjGragh*)malloc(sizeof(AdjGragh));
```

```
    CreateAdjGragh(G);
    printf("图的广度优先遍历序列为:");
    BFS(G,1);
    printf("\n");

}
```

运行结果如图 7. 7 所示。

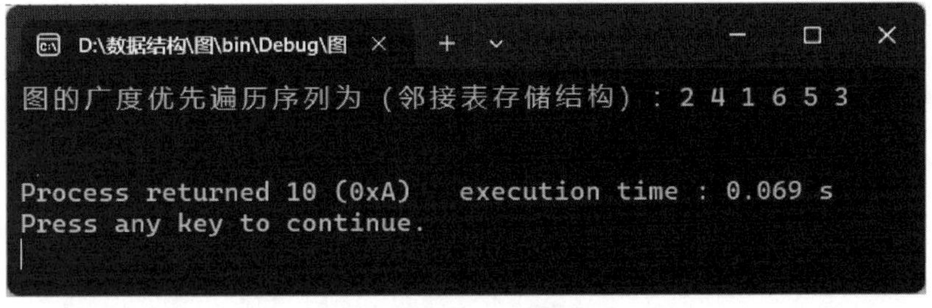

图 7. 7　邻接表图的广度优先遍历

7.5　提高篇

本小节的目的是学习两种图的最小生成树实现方法：普里姆算法和克鲁斯卡尔算法，最短路径的实现方法：迪杰斯特拉算法，以及拓扑排序算法。

利用图 7. 8 ~ 图 7. 10 分别完成 7. 5. 1 ~ 7. 5. 3 的实验。

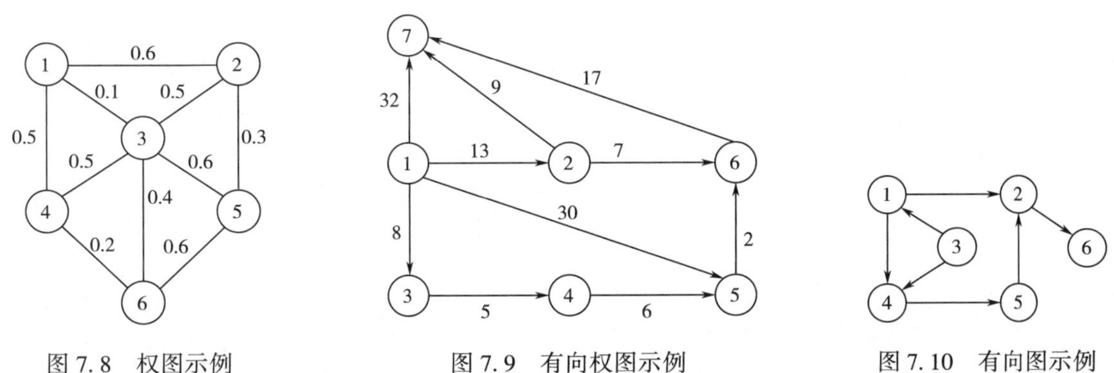

图 7. 8　权图示例　　图 7. 9　有向权图示例　　图 7. 10　有向图示例

7. 5. 1　最小生成树的设计与实现

（1）克鲁斯卡尔算法设计与实现。

①题目要求。

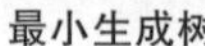
最小生成树

关键路径

a. 采用邻接矩阵或邻接表存储来完成

b. 打印输出最小生成树

c. 每一个函数要有必要的注释，在课程设计中有流程图

d. 样例输入：1 2 3

e. 样例输出：（1，2）3

②题目分析。

克鲁斯卡尔（Kruskal）算法从另一途径求网的最小生成树。其基本思想是：假设连通网 G=（V，E），令最小生成树的初始状态为只有 n 个顶点而无边的非连通图 T=（V，{}），概述图中每个顶点自成一个连通分量。在 E 中选择代价最小的边，若该边依附的顶点分别在 T 中不同的连通分量上，则将此边加入 T 中；否则，舍去此边而选择下一条代价最小的边。依此类推，直至 T 中所有顶点构成一个连通分量为止。

③算法实现。

```
#include<stdio.h>
#include<stdlib.h>
/*邻接矩阵存储结构*/
#define NumEdges 10//边条数
#define NumVertices 6//顶点个数
#define INF 100//定义无穷大

#define MaxSize 100
typedef char VertexData;//顶点数据类型
typedef float EdgeData;//权值类型
typedef struct {
    VertexData vexlist[NumVertices];//顶点表
    EdgeData edge[NumVertices][NumVertices];//边表即邻接矩阵
    int n,e;//图中当前顶点个数与边数
} MGraph;
typedef struct
{
    int x;//起始顶点
    int y;//终止顶点
    float w;//权值
} Edge;
```

```
char c[NumVertices]={'1','2','3','4','5','6'};
/*创建图的邻接矩阵*/
void CreateMGraph(MGraph*G)
{
    int i,j;
    float
a[NumVertices][NumVertices]={ {INF,0.6,0.1,0.5,INF,INF}, {0.6,INF,0.5,INF,0.3,
INF}, {0.1,0.5,INF,0.5,0.6,0.4}, {0.5,INF,0.5,INF,INF,0.2}, {INF,0.3,0.6,INF,INF,
0.6}, {INF,INF,0.4,0.2,0.6,INF} };
    G->n=NumVertices;//顶点数
    G->e=NumEdges;//边数
    for(i=0;i<G->n;i++)//建立顶点表
        G->vexlist[i]=c[i];
    for(i=0;i<G->n;i++)//邻接矩阵的初始化
        for(j=0;j<G->n;j++)
            G->edge[i][j]=a[i][j];
}
void DispMGraph(MGraph*G)//输出邻接矩阵
{
    int i,j;
    for(i=0;i<G->n;i++)//邻接矩阵的输出
        {
            for(j=0;j<G->n;j++)
                printf("%f ",G->edge[i][j]);
            printf("\n");
        }
}
void Sort(Edge E[],int n)//排序
{
    int p,q;
    Edge t;
    for(p=1;p<n;p++)
    {
        t=E[p];
        q=p-1;
        while(q>=0 && t.w<E[q].w)
        {
            E[q+1]=E[q];
            q--;
        }
```

```
        E[q+1]=t;
    }
}
/*克鲁斯卡尔算法*/
void Kruskal(MGraph*G)
{
    int i,j,u,v,s,t,k;
    int set[MaxSize];
    Edge E[MaxSize];//存放边
    k=0;
    for(i=0;i<G->n;i++)
        for(j=0;j<=i;j++)
        {
            if(G->edge[i][j]!=0 && G->edge[i][j]!=INF)
            {
                    E[k].x=i;
                    E[k].y=j;
                    E[k].w=G->edge[i][j];
                    k++;
            }
        }
    Sort(E,G->e);//该部分为根据权值的排序,此部分可选择适当排序方法完成
    for(i=0;i<G->n;i++)
        set[i]=i;
    k=1;
    j=0;
    while(k<G->n)
    {
        u=E[j].x;
        v=E[j].y;//取一条边的头尾结点
        s=set[u];
        t=set[v];
        if(s!=t)//两个顶点不属于同一集合
        {
            printf("(%c,%c):%f\n",c[u],c[v],E[j].w);
            k++;
            for(i=0;i<G->n;i++)
                if(set[i]==t)
                    set[i]=s;
        }
```

```
        j++;
    }
}
void main()
{
    MGraph*G=(MGraph*)malloc(sizeof(MGraph));
    CreateMGraph(G);
    DispMGraph(G);
    printf("生成树的克鲁斯卡尔算法：\n");
    Kruskal(G);
}
```

结果如图 7.11 所示。

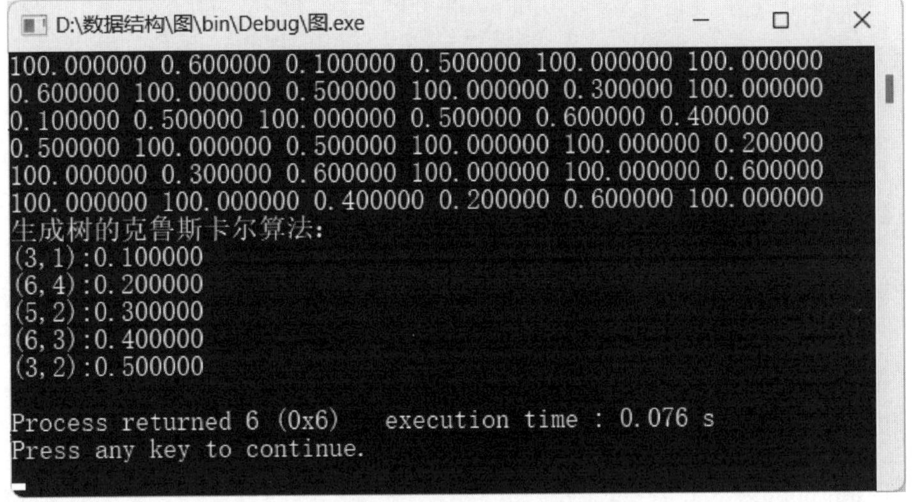
D:\数据结构\图\bin\Debug\图.exe
100.000000 0.600000 0.100000 0.500000 100.000000 100.000000
0.600000 100.000000 0.500000 100.000000 0.300000 100.000000
0.100000 0.500000 100.000000 0.500000 0.600000 0.400000
0.500000 100.000000 0.500000 100.000000 100.000000 0.200000
100.000000 0.300000 0.600000 100.000000 100.000000 0.600000
100.000000 100.000000 0.400000 0.200000 0.600000 100.000000
生成树的克鲁斯卡尔算法:
(3,1):0.100000
(6,4):0.200000
(5,2):0.300000
(6,3):0.400000
(3,2):0.500000
Process returned 6 (0x6)   execution time : 0.076 s
Press any key to continue.

图 7.11　克鲁斯卡尔算法结果

（2）普里姆算法算法设计与实现。

由于本小结与 7.5.1 中执行的是同一个图，所以图的存储过程是一样的，过程见 7.5.1。

首先将题目进行分析。

①输入。一个加权连通图，其中顶点集合为 V，边集合为 E；

②初始化。Vnew = {x}，其中 x 为集合 V 中的任一节点（起始点），Enew = { }，为空；

③重复下列操作，直到 Vnew = V：

在集合 E 中选取权值最小的边<u，v>，其中 u 为集合 Vnew 中的元素，而 v 不在 Vnew 集合当中，并且 v∈V（如果存在有多条满足前述条件即具有相同权值的边，则可任意选取其中之一）；

将 v 加入集合 Vnew 中，将<u，v>边加入集合 Enew 中；

④输出。使用集合 Vnew 和 Enew 来描述所得到的最小生成树。

```
/*普里姆算法*/
void Prim(MGraph*G)
{
    int i,j,k;
    float min;
    float lowcost[NumVertices];//保存相关顶点间边的权值
    int adjvex[NumVertices];//保存相关顶点下标
    adjvex[0]=0;
    lowcost[0]=0;
    for(i=1;i<G->n;i++)//置初值
    {
        lowcost[i]=G->edge[0][i];
        [i]=0;
    }
    for(i=1;i<G->n;i++)//找 n-1 个顶点
    {
        min=INF;
        k=0;
        for(j=1;j<G->n;j++)//在 V-U 中找出离 U 最近顶点
            if(lowcost[j]!=0&&lowcost[j]<min)
            {
                min=lowcost[j];
                k=j;
            }
        printf("(%c,%c):%f\n",c[adjvex[k]],c[k],min);
        lowcost[k]=0;
        (j=1;j<G->n;j++)//更新数组
            if(lowcost[j]!=0&&G->edge[k][j]<lowcost[j])
            {
                lowcost[j]=G->edge[k][j];
                adjvex[j]=k;
            }
    }
}
void main()
{
    MGraph*G=(MGraph*)malloc(sizeof(MGraph));
    CreateMGraph(G);
    DispMGraph(G);
    printf("生成树的普里姆算法:\n");
    Prim(G);
}
```

结果如图 7. 12 所示。

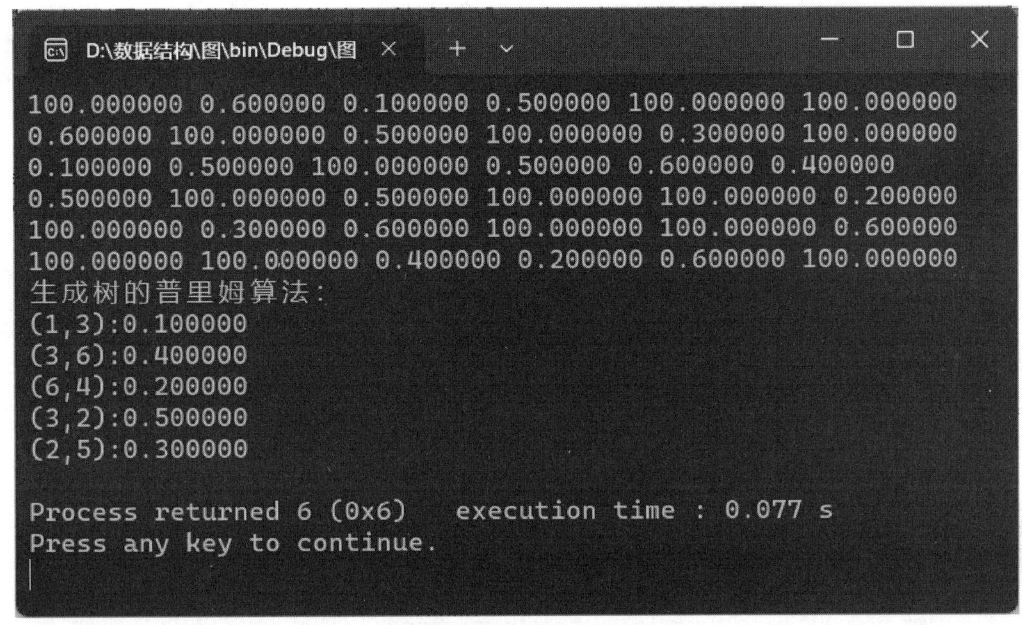
D:\数据结构\图\bin\Debug\图
100.000000 0.600000 0.100000 0.500000 100.000000 100.000000
0.600000 100.000000 0.500000 100.000000 0.300000 100.000000
0.100000 0.500000 100.000000 0.500000 0.600000 0.400000
0.500000 100.000000 0.500000 100.000000 100.000000 0.200000
100.000000 0.300000 0.600000 100.000000 100.000000 0.600000
100.000000 100.000000 0.400000 0.200000 0.600000 100.000000
生成树的普里姆算法：
(1,3):0.100000
(3,6):0.400000
(6,4):0.200000
(3,2):0.500000
(2,5):0.300000
Process returned 6 (0x6)   execution time : 0.077 s
Press any key to continue.

图 7. 12　普利姆算法结果

7. 5. 2　单源最短路径算法设计与实现

单源最短路径

北斗卫星导航系统是我国研制的全球卫星导航系统，能够实现智能驾驶中的高精度定位。根据北斗高精度定位技术，可以绘制全国部分高速公路地图。智能驾驶需要计算从源点到终点的最短路径长度，并显示出具体路径。输入源点和终点，采用迪杰斯特拉算法编程实现最短路径，以此模拟智能驾驶。

（1）题目要求。

①采用邻接矩阵或链接表存储来完成

②给定图 G（图 7. 9）和起点 1，通过算法得到 1 到达其他顶点的最短距离

③每一个函数要有必要的注释

④样例输入：邻接矩阵

⑤样例输出：1->2

（2）题目分析。

设置顶点集合 S，并不断地做贪心选择来扩充这个集合。一个顶点属于集合 S 当且仅当从源到该顶点的最短路径长度已知。初始时，S 中仅含有源。设 k 是 G 的某一个顶点，把源到 k 且中间只经过 S 中顶点的路称为从源到 k 的特殊路径，并用数组 D 记录当前每个顶点所对应的最短特殊路径长度。Dijkstra 算法每次从 V-S 中取出具有最短特殊路长度的顶点 k，将 k 添加到 S 中，同时对数组 D 做必要的修改。

（3）算法实现。

```
#include<stdio.h>
#define maxsize 1000    //表示两点间不可达,距离为无穷远
#define n 7   //结点的数目
void dijkstra(int C[][n],int v);//求原点 v 到其余顶点的最短路径及其长度
void main()
{
    printf("——Dijkstra 算法—— \n");
    int C[n][n]=
    {
        {maxsize,13,8,maxsize,30,maxsize,32},
        {maxsize,maxsize,maxsize,maxsize,maxsize,9,7},
        {maxsize,maxsize,maxsize,5,maxsize,maxsize,maxsize},
        {maxsize,maxsize,maxsize,maxsize,6,maxsize,maxsize},
        {maxsize,maxsize,maxsize,maxsize,maxsize,2,maxsize},
        {maxsize,maxsize,maxsize,maxsize,maxsize,maxsize,17},
        {maxsize,maxsize,maxsize,maxsize,maxsize,maxsize,maxsize}
    },v=1,i,j;
    printf("【打印有向图的邻接矩阵】\n");
    for(i=0;i<n;i++)
    {
        for(j=0;j<n;j++)
        {
            printf("\t%d",C[i][j]);
        }
        printf("\n");
    }
    printf("【打印原点 1 到其他各点的最短路径及其长度】\n");
    dijkstra(C,v);
}

void dijkstra(int C[][n],int v)   //求原点 v 到其余顶点的最短路径及其长度
//C 为有向网络的带权邻接矩阵
{
    int D[n];
    int P[n],S[n];
    int i,j,k,v1,pre;
    int min,max=maxsize,inf=1200;
```

```
v1=v-1;
for(i=0;i<n;i++)
{
    D[i]=C[v1][i];  //置初始距离值
    if(D[i]!=max)
        P[i]=v;
    else
        P[i]=0;
}
for(i=0;i<n;i++)
    S[i]=0;        //红点集 S 开始为空
    S[v1]=1;D[v1]=0;     //开始点 v 送 S
for(i=0;i<n-1;i++)  //扩充红点集
{
    min=inf;//令 inf>max,保证距离值为 max 的蓝点能扩充到 S 中
    for(j=0;j<n;j++)//在当前蓝点中选距离值最小的点 k+1
    {
    if((!S[j])&&(D[j]<min))
    {
        min=D[j];
        k=j;
    }
    }
    S[k]=1;     //将 k+1 加入红点集
    for(j=0;j<n;j++)
    {
        if((!S[j])&&(D[j]>D[k]+C[k][j]))//调整各蓝点的距离值
        {
            D[j]=D[k]+C[k][j];  //修改蓝点 j+1 的距离
            P[j]=k+1;     //k+1 是 j+1 的前趋
        }
    }
}  //所有顶点均已扩充到 S 中
for(i=0;i<n;i++)
{
    printf("%d 到%d 的最短距离为",v,i+1);
    printf("%d\n",D[i]);  //打印结果
    pre=P[i];
    printf("路径:%d",i+1);
    while(pre!=0)  //继续找前趋顶点
    {
```

```
            printf("<——%d",pre);
            pre=P[pre-1];
        }
        printf("\n");
    }
}
```

结果如图 7.13 所示。

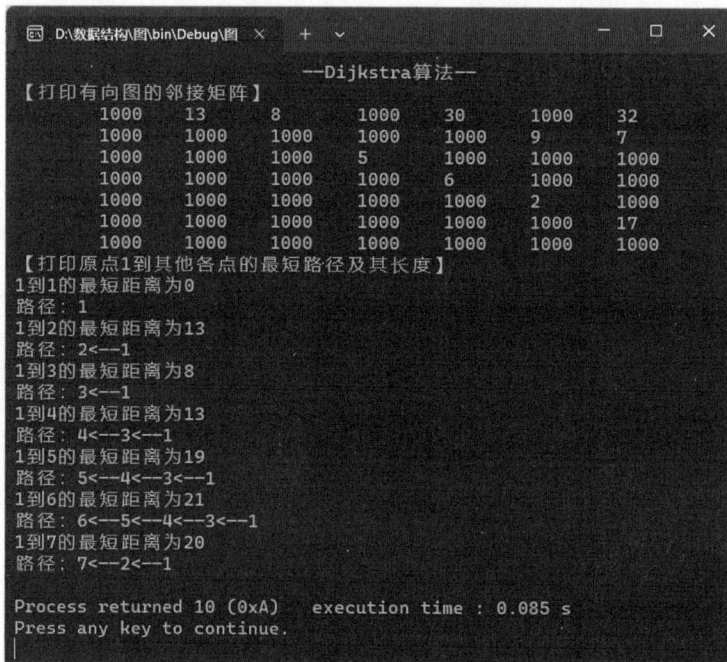

```
D:\数据结构\图\bin\Debug\图
                              --Dijkstra算法--
【打印有向图的邻接矩阵】
        1000    13      8       1000    30      1000    32
        1000    1000    1000    1000    1000    9       7
        1000    1000    1000    5       1000    1000    1000
        1000    1000    1000    1000    6       1000    1000
        1000    1000    1000    1000    1000    2       1000
        1000    1000    1000    1000    1000    1000    17
        1000    1000    1000    1000    1000    1000    1000
【打印原点1到其他各点的最短路径及其长度】
1到1的最短距离为0
路径：1
1到2的最短距离为13
路径：2<--1
1到3的最短距离为8
路径：3<--1
1到4的最短距离为13
路径：4<--3<--1
1到5的最短距离为19
路径：5<--4<--3<--1
1到6的最短距离为21
路径：6<--5<--4<--3<--1
1到7的最短距离为20
路径：7<--2<--1

Process returned 10 (0xA)    execution time : 0.085 s
Press any key to continue.
```

图 7.13　迪杰斯特拉算法结果

7.5.3　拓扑排序算法设计与实现

拓扑排序

（1）题目要求。

①采用邻接矩阵或邻接表存储来完成；

②要求图为有向图，有入度为 0 的节点，没有环；

③每一个函数要有必要的注释，在课程设计中有流程图；

④样例输入：邻接矩阵；

⑤样例输出：1，2，3。

（2）题目分析。

由 AOV 网构造拓扑序列的拓扑排序算法主要是循环执行以下两步，直到不存在入度为 0 的顶点为止。

①选择一个入度为 0 的顶点并输出之。

②从网中删除此顶点及所有出边。

循环结束后，若输出的顶点数小于网中的顶点数，则输出“有回路”信息，否则输出的顶点序列就是一种拓扑序列。

（3）算法实现。

```
#include<stdio.h>
#include<stdlib.h>
/*邻接表存储结构*/
#define NumEdges 7//边条数
#define NumVertices 6//顶点个数
typedef char VertexData;//顶点数据类型
typedef int EdgeData;//边上权值类型
typedef struct node//边表中的结点类型
{
    int adjvex;//邻接点下标
    EdgeData cost;//边上权值
    struct node*next;//指向下一边
} EdgeNode;
typedef struct//顶点表的结点类型
{
    int inDegree;
    VertexData vertex;//顶点数据信息域
    EdgeNode*firstedge;//边链表的头结点
} VertexNode,AdjList[NumVertices];
typedef struct//图的邻接表
{
    AdjList vexlist;
    int n,e;//图中当前的顶点个数与边数
} AdjGragh,*GraphAdjList;

//基本操作

/*创建图的邻接表*/
void CreateAdjGragh(AdjGragh*G)
{
    char c[NumVertices]={'1','2','3','4','5','6'};
    int a[NumEdges]={0,0,1,2,2,3,4};
    int b[NumEdges]={3,1,5,3,0,4,1};
    int inD[6]={0,2,0,2,1,1};
    int i,head,tail,weight;
    G->n=NumVertices;//顶点个数
```

```
    G->e=NumEdges;//边数
    for(i=0;i<G->n;i++)
    {
        G->vexlist[i].inDegree=inD[i];
    }
    for(i=0;i<G->n;i++)
    {
        G->vexlist[i].vertex=c[i];//顶点信息
        G->vexlist[i].firstedge=NULL;//边表置为空表
    }
    for(i=0;i<G->e;i++)//边
    {
        EdgeNode*p=(EdgeNode*)malloc(sizeof(EdgeNode));
        p->adjvex=b[i];
        p->next=G->vexlist[a[i]].firstedge;
        G->vexlist[a[i]].firstedge=p;
    }
}

//输出邻接表
void DispAdjGragh(AdjGragh*G)
{
    int i,j;
    EdgeNode*p=(EdgeNode*)malloc(sizeof(EdgeNode));
    for(i=0;i<G->n;i++)
    {
        printf("%d:",i);
        p=G->vexlist[i].firstedge;
        while(p!=NULL)
        {
            printf("%d ",p->adjvex);
            p=p->next;
        }
        printf("\n");
    }
}

//拓扑排序,需要使用辅助栈结构,用于存储入度为0的结点
void TopSort(AdjGragh*G)
{
```

```
    EdgeNode*e;
    int t=0;
    int c=0;
    int*s=(int*)malloc(G->n*sizeof(int));;//用于保存入度为 0 的结点
    int i,k,top;
    for(i=0;i<G->n;i++)//遍历寻找入度为 0 的结点
    {
        if(G->vexlist[i].inDegree==0)
            s[++t]=i;
    }
    while(t!=0)//栈不为空
    {
        top=s[t];
        t--;
        printf("%c ",G->vexlist[top].vertex);
        c++;
        for(e=G->vexlist[top].firstedge;e;e=e->next)
        {
            k=e->adjvex;
            if((--G->vexlist[k].inDegree)==0)//入度减一,若为 0,则入栈
            {
                t=t+1;
                s[t]=k;
            }
        }
    }
}

//主函数
void main()
{

    AdjGragh*G=(AdjGragh*)malloc(sizeof(AdjGragh));
    CreateAdjGragh(G);
    DispAdjGragh(G);
    printf("拓扑排序序列为:");
    TopSort(G);
}
```

结果如图 7.14 所示。

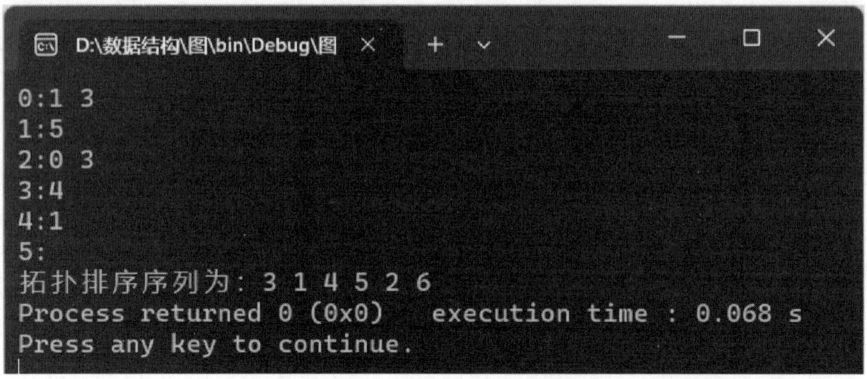

```
D:\数据结构\图\bin\Debug\图
0:1 3
1:5
2:0 3
3:4
4:1
5:
拓扑排序序列为: 3 1 4 5 2 6
Process returned 0 (0x0)   execution time : 0.068 s
Press any key to continue.
```

图 7.14 拓扑排序算法结果

7.6 创新篇

7.6.1 最节省成本修建铁路问题

(1) 问题描述。

在“一带一路”的倡议下，我国帮助许多国家修铁路，现有 6 个国家，它们目前所有可能互通的线路以及每个线路的距离如图 7.8 所示，距离单位为“千公里”。要实现铁路互通，至少需要 5 个线路，怎样能做到最节省线路经费的条件下建立铁路网呢?

(2) 实践思路。

可以将可能互通线路的距离作为图的权值，并映射为图的应用问题最小生成树问题，可以采用普里姆算法和克鲁斯卡尔算法分别完成。

(3) 算法实现。

```
#include<stdio.h>
#include<stdlib.h>
/*克鲁斯卡尔算法*/
/*邻接矩阵存储结构*/
#define NumEdges 10//边条数
#define NumVertices 6//顶点个数
#define INF 100//定义无穷大

#define MaxSize 100
typedef char VertexData;//顶点数据类型
typedef float EdgeData;//权值类型
```

```
typedef struct
{
    VertexData vexlist[NumVertices];//顶点表
    EdgeData edge[NumVertices][NumVertices];//边表即邻接矩阵
    int n,e;//图中当前顶点个数与边数
} MGraph;
typedef struct
{
    int x;//起始顶点
    int y;//终止顶点
    float w;//权值
} Edge;
char c[NumVertices]={'1','2','3','4','5','6'};
/*创建图的邻接矩阵*/
void CreateMGraph(MGraph*G)
{
    int i,j;
    float a[NumVertices][NumVertices]=
{ {INF,0.6,0.1,0.5,INF,INF}, {0.6,INF,0.5,INF,0.3,INF}, {0.1,0.5,INF,0.5,0.6,0.4},
{0.5,INF,0.5,INF,INF,0.2}, {INF,0.3,0.6,INF,INF,0.6}, {INF,INF,0.4,0.2,0.6,INF} };
//不妨将权值设为线路经费
    G->n=NumVertices;//顶点数
    G->e=NumEdges;//边数
    for(i=0;i<G->n;i++)//建立顶点表
        G->vexlist[i]=c[i];
    for(i=0;i<G->n;i++)//邻接矩阵的初始化
        for(j=0;j<G->n;j++)
            G->edge[i][j]=a[i][j];
}
void DispMGraph(MGraph*G)//输出邻接矩阵
{
    int i,j;
    for(i=0;i<G->n;i++)//邻接矩阵的输出
    {
        for(j=0;j<G->n;j++)
            printf("%f ",G->edge[i][j]);
        printf("\n");
    }
}
void Sort(Edge E[],int n)//排序
{
```

```
    int p,q;
    Edge t;
    for(p=1;p<n;p++)
    {
        t=E[p];
        q=p-1;
        while(q>=0&&t.w<E[q].w)
        {
            E[q+1]=E[q];
            q--;
        }
        E[q+1]=t;
    }
}
/*克鲁斯卡尔算法*/
void Kruskal(MGraph*G)
{
    int i,j,u,v,s,t,k;
    int set[MaxSize];
    Edge E[MaxSize];//存放边
    k=0;
    for(i=0;i<G->n;i++)
        for(j=0;j<=i;j++)
        {
            if(G->edge[i][j]!=0&&G->edge[i][j]!=INF)
            {
                E[k].x=i;
                E[k].y=j;
                E[k].w=G->edge[i][j];
                k++;
            }
        }
    Sort(E,G->e);//该部分为根据权值的排序,此部分可选择适当排序方法完成
    for(i=0;i<G->n;i++)
        set[i]=i;
    k=1;
    j=0;
    while(k<G->n)
    {
        u=E[j].x;
```

```
            v=E[j].y;//取一条边的头尾结点
            s=set[u];
            t=set[v];
            if(s!=t)//两个顶点不属于同一集合
            {
                printf("(%c,%c):%f\n",c[u],c[v],E[j].w);
                k++;
                for(i=0;i<G->n;i++)
                    if(set[i]==t)
                        set[i]=s;
            }
            j++;
        }
}
/*普里姆算法*/
void Prim(MGraph*G)
{
     int i,j,k;
     float min;
     float lowcost[NumVertices];//保存相关顶点间边的权值
     int adjvex[NumVertices];//保存相关顶点下标
     adjvex[0]=0;
     lowcost[0]=0;
     for(i=1;i<G->n;i++)//置初值
     {
          lowcost[i]=G->edge[0][i];
          adjvex[i]=0;
     }

     for(i=1;i<G->n;i++)//找 n-1 个顶点
     {
          min=INF;
          k=0;
          for(j=1;j<G->n;j++)//在 V-U 中找出离 U 最近顶点
              if(lowcost[j]!=0&&lowcost[j]<min)
              {
                  min=lowcost[j];
                  k=j;
              }
          printf("(%c,%c):%f\n",c[adjvex[k]],c[k],min);
```

```
            lowcost[k]=0;
            for(j=1;j<G->n;j++)//更新数组
                if(lowcost[j]!=0&&G->edge[k][j]<lowcost[j])
                {
                    lowcost[j]=G->edge[k][j];
                    adjvex[j]=k;
                }
    }
}
void main()
{
    MGraph*G=(MGraph*)malloc(sizeof(MGraph));
    CreateMGraph(G);
    DispMGraph(G);
    printf("生成树的普里姆算法:\n");
    Prim(G);
    printf("生成树的克鲁斯卡尔算法:\n");
    Kruskal(G);
}
```

结果如图 7.15 所示。

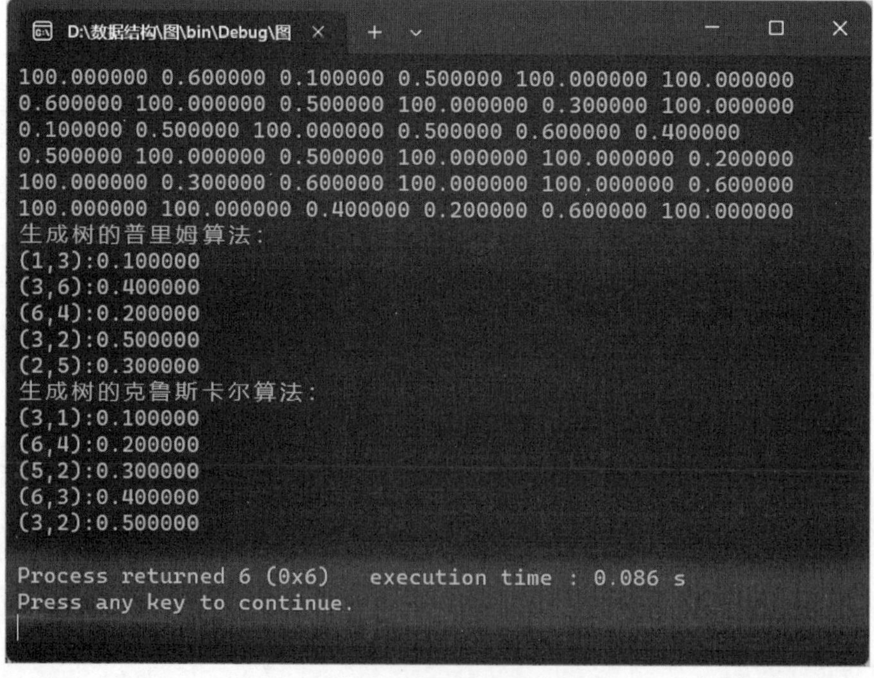

D:\数据结构\图\bin\Debug\图
100.000000 0.600000 0.100000 0.500000 100.000000 100.000000
0.600000 100.000000 0.500000 100.000000 0.300000 100.000000
0.100000 0.500000 100.000000 0.500000 0.600000 0.400000
0.500000 100.000000 0.500000 100.000000 100.000000 0.200000
100.000000 0.300000 0.600000 100.000000 100.000000 0.600000
100.000000 100.000000 0.400000 0.200000 0.600000 100.000000
生成树的普里姆算法:
(1,3):0.100000
(3,6):0.400000
(6,4):0.200000
(3,2):0.500000
(2,5):0.300000
生成树的克鲁斯卡尔算法:
(3,1):0.100000
(6,4):0.200000
(5,2):0.300000
(6,3):0.400000
(3,2):0.500000
Process returned 6 (0x6)   execution time : 0.086 s
Press any key to continue.

图 7.15　最优路线图

7.6.2 计算机与人工智能学院授课计划安排

（1）问题描述。

大学计算机专业根据培养方案制订教学计划，该专业有固定的学习年限，每学年含有两个学期，每个学期的时间长度和学分上限都相等。每门课程都有固定的先修课程，有可能有多门，也可以没有。每门课只能在一个学期上完。在上述约束下，设计一个教学计划编制。

设计要求：

①输入形式。学期总数，每学期学分上限，课程总数。

②课程编排要求。各学期学习负担尽量均匀；课程尽可能集中在前几学期。

③输出形式。aov 拓扑排序结果和每个学期的课程安排。

④已知每门课的课程号、学分和直接先修课的课程号如下：

```
C1 2
C2 3 C1
C3 4 C1 C2
C4 3 C1
C5 2 C3 C4
C6 3 C11
C7 4 C5 C3
C8 4 C3 C6
C9 5
C10 3 C9
C11 2 C9
C12 5 C9 C10 C1
C13 3 C6 C4
C14 3 C13 C11 C1
```

教学计划编制问题的完整功能如图 7.16 所示。

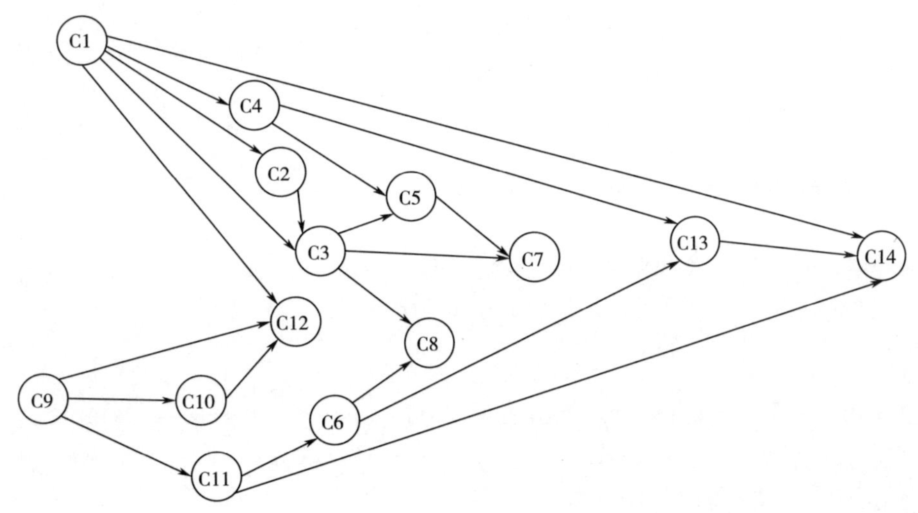

图 7.16　路线图

⑤样例输入。

```
请输入: 学期总数 每学期学分上限 课程总数
6 10 14
```

⑥样例输出。

```
aov 拓扑排序结果为:C9  C10  C11  C6  C1  C2  C3  C8  C4  C5  C7  C13  C14  C12
请输入: 学期总数 每学期学分上限 课程总数
6 10 14
aov 拓扑排序结果为:C9  C10  C11  C6  C1  C2  C3  C8  C4  C5  C7  C13  C14  C12
请输入教学计划编制类型:
1.各学期负担均匀
2.课程尽可能集中在前几学期
1


第 1 个学期的课程为:C9  C10  C11
第 2 个学期的课程为:C6  C1  C2
第 3 个学期的课程为:C3  C8
第 4 个学期的课程为:C4  C5
第 5 个学期的课程为:C7  C13
第 6 个学期的课程为:C14  C12  Program ended with exit code:0
```

(2) 实践思路。

采用邻接表或者邻接矩阵存储结构，尝试采用深度优先遍历，并借助拓扑排序算法求解该问题。

(3) 算法实现。

```
#include<stdio.h>
#include<stdlib.h>
#include<string.h>

#define MaxClass 100            //课程总数不超过 100
#define MaxSemester 12            //学期总数不超过 12

//  邻接表表示
typedef struct ARCNODE EdgeNode;         //邻接表结点
struct ARCNODE {
    int AdjVex;          //邻接点域
    EdgeNode*Next;         //指向下一个邻边节点的指针域
};

typedef struct VNODE {              //顶点表结点
    char Date[3+1];          //课程编号          还要储存/0 所以+1
    int Credit;          //节点学分(每门课学分)
```

```
    EdgeNode*FirstEdge;        //指向邻接表第一个邻边节点的指针域
    int InDegree;          //课程入度
} VexNode;

typedef struct MESSAGE {          //每学期的学期信息
    int SemesterNum;          //学期数
    int MaxCredit;          //每学期学分上限
} Message;

typedef struct ALGRAPH {             //图
    VexNode*Vertics;          //邻接表域
    int VexNum;          //节点数
    int ArcNum;          //边数
    Message*ExtraInfo;          //学期与课程信息
} ALGraph;

int Locate(char*ch) {          //将 C1C2C3……等变为 1 2 3…
    return(2==strlen(ch))? ch[1]-'1':(ch[1]-'0')*10+ch[2]-'1';
}

void Creat_Graph1(ALGraph*G) {           //输入学期总数 学分上限 课程总数(顶点数量)
    G->ExtraInfo=(Message*)malloc(sizeof(Message));          //初始化指针
    printf("请输入: 学期总数  每学期学分上限  课程总数\n");
    scanf("%d%d%d", &G->ExtraInfo->SemesterNum,&G->ExtraInfo->MaxCredit,&G->
VexNum);
    if(G->VexNum > MaxClass) {
        printf("超出最大课程总数%d,请更改数据\n", MaxClass);
        exit(1);
    }
    if(G->ExtraInfo->SemesterNum >MaxSemester) {
        printf("超出最大学期数%d,请更改数据\n", MaxSemester);
        exit(1);
    }
}

void Creat_Graph2(ALGraph*G) {           //从文件读取课程信息
    FILE*fp=fopen("/Users/wangzhaojing/Documents/CCode/test/test/data.txt", "r");
    if(NULL==fp) {
        printf("文件路径有误!!!");
        exit(1);
    }
```

```
    G->Vertics=(VexNode*)malloc(sizeof(VexNode)*G->VexNum);
    for(int i=0;i<G->VexNum;i++)
        G->Vertics[i].FirstEdge=NULL;          //初始化
    for(int i=0;i<G->VexNum;i++) {             //读取课程信息
        fscanf(fp,"%s%d", G->Vertics[i].Date,&G->Vertics[i].Credit);     //读取课
程名称和学分
        while('\n' !=fgetc(fp)) {              //根据先修课程建立邻接表结点
            char str[4];
            int s;
            fscanf(fp,"%s", str);
            s=Locate(str);
            if(s<0 || s > G->VexNum) {         //判断课程是否有错误
                printf("%s 输入错误! \n", G->Vertics[i].Date);
                exit(1);
            }
            EdgeNode*p=(EdgeNode*)malloc(sizeof(EdgeNode));       //更新邻接表结点
            p->AdjVex=i;
            p->Next=G->Vertics[s].FirstEdge;
            G->Vertics[s].FirstEdge=p;
            G->ArcNum++;
        }
    }
    fclose(fp);
    for(int i=0;i<G->VexNum;i++)        //更新入度
        G->Vertics[i].InDegree=0;
    for(int i=0;i<G->VexNum;i++) {
        for(EdgeNode*p=G->Vertics[i].FirstEdge;NULL !=p;p=p->Next) {
            G->Vertics[p->AdjVex].InDegree++;
        }

    }
}
//InDegree 又是入度又是栈的 next
void Top_Sort(VexNode g[],int n,VexNode*temp)          //用有入度域的 aov 网进行拓扑排序,
输出并存到数组 temp 中
{
    int i,j,k,top,m=0;
    EdgeNode*p;
    top=-1;          //链栈初始化,-1 为栈尾
    for(i=0;i<n;i++)          //将入度为 0 的顶点链接成链栈
```

```
        if(g[i].InDegree==0)
        {
            g[i].InDegree=top;
            top=i;
        }
    printf("aov拓扑排序结果为:");
    while(top !=-1)          //当链栈非空时
    {
        j=top;          //将栈顶顶点记为j
        top=g[top].InDegree;          //栈顶指针指向弹出栈后下一个入度为0的顶点
        printf("%s ", g[j].Date);//输出顶点信息
        temp[m]=g[j];          //将顶点信息有序保存到数组
        m++;          //记录已输出的顶点个数
        p=g[j].FirstEdge;
        while(p !=NULL)          //删除顶点j的所有出边
        {
            k=p->AdjVex;
            g[k].InDegree--;          //将顶点j的邻接边节点k入度减1
            if(g[k].InDegree==0)          //若顶点k入度为零则入链栈
            {
                g[k].InDegree=top;
                top=k;
            }
            p=p->Next;          //查找下一个邻接边节点
        }
    }
    if(m<n)
        printf("AOV网有回路!!!!!");
}

void Sort2(VexNode*t,Message*s,int VexNum)          //按课程尽可能集中在前几学期输出并保存教学计划
{
    FILE*fp=fopen("/Users/wangzhaojing/Documents/CCode/test/test/plan.txt", "w");
    int c=0;          //用于输出课程信息
    for(int i=0;i<s->SemesterNum;i++)
    {
        int b=0;          //累计每学期学分
        printf("\n第%d个学期的课程为:", i+1);
        fprintf(fp,"\n第%d个学期的课程为:", i+1);
```

```
        while(b+t[c].Credit<=s->MaxCredit)          //判断是否超过最大学分
        {
            if(c==VexNum)break;
            printf("%s  ", t[c].Date);        //输出课程
            fprintf(fp,"%s ", t[c].Date);
            b=b+t[c].Credit;         //学分累计
            c++;         //指向下一课程
        }
    }
}

void Sort1(VexNode*t,Message*s,int VexNum)          //按各学期负担均匀输出并保存教学计划
{
    FILE*fp=fopen("/Users/wangzhaojing/Documents/CCode/test/test/plan.txt", "w");
    int c=0;         //用于输出课程信息
    for(int i=0;i<s->SemesterNum;i++)
    {
        int b=0;         //累计每学期学分
        printf("\n第%d个学期的课程为:", i+1);
        fprintf(fp,"\n第%d个学期的课程为:", i+1);
        for(int j=0;j<VexNum/s->SemesterNum;j++)
        {
            if(b+t[c].Credit<=s->MaxCredit)          //判断是否超过最大学分
            {
                if(c==VexNum)break;
                printf("%s  ", t[c].Date);        //输出课程
                fprintf(fp,"%s ", t[c].Date);
                b=b+t[c].Credit;         //学分累计
                c++;         //指向下一课程
            }
        }
        if(i<VexNum % s->SemesterNum)          //加入平均后多余的课程
        {
            if(c==VexNum)break;
            printf("%s  ", t[c].Date);        //输出课程
            fprintf(fp,"%s ", t[c].Date);
            b=b+t[c].Credit;         //学分累计
            c++;         //指向下一课程
        }
    }
}
```

```
int main() {
    ALGraph G;
    int i;
    Creat_Graph1(&G);           //输入学期总数 学分上限 课程总数(顶点数量)
    Creat_Graph2(&G);           //从文件读取课程信息
    VexNode s[99];         //用于拓扑排序结果的分类
    Top_Sort(G.Vertics,G.VexNum,s);         //非常奇妙的拓扑排序!!!!
    printf("\n 请输入教学计划编制类型:\n1. 各学期负担均匀 \n2. 课程尽可能集中在前几学期 \n");
    scanf("%d",&i);
    (i==1)? Sort1(s,G.ExtraInfo,G.VexNum):Sort2(s,G.ExtraInfo,G.VexNum);//按各负担均匀输出或集中在前几学期输出并保存教学计划
    return 0;
}
```

结果如图 7.17 所示。

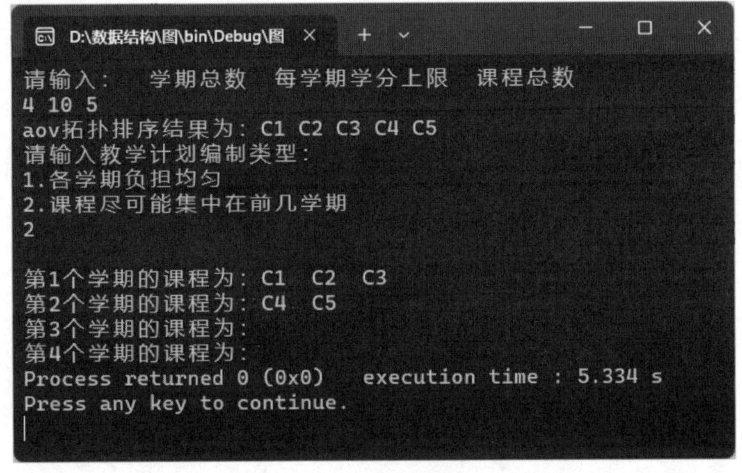

图 7.17　授课安排

7.6.3　六度空间理论的验证

（1）问题描述。

“六度空间”理论又称作六度分隔（six degrees of separation）理论。这个理论可以通俗地阐述为：“你和任何一个陌生人之间所间隔的人不会超过 6 个，也就是说，最多通过 5 个人你就能够认识任何一个陌生人。”“六度空间”理论虽然得到广泛的认同，并且正在得到越来越多的应用。但是数十年来，试图验证这个理论始终是许多社会学家努力追求的目标。然而由于历史的原因，这样的研究具有太大的局限性和困难。随着当代人的联络主要依赖于电话、短信、微信以及因特网上即时通信等工具，能够体现社交网络关系的一手数据已经逐渐使得“六度空间”理论的验证成为可能。

（2）实践思路。

给出一个社交网络图，对每个节点计算符合六度空间理论的结点总数的百分比。

输入：输入第 1 行给出两个正整数，分别表示社交网络图的结点数 N（$1<N<104$，表示人数）、边数 M（$\leqslant 33\times N$，表示社交关系数）。随后的 M 行对应 M 条边，每行给出一对正整数，分别是该条边直接连通的两个结点的编号（节点从 1 到 N 编号）。

输出格式：对每个结点输出与该节点距离不超过 6 的结点数占结点总数的百分比，精确到小数点后 2 位。每个结节点输出一行，格式为“结点编号：（空格）百分比%”。

（3）代码实现。

```
#include<stdio.h>
#include<stdlib.h>
#define bool char
#define true 1
#define false 0
#define MaxSize 10000
/****************队列结构*******************/
typedef struct Node
{
    int step;
    int cur;
} Node;

typedef struct Queue
{
    Node*data;
    int front;
    int rear;
} Queue;
//初始化
bool InitQueue(Queue*Q)
{
    Q->front=Q->rear=0;
    Q->data=(Node*)malloc(sizeof(Node)*MaxSize);
    return true;
}

//入队
bool EnQueue(Queue*Q,Node e)
{
    if((Q->rear+1)%MaxSize==Q->front)return false;
```

```
    Q->data[Q->rear]=e;
    Q->rear=(Q->rear+1)% MaxSize;

    return true;
}
//出队
bool DeQueue(Queue*Q,Node*e)
{
    if(Q->rear==Q->front)return false;
    *e=Q->data[Q->front];
    Q->front=(Q->front+1)% MaxSize;
    return true;
}

//打印队列元素
bool PrintQueue(Queue Q)
{
    for(int i=0;i<(Q.rear-Q.front+MaxSize)% MaxSize;i++)
    {
        if(i==0)
            printf("%d", Q.data[i].cur);
        else
            printf(" %d", Q.data[i].cur);
    }
    return true;
}
/****************邻接表结构*******************/

//定义邻接图的节点
typedef struct ArcNode
{
    //结点名
    int name;
    //下一个结点
    struct ArcNode*next;
    //该节点是否被选中过
    int info;
} ArcNode;

//定义邻接图结构
```

```
typedef struct Grape
{
    //顶点的信息
    int data;
    //顶点所能到达结点的集合
    ArcNode*first;
} VNode,List[MaxSize];//所有顶点都包含

//邻接表
typedef struct
{
    List LinJie;
    int n,m;
} ALGraph;

//创建邻接表
bool CreateUDG(ALGraph*G,int n,int m)
{
    int i,j,k;
    //先输入总顶点数和总边数
    G->n=n;
    G->m=m;
    //scanf("%d %d", &G->n,&G->m);
    //输入顶点值(从下表 1 开始存储的)
    for(i=1;i<=G->n;i++)
    {
        //每个顶点
        G->LinJie[i].data=i;
        //初始化头结点指针为 NULL
        G->LinJie[i].first=NULL;
    }
    //输入各边,构造邻接矩阵
    for(k=0;k<G->m;k++)
    {
        //每条边依附的两个点
        int v1,v2;
        scanf("%d %d", &v1,&v2);
        //确定 v1 和 v2 所在顶点的位置
        i=v1;j=v2;
        //生成一个新的边节点
```

```
        ArcNode*p1=(ArcNode*)malloc(sizeof(ArcNode));
        p1->name=j;

        //把新节点插入头部
        p1->next=G->LinJie[i].first;
        G->LinJie[i].first=p1;

        //生成一个新的边节点
        ArcNode*p2=(ArcNode*)malloc(sizeof(ArcNode));
        p2->name=i;

        //把新节点插入头部
        p2->next=G->LinJie[j].first;
        G->LinJie[j].first=p2;
    }
    return true;
}

//遍历图
bool Print(ALGraph G,int n)
{
    int i=0;
    for(i=1;i<=n;i++)
    {
        //输出顶点名
        printf("%d:",G.LinJie[i].data);
        ArcNode*p=G.LinJie[i].first;
        while(p)
        {
            printf("%d->", p->name);
            p=p->next;
        }
        printf("\n");
    }
    return true;
}
int QueueLength(Queue Q) {//返回队列长度
    int count=0;
    while(Q.front !=Q.rear) {
        if(Q.front >=MaxSize)
```

```
            Q.front-=MaxSize;
        Q.front++;
        count++;
    }
    return count;
}
//广度优先遍历
int BFS(ALGraph*G,int v)
{
    Node st,pt,curq;
    st.cur=v;
    st.step=0;
    int c=1;
    //先让判断是否选中的数组都等于零
    bool visited[MaxSize]={0};
    //临时遍历 u 用来放当前结点值,
    int u;
    //搞一个队列用来输出
    Queue Q;
    InitQueue(&Q);
    //出发点先弄上
    visited[v]=true;
    EnQueue(&Q,st);
    //一个临时存放邻接表结点
    ArcNode*p;

    while(QueueLength(Q))
    {
        DeQueue(&Q,&curq);

        //printf("%d->",curq.cur);
        if(curq.step==6)break;

        p=G->LinJie[curq.cur].first;

        while(p)
        {
            pt.step=curq.step;
            pt.cur=p->name;
            if(!visited[p->name])
            {
```

```
                c++;
                pt.step++;
                EnQueue(&Q,pt);
                visited[p->name]=true;
            }
            p=p->next;
        }
    }
    return c;
}

int main()
{
    ALGraph G;
    int n,m;
    scanf("%d %d",&n,&m);
    CreateUDG(&G,n,m);

    //Print(G,10);//测试用遍历
    //printf("\n");
    for(int i=1;i<=n;i++)
    {
        float s;

        s=BFS(&G,i);

        printf("%d:%.2f%%\n", i,s/n*100);
    }
    return 0;
}
```

输入样例:

10 9

1 2

2 3

3 4

4 5

5 6

6 7

7 8

8 9

9 10

结果如图 7.18 所示。

```
D:\数据结构\图\bin\Debug\图.exe
10 9
1 2
2 3
3 4
4 5
5 6
6 7
7 8
8 9
9 10
1: 70.00%
2: 80.00%
3: 90.00%
4: 100.00%
5: 100.00%
6: 100.00%
7: 100.00%
8: 90.00%
9: 80.00%
10: 70.00%

Process returned 0 (0x0)   execution time : 29.529 s
Press any key to continue.
```

图 7.18 “六度空间”理论验证结果

第 8 章　查找

8.1　查找的概述

查找的基本概念

线性表的查找

查找是集合类型数据的基本操作之一，用于查找的数据称为查找表。查找就是要确定指定关键字值的数据元素在查找表中是否存在，关键字值一般是不同的。本章中主要包括 3 种类型的查找表：

（1）基于线性结构的查找表。关键字值一般按序排列，以提高检索速度，主要采用基于比较的顺序检索或折半检索方法。由于这一类查找表主要用于查找，一般不对表做插入和删除操作，通常称为静态查找表。

（2）基于树形结构的查找表。包括二叉搜索树和平衡二叉树等，主要采用基于比较的分支检索方法，即从树的根开始，根据比较结果，沿着特定的分支进行检索，其检索的时间复杂度与树的深度相关。这一类查找表不仅用于查找，还可以对表进行插入和删除操作，因此为称为动态查找表。

（3）基于散列（哈希）结构的查找表。根据哈希函数计算关键字值的存储位置。散列（哈希）表是创建和查找相结合的方法。

为确定数据元素在列表中的位置，需和给定值进行比较的关键字个数的期望值，称为查找算法在查找成功时的平均查找长度。由于查找算法的基本运算是关键字之间的比较操作，所以平均查找长度是衡量查找算法性能的重要指标。

计算平均查找长度的基本公式：

对于长度为 n 的列表，查找成功时的平均查找长度 ASL 为：

$$ASL = \sum_{i=1}^{n} p_i c_i$$

式中，n 为查找表中元素的个数；p_i 为查找第 i 个元素的概率，c_i 为找到第 i 个元素所需的比较次数。

折半查找法要求待查找表应采用顺序存储结构且按关键字值有序排列。折半查找过程可以借助折半判定树分析。判定树中每一结点对应表中一个记录在表中的位置序号，若所有结点的空指针域设置为一个指向一个方形结点的指针，称方形结点为判定树的外部结点；圆形结点为内部结点。折半查找算法查找速度快，平均性能好，但插入删除较困难。

二叉排序树是指树中左子树上所有结点的值均小于根结点的值，树中右子树上所有结点的值均大于根结点的值。二叉排序树的构建从空树开始，每次都从根开始比较插入（小于插入左子树，大于插入其右子树），逐一往树中插入序列中所有结点。二叉排序树的构建形态不唯一，与数列的输入顺序有关。对一个二叉排序树进行中序遍历，可以得到结点值有序序列。与折半查找过程类似，在二叉排序树中查找一个记录时，其比较次数不超过树的深度，平均查找长度为 O（$\log n$）。二叉排序树的插入、删除操作无须移动大量结点，经常变化的动态表宜采用二叉排序树结构。

普通二叉排序树中各个分支的高度可能相差悬殊，而平衡二叉排序树中各个分支的高度能够始终保持平衡，从而保证较高的查找效率。结点的平衡因子是结点的左子树深度与右子树深度之差。在平衡二叉排序树中，任意结点的平衡因子的绝对值小于等于 1。在平衡二叉排序树上插入一个结点时可能导致失衡，有四种失衡类型及相应的调整方法。

哈希法的基本思想是以元素的关键字 k 为自变量，通过哈希函数 H，计算其存储位置 p 即 $p=H(k)$，从而实现按关键字计算的方式建立表与查找表。哈希表的查找过程与哈希表的创建过程对应一致。哈希法主要包括：哈希函数构造和处理冲突方法。构造哈希函数常用的方法有除留余数法。处理冲突的基本方法包括线性探测再散列、二次探测再散列、链地址法等。哈希法中影响关键字比较次数的因素有三个：哈希函数、处理冲突的方法以及哈希表的装填因子。

8.2 实践目的和要求

本部分可供基础篇、提高篇和创新篇部分实践共同使用。

（1）掌握二叉搜索树的基本操作，例如中序遍历打印、添加一个节点值等。

（2）掌握从完全二叉树数组生成二叉搜索树方法。

（3）掌握二叉搜索树的真伪判定和平衡判定。

（4）掌握二叉搜索树中删除节点值策略、有效释放树策略。

（5）理解二叉搜索树的扩展策略，例如统计树中第 k 小节点、范围搜索等应用问题。

（6）掌握哈希函数的基本选取策略。

（7）掌握加密哈希的基本策略。

（8）掌握线性探测的基本方法。

8.3 实践基本原理

本部分可以作为基础篇、提高篇和创新篇部分实践共同的实践原理。

基于二叉搜索树的递归定义性质，二叉搜索树的许多相关操作的实现方法以及相关联的算法都体现出了递归的特征，对递归函数的熟练编写有助于解决这一章的许多问题。如何分析递归策略，如何确定基本情况和递归情况都需要根据具体的问题来分析求解。

二叉搜索树的操作除了常见的数据结构中的数据操作外，还有一些操作之间是存在关联的。例如，删除节点操作需要用到寻找树中最大值节点操作等。在实现二叉搜索树的相关实践时需要合理的定义函数的功能，并合理的使用帮助函数。

哈希表是软件工程中最常见的数据结构之一，在创新篇中将重点涉及密码安全相关的哈希策略和线性探测的方法训练，并分析它们在实践中的表现如何，哪种哈希表实现方式在哪种情况下更为有效。

8.4　基础篇

树表的查找（一）

二叉搜索树有许多有用的功能和算法，树也是一种用于数据存储和组织的有效结构。树的递归结构使得程序实现很自然的编写成递归函数，下面的例子中，将会体会到树的功能实现和递归的天然联系。假定下面有关二叉搜索树的节点定义如下：

```
typedef struct node Node;
struct node {
    int data;
    Node*left;
    Node*right;
};
```

8.4.1　从完全二叉树数组中创建二叉搜索树

编写函数 Node *createTreeFromArray（int nums［］，int n）；该函数接受一个完全二叉树数组，返回构建的二叉搜索树。

解析：利用好完全二叉树在数组中存放时，父子节点之间的索引值规律。

参考代码：

```
static Node*createTreeRec(Node*node,int nums[],int n,int index) {
        if(index >=n) {
            return NULL;
        }
        if(nums[index]!=EMPTY) {
            node=malloc(nums[index]);
            node->left=createTreeRec(node->left,nums,n,2*index);
            node->right=createTreeRec(node->right,nums,n,2*index+1);
        }
```

```
    return node;
}

/*从完全二叉树数组中创建二叉搜索树*/
Node*createTreeFromArray(int nums[],int n) {
    Node*root=NULL;
    root=createTreeRec(root,nums,n,0);
    return root;
}
```

8.4.2 判断是否为二叉搜索树

给你一个指向某种类型二叉树的根的指针。但是不确定它是否是二叉搜索树，如图 8.1 所示。也就是说，它是二叉树但不是二叉搜索树。

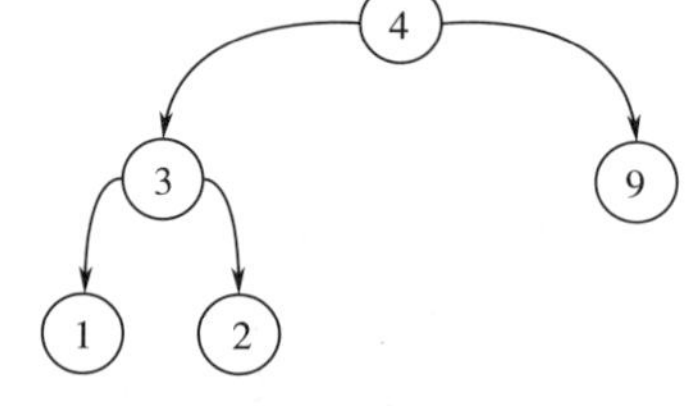

图 8.1 一个二叉树

编写函数 bool isBST (Node *root)；给定指向根节点的指针，判断该树是否是一个合法的二叉搜索树。先可以假设给定的实际上是一棵树，所以一个节点不会有多个指针指向它，没有节点会指向自己。

解析：回想一下二叉搜索树的递归定义。如果在二叉树中有一个节点，那么它的左右子树必须具有哪些属性才能使整个树成为二叉搜索树？考虑编写一个帮助函数，该函数将此问题所需的所有相关信息传给目标函数。

有很多不同的方法可以编写这个函数。我们将根据二叉搜索树的递归定义：二叉搜索树要么是空的，要么是一个节点 x，其左子树是小于 x 值的二叉搜索树，其右子树是大于 x 值的二叉搜索树。此方法的策略是沿着树向下走，每次跟踪指向节点划定了需要保持的值范围的两个指针。

参考代码：

```
bool isBSTRec(Node*root,Node*lowerBound,Node*upperBound) {
    /*基本情况:空树总是合法的*/
    if(root==NULL) {
        return true;
    }
    /*否则确保该值在合适的范围*/
    if(lowerBound !=NULL && root->value<=lowerBound->value) {
        return false;
    }
    if(upperBound !=NULL && root->value >=upperBound->value) {
        return false;
    }
```

```
    /*值在范围之内,现在需要确保左右子树也是合法的,注意节点的值范围的变化*/
    return isBSTRec(root->left,lowerBound,root)&&
        isBSTRec(root->right,root,upperBound);
}

/*判断是否为 BST*/
bool isBST(Node*root) {
    return isBSTRec(root,NULL,NULL);
}
```

8.4.3　二叉搜索树的高度

编写函数 int height（TreeNode *node）；计算所提供树的高度。树的高度定义为从根到叶子的最长路径上的节点数。根据定义，空树的高度为 0。只有一个节点的树的高度为 1。具有一个或两个叶子作为子节点的高度为 2，依此类推。

解析：有很多方法可以编写此函数。最简单的方法是使用递归：空树的高度是 0，非空树的高度总是 1 加上其两个子树的高度中较大者的高度，为了验证这一点，需要考虑具有单个节点的树的高度，高度退化的树的高度等情况。那么这段代码的效率如何呢？注意到树中的每个节点访问 1 次，且只访问 1 次，在每个节点上执行 O（1）操作。树中有 O（n）个节点总数，因此总共执行 O（n）个操作。

参考代码：

```
static int max(int a,int b) {
    return a > b ? a:b;
}

int heightOf(Node*node) {
    if(node==NULL) {
        return 0;
    } else {
        return 1+max(heightOf(node->left),heightOf(node->right));
    }
}
```

8.4.4　二叉搜索树的极值

编写函数 Node *biggestNodeIn（Node *root）；该函数将指向（非空）二叉搜索树根的指针作为输入，然后返回指向包含二叉搜索树中最大值节点的指针。请思考：如果树是平衡的，函数的运行时间是多少？如果不平衡，运行时间又是多少？

解析：可以通过编写一个在整个二叉搜索树中搜索最大值的函数来解决这个问题，但是还有更好的办法！事实证明，二叉搜索树中的最大值始终是你从根开始向右走直到不可能再进一步走下去的值。

参考代码：

```
Node*biggestNodeIn(Node*root) {
    if(root==nullptr)error("Nothing to see here,folks.");
    /*基本情况:如果根没有右孩子,那么就是根节点有最大的值,因为其他的值都比它小 */
    if(root->right==nullptr)return root;
    /*否则,最大值应该比根大,那么在根的右子树中 */
    return biggestNodeIn(root->right);
}
```

也可以迭代实现：

```
Node*biggestNodeIn(Node*root) {
    if(root==nullptr) {
        error("Nothing to see here,folks.");
    }
    while(root->right !=nullptr) {
        root=root->right;
    }
    return root;
}
```

这两个函数都是通过沿着树向下移动的，在每个节点上执行恒定的工作量。这意味着运行时是 O（h），其中 h 是树的高度。在平衡树中是 O（log n），在不平衡树中最坏情况是 O（n）。

8.4.5　判断二叉搜索树是否平衡

编写函数 bool isBalanced（Node *node）该函数接受整数树的根，并返回树是否平衡。如果树的左右子树高度最多相差 1，则该树是平衡的。空树被定义为平衡的。

解析：利用之前的求二叉搜索树高度函数 heightOf（）。

参考代码：

```
bool isBalanced(Node*node) {
    if(node==nullptr) {
        return true;
    } else if(!isBalanced(node->left) || ! isBalanced(node->right)) {
        return false;
    } else {
        int leftHeight=heightOf(node->left);
        int rightHeight=heightOf(node->right);
        return abs(leftHeight-rightHeight)<=1;
    }
}
```

8.4.6　打印二叉搜索树中给定范围内的所有节点值

编写函数 void printInRange (Node *root, int low, int high)；该函数将指向二叉搜索树根的指针和范围［low, high］作为输入，打印该范围内的所有节点值。

解析：可以将中序遍历二叉搜索树和查找操作结合起来。

参考代码：

```
void printInRange(Node*root,int low,int high) {
    if(root==NULL) {
        //Do nothing
    } else if(high<root->value) {
        printInRange(root->left,low,high);
    } else if(low > root->value) {
        printInRange(root->right,low,high);
    } else {
        printInRange(root->left,low,high);
        printf("%d ", root->value);
        printInRange(root->right,low,high);
    }
}
```

8.5　提高篇

树表的查找（二）

8.5.1　第二大值

编写一个函数 Node *secondBiggestNodeIn (Node *root)；该函数将指向至少两个节点的二叉搜索树根的指针作为输入，然后返回指向包含二叉搜索树中第二大值的节点的指针。如果树是平衡的，函数的运行时间是多少？如果不平衡？

解析：要得到第二大值节点有点棘手，因为它可以有更多的可能性。可以确定的是它肯定会靠近最右边的节点——我们只需要弄清楚确切的位置。这里有两种情况。首先，假设最右边的节点没有左子节点。在这种情况下，第二大的值必定是该节点的父节点。因为它的父节点的值较小，并且树中的节点与其父节点之间没有值，这意味着父节点是第二大的值；另一个可能的情况是，最右边的节点存在一个左子节点。然后，该子树中的最大值是树中的第二大值，因为子树中的最大值小于整个树的最大值。寻找方法参见 8.1.2 二叉搜索树的极值。

可以使用它来为这个问题编写一个迭代函数，它的工作原理是沿着树的“右脊”走下去，跟踪当前节点及其父节点。到达最大节点后，要么进入其左子树并查找最大值，要么返回父节点的值，视情况而定。

参考代码：

```
Node*secondBiggestNodeIn(Node*root) {
    if(root==nullptr) {
        error("Nothing to see here,folks.");
    }

    Node*prev=nullptr;
    Node*curr=root;
    while(curr->right !=nullptr) {
        prev=curr;
        curr=curr->right;
    }

    if(curr->left==nullptr) {
        return prev;
    } else {
        return biggestNodeIn(curr->left);
    }
}
```

请注意，该函数的时间复杂度也是 O（h），其中 h 是树的高度。在平衡树中是 O（log n），在不平衡树中，最坏情况是 O（n）。

8.5.2 二叉搜索树的删除

假设要从二叉搜索树中删除一个节点。有 3 种情况需要考虑：

（1）删除节点是叶子。在这种情况下删除很容易，直接删除即可。

（2）删除节点只有一个子节点。在这种情况下，删除该节点并通过更新节点的父节点将其“替换”为该子节点。

（3）节点有两个子节点。在这种情况下执行以下操作。假设要删除包含 x 的节点．查找 x 的左子树中具有最大值的节点。复制该节点值并覆盖 x，然后去删除左子树中的该值节点。该节点不会有两个子节点，否则其就不是左子树中的最大值节点，删除方法参见（1）和（2）。

参考代码：

```
int removeLargestFrom(Node*& root);
void performDeletion(Node*& toRemove);
Node*removeFrom(Node*root,int value) {
    /*如果树为空,没什么可删除！ */
    if(root==NULL) {
        return NULL;
    }
```

```
    /*如果删除的节点在左边,就从左子树中删除*/
    else if(value<root->value) {
        root->left=removeFrom(root->left,value);
    }
    /*如果删除的节点在右边,就从右子树中删除*/
    else if(value > root->value) {
        root->right=removeFrom(root->right,value);
    }
    /*否则,找到要删除节点,删除它*/
    else {
        root=performDeletion(root);
    }
    return root;
}

/*真正实现从树中删除一个节点的函数*/
Node*performDeletion(Node*toRemove) {
    /*情况 1:叶子节点,直接删除*/
    if(toRemove->left==NULL && toRemove->right==NULL) {
        free(toRemove);

        /*通知指向该节点的指针,该节点不再存在*/
        toRemove=NULL;
    }
    /*情况 2a:只有左子节点*/
    else if(toRemove->right==NULL) {
        Node*replacement=toRemove->left;
        free(toRemove);
        toRemove=replacement;
    }
    /*情况 2b:只有右子节点*/
    else if(toRemove->left==NULL) {
        Node*replacement=toRemove->right;
        free(toRemove);
        toRemove=replacement;
    }
    /*情况 3:将该节点与左子树中最大值节点交换*/
    else {
        Node*replacement=biggestNodeIn(toRemove->left);
        int tmp=replacement->value;
```

```
        toRemove=removeFrom(toRemove,replacement->value);
        toRemove->value=tmp;
    }
    return toRemove;
}
```

运行示例可参考图 8.2。

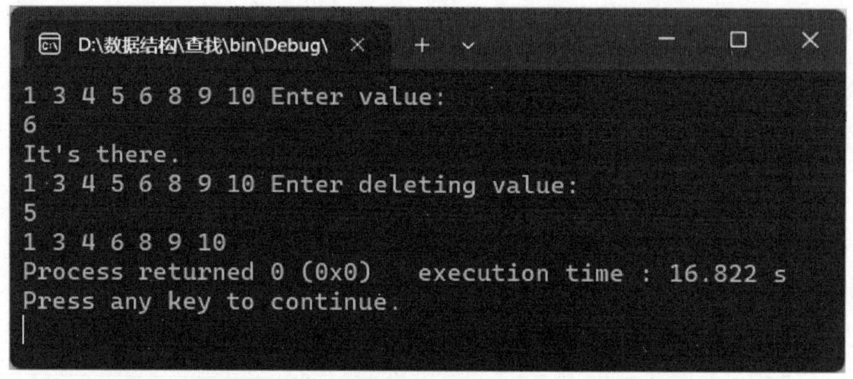

图 8.2　二叉搜索树删除一个节点示例

8.5.3　统计树中第 *k* 小节点

统计树是一个二叉搜索树，其每个节点都累计该节点左子树节点个数，如图 8.3 显示的就是一个简单的统计树。

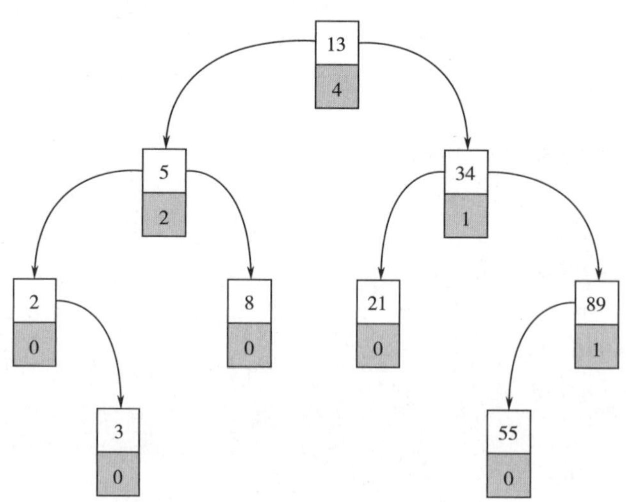

图 8.3　统计树

假定使用下面的结构表示统计树中的节点：

```
struct OSTNode {
  int value;
  int leftSubtreeSize;
  OSTNode*left;
  OSTNode*right;
};
```

编写函数 OSTNode *KthNodeIn（OSTNode *root，int k）；该函数接受指向统计树根的指针以及数字 k，然后返回指向树中第 k 小节点（以零开始索引）的指针。如果 k 为负数或至少与树中的节点数一样大，则函数应返回 NULL 作为哨兵。然后，分析解决方案的时间复杂度。

解析：解决此问题的关键如下：假设要查找树中第 k 小节点（以零开始索引），并且根节点的左子树中有 k 个节点。在这种情况下，知道根节点就是要查找的根节点：它的 k 个节点比它小，因此它是第 k 小值；另一种情况，假设寻找第 k 小节点并且根节点的左子树中有超过 k 个节点。然后，应该在左子树中查找第 k 小节点，因为知道它一定是其中节点之一；最后，假设正在寻找第 k 小节点并且根节点在其左侧子树中有 l 个节点，其中 $l<k$，这意味着要查找的节点不在左子树中，也不是根节点，因此它必定在右子树中，具体来说它将是该子树中的（k-l-1）小的值，因为在访问该子树的过程中跳过了 l+1 个节点。

参考代码：生成的代码出奇地短。下面是一个递归实现：

```
OSTNode*KthNodeIn(OSTNode*root,int k) {
/*基本情况:如果遍历完了该树,或者索引值不合法,返回失败*/
  if(root==NULL || k<0) {
    return NULL;
  }
  if(k<root->leftSubtreeSize) {
    return KthNodeIn(root->left,k);
  } else if(k==root->leftSubtreeSize) {
          return root;
  } else/*(k > root->leftSubtreeSize)*/ {
          return KthNodeIn(root->right,k-1-root->leftSubtreeSize);
  }
}
```

运行时间复杂度为 O（h），因为从根向下每一步为 O（1）工作量。

8.5.4　有效释放树

可以使用以下递归函数来释放二叉搜索树使用的所有内存：

```
void Free(Node*root) {
  if(root==nullptr)return;
  Free(root->left);
  Free(root->right);
  delete root;
}
```

这是树的哪种遍历方式？这段代码的问题在于如果是一个高度退化的树，比如说一个本质上是一个巨大的链表的树，递归深度可能会变得相当高，可能导致堆栈溢出。

下面是另一种算法，可以使用该算法在 O（n）时间内释放树中的所有节点，根本不使用递归。它基于树旋转的想法。树旋转是一种重组二叉搜索树中节点的方法，它改变了树的形状，但它仍然保持了二叉搜索树的性质。有两种旋转，左旋和右旋，如图 8.4 所示。

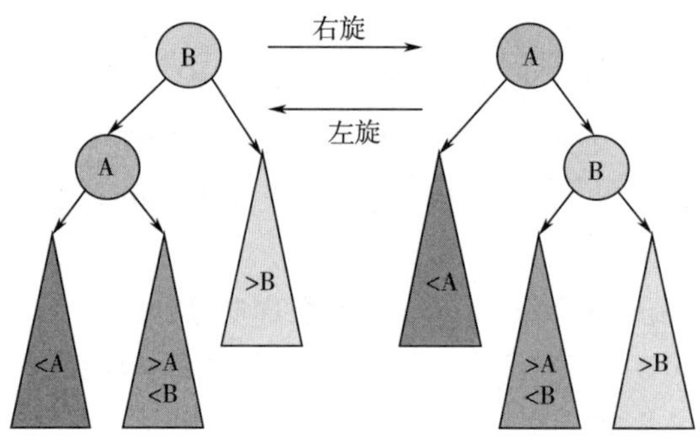

图 8.4　树旋转

解析：首先，假设根节点没有左子节点。在这种情况下，可以释放根，然后继续清理右子树。否则，根有一个左子节点。那么进行一次右旋转，将更多节点移动到右子树中，然后重复。最终，将清理 BST 中的所有节点，并且由于这里不涉及递归，因此只使用 O（1）辅助空间。算法仍然在时间 O（n）内。

参考代码：

```
void Free(Node*root) {
  while(root !=nullptr) {
    /*情况 1:没有左子树.删除该节点并向右移动*/
    if(root->left==nullptr) {
      /*和删除链表中的节点问题一样,需要释放节点,又要提前移动到右边所以偷偷的暂存一下  */
      Node*next=root->right;
      delete root;
      root=next;
    }
```

```
    /*情况 2:有左子节点,就旋转! */
    else {
     /*先记住左子节点,后面需要覆盖该指针*/
        Node*leftChild=root->left;
        /*让根连接它和左子节点之间的子树*/
        root->left=leftChild->right;
        /*左子节点现在将根作为其右子节点*/
        leftChild->right=root;
        /*左子节点成为根! */
        root=leftChild;
     }
    }
}
```

8.5.5 统计二叉搜索树个数

编写函数 int NumBSTsOfSize（int n）；该函数接受数量 n，返回由 n 个元素组成的不同形状的二叉搜索树的数量。

解析：假设有一组 n 个元素值，想把它们组成一个二叉搜索树。假设选取第 k 小值并将其放在根节点。那么，左侧子树中有 k 个节点，右侧子树中有（$n-k-1$）个节点。如果用左侧子树中的 k 个节点和右侧子树中的（$n-k-1$）个节点构建任何想要的二叉搜索树，就可以将这些树组合在一起，以第 k 小值的节点为根，形成所有值的所有二叉搜索树。

本质上对于每种方法需要考虑：

（1）选取那个节点值为根节点。

（2）想用哪棵树表示较小值。

（3）想用哪棵树表示较大值。

就能得到一个可能的二叉搜索树，而事实上能形成的每一个二叉搜索树都符合这个框架。因此可以使用递归算法来解决这个问题。

参考代码：

```
/*统计二叉搜索树个数*/
int NumBSTsOfSize(int n) {
  /*基本情况:树的大小为 0,即空 BST*/
  if(n==0)return 1;

  /*递归情况:现象一下选择一个根节点然后构建左右子树的所有可能的情况*/
  int result=0;

  /*将索引在 0,1,2,…, n-1 的节点放在根节点上*/
```

```
  for(int i=0;i<n;i++) {
     /*i 元素的 BST 和 n-1-i 元素的 BST 的每种组合
     *可用于构建 n 个元素的一个 BST
     *我们可以使这种方式构造成对的树的数量为这两种树的数量乘积
     */
     result+=NumBSTsOfSize(i)*NumBSTsOfSize(n-1-i);
  }

  return result;
}
```

这样递归的问题是非常需要记忆化，因为最终会多次重新计算相同的值，这个问题就留给读者解决。

从 n 个元素中可以生成的二叉搜索树的确切数量由卡特兰数 C_n 数给出，该问题与 n 个相互匹配的左右括号的可能数量，或者三角化一个（$n+2$）顶点的多边形的方法数等问题求解方法相同。

8.6 创新篇

哈希表的查找

8.6.1 加盐和哈希

在存储密码时，通常不存储密码本身，而是使用一些哈希函数存储密码的哈希值。可确保如果有人设法窃取密码数据库，他们无法立即读取存储在数据库中的所有密码。这种存储密码的哈希值比仅存储密码本身要好得多，但在实践中并不是这样做的，因为如果用户的密码较弱，则加密效果并不好。

具体来说，假设破坏分子有一个包含 10 万个最常用密码的列表，只要上网搜索一下就不难找到。破坏分子可能还恶意地从网站上窃取了密码文件，该文件表示为将每个用户名映射到其密码的哈希值。然后，破坏分子可以执行以下操作来找出任何使用弱密码的账户：

（1）计算已知的 10 万个常用密码的哈希值。

（2）在将网站用户映射到其密码哈希值的密码文件中查找，对于与上述计算的哈希值之一相匹配的每个哈希值，输出其密码。

如果网站上有 n 个用户，有 m 个弱密码，假设哈希代码的计算时间为 O（1），上面方法所需的时间为 O（$m\log m+n\log m$），也就是说，这是一种非常高效的方法，可以找到所有使用弱口令的人。

如何避免这样的弱密码破解风险？在实践中，最常见的是使用一种叫作“加盐和哈希”的策略，以防止别人用上面的方式恢复密码。其工作原理如下：

为每个用户存储两条信息：一个随机选择的字符串，称为盐（salt），以及字符串 salt+

password 的哈希值，password 是用户的密码。其中重要的是为每个用户随机选择盐，而不是让所有人都使用固定的盐。

请思考：

（1）为什么为每个用户引入盐，破坏分子就无法使用上面的方法破解密码了呢？

（2）假设有一个网站的主密码文件，包括经过加盐和哈希的密码，如果有 n 个用户和 m 个弱密码，需要多长时间才能找到所有使用弱密码的用户？用大 O 表示法表示。

请注意以上只是出于讨论的目的，以及了解如何采取保护措施来阻止密码泄露。

解析：上面介绍的攻击方法之所以有效，是因为可以相当快速地预先计算出常用密码的哈希值。如果给每个用户加盐，就无法再这样做了。例如，假设有人使用非常弱的密码口令，如果他们使用的是随机盐，就好像他们的密码真的是一串长长的随机字符串，后面跟着密码，而这串字符串的哈希值很可能与密码本身的哈希值完全不同。因此，不能预先计算出所有弱口令的哈希值，然后查看是否有人拥有这些哈希值，因为每个人存储的哈希值都与原始口令的哈希值大相径庭。

仍然可以一次处理一个人，并尝试对所有弱口令和盐值进行哈希，看看是否与存储的散列值相匹配，但这样做的速度会比以前慢得多。现在，必须为 O（n）个用户中的每个用户做 O（m log m）次工作，总运行时间为 O（m log m *n）。如果 m 是 100000 人，n 是 100000000 人，那么将需要很长时间才能找到所有使用弱密码的人，而这段时间足以让公司宣布出现漏洞并敦促所有人更改密码。

8.6.2　线性探测

假设使用线性探测哈希表，其中有 10 个存储整数的槽。哈希函数是取要散列的数字的最后一位。（这个哈希函数性能很差，但能更容易地把整数放入表中）。请画出哈希表的状态，假定哈希表大小为 10，初始为空：

（1）按顺序插入 16，44，93，40，66，84，82，26，43，64

（2）删除 16，93 和 66

（3）插入 72，41 和 51

解析：

（1）

值：	40	64	82	93	44	84	16	66	26	43
索引：	0	1	2	3	4	5	6	7	8	9

（2）其中 T 表示墓碑（用于删除一个数字后，防止下次线性探测时发生提前中止的占位策略）。

值：	40	64	82	T	44	84	T	T	26	43
索引：	0	1	2	3	4	5	6	7	8	9

（3）

值：	40	64	82	72	44	84	41	51	26	43
索引：	0	1	2	3	4	5	6	7	8	9

8.6.3　线性探测推断

假设使用线性探测哈希表，其中有 10 个存储整数的槽。哈希函数是取要散列的数字的最后一位。空的槽表示空白，墓表示墓碑，用于删除一个数字后，防止下次线性探测时发生提前中止的占位策略。假定得到的哈希表如下：

值：　18　37　墓　　　　　　95　16　5　56　39

索引：[0] [1] [2] [3] [4] [5] [6] [7] [8] [9]

请补全下列的操作，假定数字不会插入两次，也不会删除表格中没有的数字。

插入 28

插入 32

插入__

删除__

插入 18

删除__

插入 95

插入__

插入__

插入__

插入__

参考解答：

插入 28

插入 32

插入 39

删除 32

插入 18

删除 28

插入 95

插入 16

插入 5

插入 56

插入 37

解析：以第 3 步为例，看看如何得到。在步骤 5 中插入了 18，而该元素最终位于 0 号槽，只有当第 8 和第 9 号槽被填满时，才会出现这种情况，因此唯一能插入的、最终位于第 9 个插槽的元素是 39。

在第 4 步中，同样可以通过排除法进行推理。唯一可以删除的元素是 32 和 28，因为这两个元素都没出现在最终的哈希表中。如果删除了 28，那么当插入 18 时，它就会覆盖墓碑，而不是最终出现在 0 号位置。因此，是删除 32。这就意味着第 6 步必须是删除 28，因为 28 也没有出现在最后的哈希表中。

当开始插入第 8 步及以后的元素时，就知道必须按照一定的顺序插入 37、16、5 和 56，因为它们是目前还没有出现在哈希表中的元素。那么它们的顺序是什么呢？如果现在插入 37，它最终会出现在第 7 位，这是个错误的位置。插入 16 会把它放在正确的位置。插入 5 会把它放到插槽 6（错误的位置），插入 56 也会把它放到插槽 6（也是错误的位置）。这意味着必须先插入 16。这样就只剩下 37、5 和 56 了。插入 37 还是会把 37 放错位置，要让它最终进入 0 号插槽，必须先填入 7、8 和 9 号插槽。如果在 5 之前插入 56，它就会出现在错误的位置上。因此必须先插入 5 填满第 6 号槽，然后插入 56 填满第 7 号槽，最后插入 37 填满第 0 号槽。

第 9 章　内部排序

基本概念和
排序方法概述

9.1　内部排序的概述

排序是将一个数据元素（或记录）的任意序列，重新排列成一个按关键字有序的序列。排序的确切定义：

假设含 n 个记录的序列为：

$$\{R_1, R_2, R_3, \cdots, R_n\}$$

其相应的关键字序列为

$$\{K_1, K_2, K_3, \cdots, K_n\}$$

需确定 1，2，3，…，n 的一种排列 p1，p2，p3，…，pn，使其相应的关键字满足以下的非递减（或非递增）关系：

$$K_{p1} \leqslant K_{p2} \leqslant K_{p3} \leqslant \cdots \leqslant K_{pn}$$

即使序列 $\{R_1, R_2, R_3, \cdots, R_n\}$ 成为一个按关键字有序的序列：

$$\{R_{p1}, R_{p2}, R_{p3}, \cdots, R_{pn}\}$$

这样一种操作称为排序。

上述排序定义中的关键字 K_i，可以是记录 R_i（i=1，2，3，…，n）的主关键字，也可以是记录 R_i 的次关键字，甚至是若干数据项的组合。若 K_i 是主关键字，则任何一个记录的无序序列经排序后得到的结果是唯一的；若 K_i 是次关键字，则排序的结果不唯一，因为待排序的记录序列中可能存在两个或两个以上关键字相等的记录。

假设 $K_i=K_j$（$1\leqslant i\leqslant n$，$1\leqslant j\leqslant n$，$i\neq j$），且在排序前的序列中 R_i 领先于 R_j（即 $i<j$）。若在排序后的序列中 R_i 领先于 R_j，则称所用的排序方法是稳定的；反之，若可能使排序后的序列中 R_j 领先于 R_i，则称所用的排序方法是不稳定的。

由于待排序的记录数量不同，使得排序过程中涉及的存储器不同，可将排序方法分为两大类：内部排序和外部排序。内部排序是待排序记录存放在计算机随机存储器中进行的排序过程；外部排序是待排序记录的数量很大，以致内存一次不能容纳全部记录，在排序过程中尚需对外存进行访问的排序过程。本章讨论内部排序。

9.2　实践目的和实践原理

9.2.1　实践目的

(1) 深入了解各种排序算法的基本思想、排序过程。

(2) 掌握各种排序算法的实现和特点。

(3) 掌握排序算法的性能评价方法，能分析各种排序方法的时间复杂度和空间复杂度。

(4) 加深对排序算法的理解，逐步培养解决实际问题的编程能力。

9.2.2　实践原理

按排序过程中依据的不同原则对内部排序方法进行分类，可分为 5 类：插入排序、交换排序、选择排序、归并排序和基数排序。

就排序方法的全面性能而言，很难提出一种被认为是最好的方法。排序算法效率的评价指标有：执行时间和辅助空间。

通常，在排序的过程中需进行下列两种基本操作：一是比较两个关键字的大小；二是将记录从一个位置移动至另一个位置。排序算法的时间复杂度由这两种基本操作的执行次数决定。高效排序算法要求关键字的比较次数和记录的移动次数都应该尽可能少。

空间复杂度由排序算法所需的辅助空间决定。辅助空间是除了存放待排序记录占用的空间之外，执行算法所需要的其他存储空间。理想的空间复杂度为 O (1)，即算法执行期间所需要的辅助空间与待排序的数据量无关。

9.2.3　待排序记录的存储结构

采用顺序表作为待排序记录的存储结构：

```
#define MAXSIZE 20          //顺序表的最大长度

typedef int KeyType;        //关键字类型
typedef struct
{
    KeyType key;            //关键字 key
    char color[10];         //用"颜色"代表记录的其他数据项
} RedType;                  //记录类型
typedef struct
{
    RedType r[MAXSIZE+1];  //r[0]闲置或作为"哨兵"
    int length;             //顺序表长度
} SqList;                   //顺序表类型
```

9.3 基础篇

插入排序中的直接插入排序和折半插入排序、交换排序中的冒泡排序和选择排序中的简单选择排序，其算法分析见表 9.1。

表 9.1 基础篇算法分析

排序算法	时间复杂度	空间复杂度	排序的稳定性
直接插入排序	O（n^2）	O（1）	稳定的
折半插入排序	O（n^2）	O（1）	稳定的
冒泡排序	O（n^2）	O（1）	稳定的
简单选择排序	O（n^2）	O（1）	不稳定的

9.3.1 直接插入排序算法设计与实现

直接插入排序

直接插入排序算法的基本思想：按关键字的大小，将一条记录插入已排好序的有序表中，从而得到一个新的、记录数量增一的有序表。

9.3.1.1 排序过程

待排序记录的关键字序列为｛50，30，60，90，70，10，20，$\underline{50}$｝，按关键字非递减的顺序，采用直接插入排序的过程如图 9.1 所示。

初始关键字序列：(50) 30 60 90 70 10 20 $\underline{50}$
第一趟排序结果：(30 50) 60 90 70 10 20 $\underline{50}$
第二趟排序结果：(30 50 60) 90 70 10 20 $\underline{50}$
第三趟排序结果：(30 50 60 90) 70 10 20 $\underline{50}$
第四趟排序结果：(30 50 60 70 90) 10 20 $\underline{50}$
第五趟排序结果：(10 30 50 60 70 90) 20 $\underline{50}$
第六趟排序结果：(10 20 30 50 60 70 90) $\underline{50}$
第七趟排序结果：(10 20 30 50 $\underline{50}$ 60 70 90)

图 9.1 直接插入排序过程

9.3.1.2 算法实现

采用顺序表作为待排序记录的存储结构，按关键字非递减的顺序排序，直接插入排序的算法实现如下：

```
#include<iostream>

using namespace std;

#define MAXSIZE 20
```

```
//采用顺序表作为待排序记录的存储结构
typedef int KeyType;
typedef struct
{
    KeyType key;
    char color[10];
} RedType;
typedef struct
{
    RedType r[MAXSIZE+1];
    int length;
} SqList;

//函数声明
void CreateSqList(SqList &L,RedType r[],int len);
void TraverseSqList(SqList L);
void InsertSort(SqList &L);

int main()
{
    RedType rt[8]={ {50,"YELLOW"}, {30,"WHITE"}, {60,"WHITE"},
                    {90,"WHITE"}, {70,"WHITE"}, {10,"WHITE"},
                    {20,"WHITE"}, {50,"RED"} };
    SqList sl;

    CreateSqList(sl,rt,8);
    cout<<"排序前:"<<endl;
    TraverseSqList(sl);
    cout<<endl<<"直接插入排序..."<<endl;
    InsertSort(sl);
    cout<<endl<<"排序后:"<<endl;
    TraverseSqList(sl);

    return 0;
}

//创建顺序表
void CreateSqList(SqList &L,RedType r[],int len)
{
    L.length=len;
```

```
    for(int i=1;i<=L.length;i++)
        L.r[i]=r[i-1];
}

//输出顺序表
void TraverseSqList(SqList L)
{
    for(int i=1;i<=L.length;i++)
        cout<<"("<<L.r[i].key<<","<<L.r[i]. color<<")";
    cout<<endl;
}

//直接插入排序
void InsertSort(SqList &L)
{
    for(int i=2;i<=L.length;i++)
        if(L.r[i].key<L.r[i-1].key)
        {
            L.r[0]=L.r[i];
            L.r[i]=L.r[i-1];

            int j;
            for(j=i-2;L.r[0].key<L.r[j].key;j--)
                L.r[j+1]=L.r[j];
            L.r[j+1]=L.r[0];
        }
}
```

运行结果如图 9.2 所示。

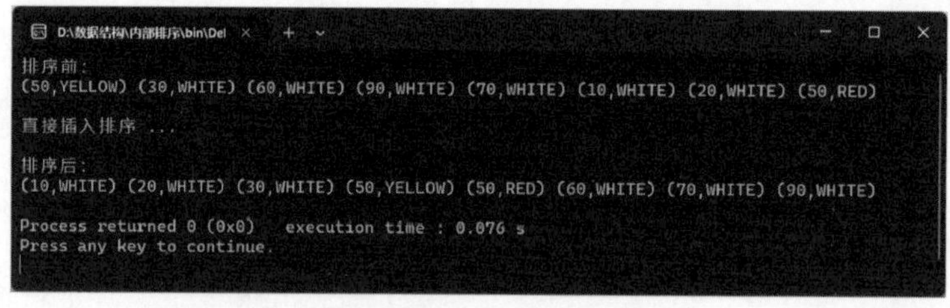

图 9.2　直接插入排序运行结果

9.3.2　折半插入排序算法设计与实现

折半插入排序算法的基本思想：按关键字的大小，将一条记录插入已排好序的有序表中，查找插入位置采用折半查找，从而得到一个新的、记录数量增一的有序表。

9.3.2.1　排序过程

待排序记录的关键字序列为{50，30，60，90，70，10，20，$\underline{50}$}，按关键字非递减的顺序，采用折半插入排序的过程如图 9.3 所示。

初始关键字序列：(50) 30 60 90 70 10 20 $\underline{50}$
第一趟排序结果：(30 50) 60 90 70 10 20 $\underline{50}$
第二趟排序结果：(30 50 60) 90 70 10 20 $\underline{50}$
第三趟排序结果：(30 50 60 90) 70 10 20 $\underline{50}$
第四趟排序结果：(30 50 60 70 90) 10 20 $\underline{50}$
第五趟排序结果：(10 30 50 60 70 90) 20 $\underline{50}$
第六趟排序结果：(10 20 30 50 60 70 90) $\underline{50}$
第七趟排序结果：(10 20 30 50 $\underline{50}$ 60 70 90)

图 9.3　折半插入排序过程

9.3.2.2　算法实现

采用顺序表作为待排序记录的存储结构，按关键字非递减的顺序排序，折半插入排序的算法实现如下：

```
#include<iostream>

using namespace std;

#define MAXSIZE 20

//采用顺序表作为待排序记录的存储结构
typedef int KeyType;
typedef struct
{
    KeyType key;
    char color[10];
} RedType;
typedef struct
{
    RedType r[MAXSIZE+1];
    int length;
} SqList;

//函数声明
void CreateSqList(SqList &L,RedType r[],int len);
void TraverseSqList(SqList L);
void BinaryInsertSort(SqList &L);
```

```
int main()
{
    RedType rt[8]={ {50,"YELLOW"}, {30,"WHITE"}, {60,"WHITE"},
                   {90,"WHITE"}, {70,"WHITE"}, {10,"WHITE"},
                   {20,"WHITE"}, {50,"RED"} };
    SqList sl;

    CreateSqList(sl,rt,8);
    cout<<"排序前:"<<endl;
    TraverseSqList(sl);
    cout<<endl<<"折半插入排序..."<<endl;
    BinaryInsertSort(sl);
    cout<<endl<<"排序后:"<<endl;
    TraverseSqList(sl);

    return 0;
}

//创建顺序表
void CreateSqList(SqList &L,RedType r[],int len)
{
    L.length=len;
    for(int i=1;i<=L.length;i++)
        L.r[i]=r[i-1];
}
//输出顺序表
void TraverseSqList(SqList L)
{
    for(int i=1;i<=L.length;i++)
        cout<<"("<<L.r[i].key<<","<<L.r[i]. color<<")";
    cout<<endl;
}

//折半插入排序
void BinaryInsertSort(SqList &L)
{
int low,high,mid;

    for(int i=2;i<=L.length;i++)
    {
        L.r[0]=L.r[i];
```

```
        low=1;
        high=i-1;
        while(low<=high)
        {
            mid=(low+high)/2;
            if(L.r[0].key<L.r[mid].key)
                high=mid-1;
            else
                low=mid+1;
        }
        for(int j=i-1;j>=high+1;j--)
                L.r[j+1]=L.r[j];
        L.r[high+1]=L.r[0];
    }
}
```

运行结果如图 9.4 所示。

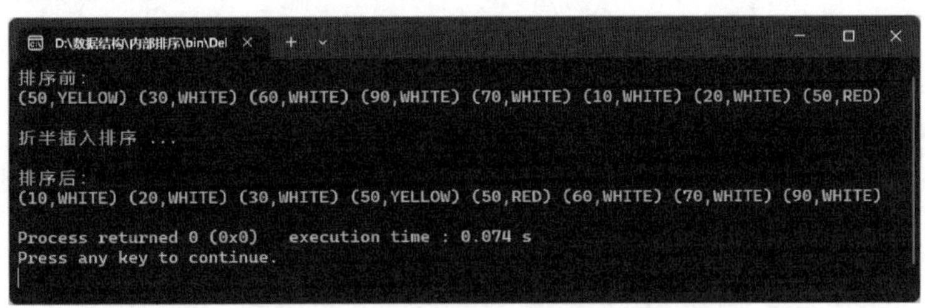

图 9.4　折半插入排序运行结果

9.3.3　冒泡排序算法设计与实现

冒泡排序

冒泡排序算法的基本思想：两两比较待排序记录的关键字，一旦发现两个记录不满足次序要求时则进行交换，直到整个序列全部满足要求为止。

9.3.3.1　排序过程

待排序记录的关键字序列为 {50，30，60，90，70，10，20，50}，按关键字非递减的顺序，采用冒泡排序的过程如图 9.5 所示。

初始关键字序列：50 30 60 90 70 10 20 50
第一趟排序结果：30 50 60 70 10 20 50 90
第二趟排序结果：30 50 60 10 20 50 70 90
第三趟排序结果：30 50 10 20 50 60 70 90
第四趟排序结果：30 10 20 50 50 60 70 90
第五趟排序结果：10 20 30 50 50 60 70 90
第六趟排序结果：10 20 30 50 50 60 70 90

图 9.5　冒泡排序过程

待排序的记录共 8 个，最糟糕的情况下，要进行 7 趟冒泡排序，图 9.5 所示的排序过程第 6 趟排序无记录发生交换，可判定排序完成，无须进行第 7 趟排序。

9.3.3.2 算法实现

采用顺序表作为待排序记录的存储结构，按关键字非递减的顺序排序，冒泡排序的算法实现如下：

```
#include<iostream>

using namespace std;

#define MAXSIZE 20

//采用顺序表作为待排序记录的存储结构
typedef int KeyType;
typedef struct
{
    KeyType key;
    char color[10];
} RedType;
typedef struct
{
    RedType r[MAXSIZE+1];
    int length;
} SqList;

//函数声明
void CreateSqList(SqList &L,RedType r[],int len);
void TraverseSqList(SqList L);
void BubbleSort(SqList &L);

int main()
{
    RedType rt[8]={ {50,"YELLOW"}, {30,"WHITE"}, {60,"WHITE"},
                    {90,"WHITE"}, {70,"WHITE"}, {10,"WHITE"},
                    {20,"WHITE"}, {50,"RED"} };
    SqList sl;

    CreateSqList(sl,rt,8);
    cout<<"排序前:"<<endl;
    TraverseSqList(sl);
    cout<<endl<<"冒泡排序..."<<endl;
    BubbleSort(sl);
```

```
    cout<<endl<<"排序后:"<<endl;
    TraverseSqList(sl);

    return 0;
}

//创建顺序表
void CreateSqList(SqList &L,RedType r[],int len)
{
    L.length=len;
    for(int i=1;i<=L.length;i++)
        L.r[i]=r[i-1];
}

//输出顺序表
void TraverseSqList(SqList L)
{
    for(int i=1;i<=L.length;i++)
        cout<<"("<<L.r[i].key<<","<<L.r[i].color<<")";
    cout<<endl;
}

//冒泡排序
void BubbleSort(SqList &L)
{
    int change;
    for(int i=L.length;i > 1;i--)
    {
        change=0;
        for(int j=1;j<i;j++)
            if(L.r[j].key > L.r[j+1].key)
            {
                L.r[0]=L.r[j];
                L.r[j]=L.r[j+1];
                L.r[j+1]=L.r[0];

                change=1;
            }
        if(!change)
            break;
    }
}
```

运行结果如图 9.6 所示。

```
排序前:
(50,YELLOW) (30,WHITE) (60,WHITE) (90,WHITE) (70,WHITE) (10,WHITE) (20,WHITE) (50,RED)

冒泡排序 ...

排序后:
(10,WHITE) (20,WHITE) (30,WHITE) (50,YELLOW) (50,RED) (60,WHITE) (70,WHITE) (90,WHITE)

Process returned 0 (0x0)   execution time : 0.088 s
Press any key to continue.
```

图 9.6　冒泡排序运行结果

9.3.4　简单选择排序算法设计与实现

简单选择排序

简单选择排序算法的基本思想：每一趟从待排序的记录中选出关键字最小的记录，按顺序放在已排序的记录序列的最后，直到整个序列全部满足要求为止。

9.3.4.1　排序过程

待排序记录的关键字序列为 {50，30，60，90，50，10，20，70}，按关键字非递减的顺序，采用简单选择排序的过程如图 9.7 所示。

初始关键字序列：50 30 60 90 50 10 20 70
第一趟排序结果：(10) 30 60 90 50 50 20 70
第二趟排序结果：(10 20) 60 90 50 50 30 70
第三趟排序结果：(10 20 30) 90 50 50 60 70
第四趟排序结果：(10 20 30 50) 90 50 60 70
第五趟排序结果：(10 20 30 50 50) 90 60 70
第六趟排序结果：(10 20 30 50 50 60) 90 70
第七趟排序结果：(10 20 30 50 50 60 70) 90

图 9.7　简单选择排序过程

9.3.4.2　算法实现

采用顺序表作为待排序记录的存储结构，按关键字非递减的顺序排序，简单选择排序的算法实现如下：

```
#include<iostrcam>

using namespace std;

#define MAXSIZE 20

//采用顺序表作为待排序记录的存储结构
```

```
typedef int KeyType;
typedef struct
{
    KeyType key;
    char color[10];
} RedType;
typedef struct
{
    RedType r[MAXSIZE+1];
    int length;
} SqList;

//函数声明
void CreateSqList(SqList &L,RedType r[],int len);
void TraverseSqList(SqList L);
void SelectSort(SqList &L);

int main()
{
    RedType rt[8]={ {50,"YELLOW"}, {30,"WHITE"}, {60,"WHITE"},
                    {90,"WHITE"}, {50,"RED"}, {10,"WHITE"},
                    {20,"WHITE"}, {70,"WHITE"} };
    SqList sl;

    CreateSqList(sl,rt,8);
    cout<<"排序前:"<<endl;
    TraverseSqList(sl);
    cout<<endl<<"简单选择排序 ..."<<endl;
    SelectSort(sl);
    cout<<endl<<"排序后:"<<endl;
    TraverseSqList(sl);

    return 0;
}

//创建顺序表
void CreateSqList(SqList &L,RedType r[],int len)
{
    L.length=len;
    for(int i=1;i<=L.length;i++)
```

```
        L.r[i]=r[i-1];
}

//输出顺序表
void TraverseSqList(SqList L)
{
    for(int i=1;i<=L.length;i++)
        cout<<"("<<L.r[i].key<<","<<L.r[i].color<<")";
    cout<<endl;
}

//简单选择排序
void SelectSort(SqList &L)
{
    int k;
    for(int i=1;i<L.length;i++)
    {
        k=i;
        for(int j=i+1;j<=L.length;j++)
            if(L.r[j].key<L.r[k].key)
                k=j;
        if(k !=i)
        {
            L.r[0]=L.r[i];
            L.r[i]=L.r[k];
            L.r[k]=L.r[0];
        }
    }
}
```

运行结果如图 9.8 所示。

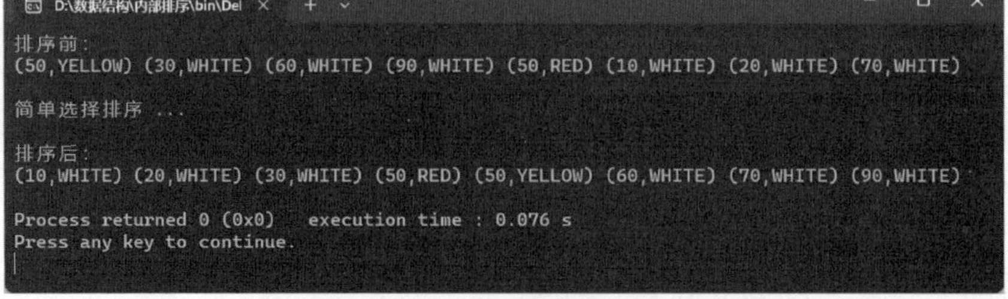

```
D:\数据结构\内部排序\bin\Del
排序前:
(50,YELLOW) (30,WHITE) (60,WHITE) (90,WHITE) (50,RED) (10,WHITE) (20,WHITE) (70,WHITE)

简单选择排序...

排序后:
(10,WHITE) (20,WHITE) (30,WHITE) (50,RED) (50,YELLOW) (60,WHITE) (70,WHITE) (90,WHITE)

Process returned 0 (0x0)   execution time : 0.076 s
Press any key to continue.
```

图 9.8　简单选择排序运行结果

9.3.5　实践项目

【实践项目一】在本节程序的基础上，分别计算直接插入排序、折半插入排序、冒泡排序和简单选择排序在排序过程中关键字的比较次数。

【实践项目二】在本节程序的基础上，分别计算直接插入排序、折半插入排序、冒泡排序和简单选择排序在排序过程中记录的移动次数。

9.4　提高篇

插入排序中的希尔排序、交换排序中的快速排序、选择排序中的堆排序、归并排序中的二路归并排序和基数排序中的链式基数排序，其算法分析见表 9.2。

表 9.2　提高篇算法分析

排序算法	时间复杂度	空间复杂度	排序的稳定性
希尔排序	O（$n^{3/2}$）	O（1）	不稳定的
快速排序	O（$n\log_2 n$）	最好情况 O（$\log_2 n$）；最坏情况 O（n）	不稳定的
堆排序	O（$n\log_2 n$）	O（1）	不稳定的
二路归并排序	O（$n\log_2 n$）	O（n）	稳定的
链式基数排序	O（$d*(n+\mathrm{rd})$）	O（$n+\mathrm{rd}$）	稳定的

9.4.1　希尔排序算法设计与实现

希尔排序

希尔排序算法的基本思想：先将整个待排序记录序列分割为若干子序列，对子序列分别进行直接插入排序，待整个序列中的记录“基本有序”时，对全体记录进行一次直接插入排序。

9.4.1.1　排序过程

待排序记录的关键字序列为｛50，30，90，10，70，60，$\underline{50}$，20｝，按关键字非递减的顺序，增量序列为｛4，3，1｝，采用希尔排序的过程如下：

初始关键字序列：	50	30	90	10	70	60	$\underline{50}$	20	
	50					70			
		30					60		
			$\underline{50}$					90	
				10					20
第一趟排序结果：	50	30	$\underline{50}$	10	70	60	90	20	
	10			50			90		
		20			30			70	
			$\underline{50}$			60			

第二趟排序结果：	10	20	$\underline{50}$	50	30	60	90	70
第三趟排序结果：	10	20	30	$\underline{50}$	50	60	70	90

待排序记录的关键字序列为 {50，30，90，10，70，60，$\underline{50}$，20}，按关键字非递减的顺序，增量序列为 {3，2，1}，采用希尔排序的过程如下：

初始关键字序列：	50	30	90	10	70	60	$\underline{50}$	20	
	10			50				$\underline{50}$	
		20			30				70
			60			90			
第一趟排序结果：	10	20	60	50	30	90	$\underline{50}$	70	
	10		30		$\underline{50}$			60	
		20		50		70			90
第二趟排序结果：	10	20	30	50	$\underline{50}$	70	60	90	
第三趟排序结果：	10	20	30	50	$\underline{50}$	60	70	90	

9.4.1.2 算法实现

采用顺序表作为待排序记录的存储结构，按关键字非递减的顺序排序，希尔排序的算法实现如下：

```
#include<iostream>

using namespace std;

#define MAXSIZE 20

//采用顺序表作为待排序记录的存储结构
typedef int KeyType;
typedef struct
{
    KeyType key;
    char color[10];
} RedType;
typedef struct
{
    RedType r[MAXSIZE+1];
    int length;
} SqList;

//函数声明
```

```
void CreateSqList(SqList &L,RedType r[],int len);
void TraverseSqList(SqList L);
void ShellInsert(SqList &L,int dk);
void ShellSort(SqList &L,int dlta[],int t);

int main()
{
    RedType rt[8]={ {50,"YELLOW"}, {30,"WHITE"}, {90,"WHITE"},
                    {10,"WHITE"}, {70,"WHITE"}, {60,"WHITE"},
                    {50,"RED"}, {20,"WHITE"} };
    int dlta1[3]={4,3,1},dlta2[3]={3,2,1};
    SqList sl;

    CreateSqList(sl,rt,8);
    cout<<"排序前:"<<endl;
    TraverseSqList(sl);
    cout<<endl<<"希尔排序(增量序列 {4,3,1} )..."<<endl;
    ShellSort(sl,dlta1,3);
    cout<<endl<<"排序后:"<<endl;
    TraverseSqList(sl);

    cout<<endl<<endl;

    CreateSqList(sl,rt,8);
    cout<<"排序前:"<<endl;
    TraverseSqList(sl);
    cout<<endl<<"希尔排序(增量序列 {3,2,1} )..."<<endl;
    ShellSort(sl,dlta2,3);
    cout<<endl<<"排序后:"<<endl;
    TraverseSqList(sl);

    return 0;
}

//创建顺序表
void CreateSqList(SqList &L,RedType r[],int len)
{
    L.length=len;
    for(int i=1;i<=L.length;i++)
        L.r[i]=r[i-1];
}
```

```
//输出顺序表
void TraverseSqList(SqList L)
{
    for(int i=1;i<=L.length;i++)
        cout<<"("<<L.r[i].key<<","<<L.r[i]. color<<")";
    cout<<endl;
}

//希尔排序由 ShellInsert 和 ShellSort 两个函数实现
void ShellInsert(SqList &L,int dk)
{
    for(int i=dk+1;i<=L.length;i++)
        if(L.r[i].key<L.r[i-dk].key)
        {
            L.r[0]=L.r[i];
            L.r[i]=L.r[i-dk];

            int j;
            for(j=i-2*dk;j > 0 && L.r[0].key<L.r[j].key;j-=dk)
                L.r[j+dk]=L.r[j];

            L.r[j+dk]=L.r[0];
        }
}
void ShellSort(SqList &L,int dlta[],int t)
{
    for(int k=0;k<t;k++)
        ShellInsert(L,dlta[k]);
}
```

运行结果如图 9.9 所示。

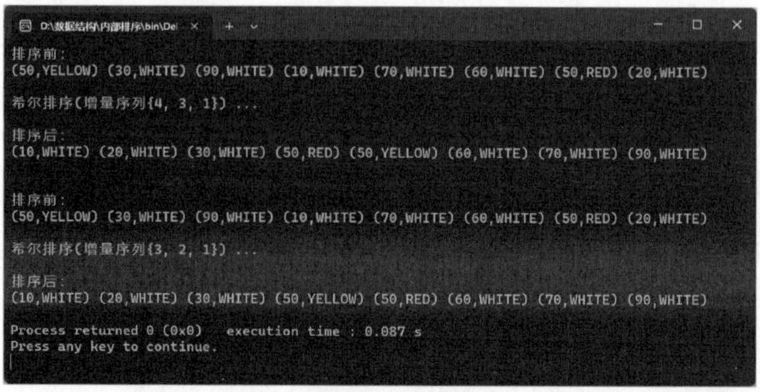

```
排序前:
(50,YELLOW) (30,WHITE) (90,WHITE) (10,WHITE) (70,WHITE) (60,WHITE) (50,RED) (20,WHITE)

希尔排序(增量序列{4, 3, 1}) ...

排序后:
(10,WHITE) (20,WHITE) (30,WHITE) (50,RED) (50,YELLOW) (60,WHITE) (70,WHITE) (90,WHITE)


排序前:
(50,YELLOW) (30,WHITE) (90,WHITE) (10,WHITE) (70,WHITE) (60,WHITE) (50,RED) (20,WHITE)

希尔排序(增量序列{3, 2, 1}) ...

排序后:
(10,WHITE) (20,WHITE) (30,WHITE) (50,YELLOW) (50,RED) (60,WHITE) (70,WHITE) (90,WHITE)

Process returned 0 (0x0)   execution time : 0.087 s
Press any key to continue.
```

图 9.9　希尔排序运行结果

9.4.2　快速排序算法设计与实现

快速排序

快速排序算法的基本思想：通过一趟排序将待排序记录分割成独立的两部分，其中一部分记录的关键字均比另一部分记录的关键字小，则可分别对这两部分记录继续进行排序，以达到整个序列有序。

9.4.2.1　排序过程

待排序记录的关键字序列为｛30，20，90，60，70，50，10，50｝，按关键字非递减的顺序，采用快速排序的过程如下：

初始关键字序列：	30 20 90 60 70 50 10 50
范围［1，8］，枢轴记录关键字 30：	｛10 20｝ 30 ｛60 70 50 90 50｝
范围［1，2］，枢轴记录关键字 10：	10 ｛20｝
范围［4，8］，枢轴记录关键字 60：	｛50 50｝ 60 ｛90 70｝
范围［4，5］，枢轴记录关键字 50：	50 ｛50｝
范围［7，8］，枢轴记录关键字 90：	｛70｝
	90
有序序列：	10　20　30 50　50 60　70　90

9.4.2.2　算法实现

采用顺序表作为待排序记录的存储结构，按关键字非递减的顺序排序，快速排序的算法实现如下：

```
#include<iostream>

using namespace std;

#define MAXSIZE 20

//采用顺序表作为待排序记录的存储结构
typedef int KeyType;
typedef struct
{
    KeyType key;
    char color[10];
} RedType;
typedef struct
{
    RedType r[MAXSIZE+1];
    int length;
} SqList;
```

```
//函数声明
void CreateSqList(SqList &L,RedType r[],int len);
void TraverseSqList(SqList L);
int Partition(SqList &L,int low,int high);
void QSort(SqList &L,int low,int high);

int main()
{
    RedType rt[8]={ {30,"WHITE"}, {20,"WHITE"}, {90,"WHITE"},
                    {60,"WHITE"}, {70,"WHITE"}, {50,"YELLOW"},
                    {10,"WHITE"}, {50,"RED"} };
    SqList sl;

    CreateSqList(sl,rt,8);
    cout<<"排序前:"<<endl;
    TraverseSqList(sl);
    cout<<endl<<"快速排序 ..."<<endl;
    QSort(sl,1,sl.length);
    cout<<endl<<"排序后:"<<endl;
    TraverseSqList(sl);

    return 0;
}

//创建顺序表
void CreateSqList(SqList &L,RedType r[],int len)
{
    L.length=len;
    for(int i=1;i<=L.length;i++)
        L.r[i]=r[i-1];
}

//输出顺序表
void TraverseSqList(SqList L)
{
    for(int i=1;i<=L.length;i++)
        cout<<"("<<L.r[i].key<<","<<L.r[i].color<<")";
    cout<<endl;
}

//快速排序由 Partition 和 QSort 两个函数实现
```

```
int Partition(SqList &L,int low,int high)
{
    KeyType pivotkey=L.r[low].key;

    L.r[0]=L.r[low];
    while(low<high)
    {
        while(low<high && L.r[high].key >=pivotkey)
            high--;
        L.r[low]=L.r[high];

        while(low<high && L.r[low].key<=pivotkey)
            low++;
        L.r[high]=L.r[low];
    }
    L.r[low]=L.r[0];

    return low;
}

void QSort(SqList &L,int low,int high)
{
    int  pivotloc;

    if(low<high)
    {
        pivotloc=Partition(L,low,high);
        QSort(L,low,pivotloc-1);
        QSort(L,pivotloc+1,high);
    }
}
```

运行结果如图 9.10 所示。

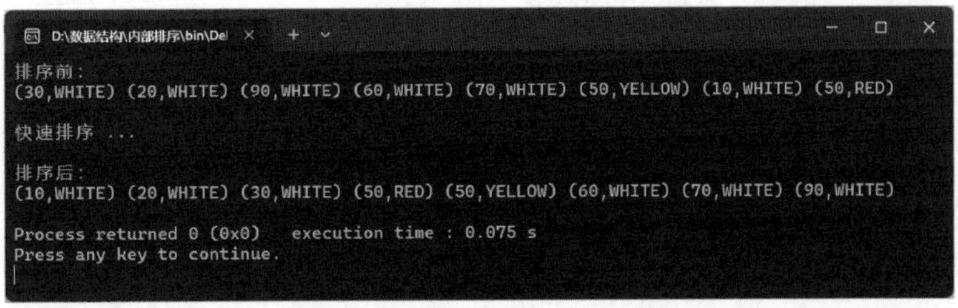

```
D:\数据结构\内部排序\bin\De

排序前:
(30,WHITE) (20,WHITE) (90,WHITE) (60,WHITE) (70,WHITE) (50,YELLOW) (10,WHITE) (50,RED)

快速排序 ...

排序后:
(10,WHITE) (20,WHITE) (30,WHITE) (50,RED) (50,YELLOW) (60,WHITE) (70,WHITE) (90,WHITE)

Process returned 0 (0x0)   execution time : 0.075 s
Press any key to continue.
```

图 9.10　快速排序运行结果

9.4.3 堆排序算法设计与实现

堆排序

堆排序算法的基本思想：将待排序记录看成是一棵完全二叉树的顺序存储结构，利用完全二叉树中双亲结点和孩子结点之间的内在关系，在当前无序的序列中选择关键字最大（或最小）的记录。

9.4.3.1 排序过程

待排序记录的关键字序列为{50，30，60，90，50，10，20，70}，按关键字非递减的顺序，采用堆排序的过程如下：

初始关键字序列：{50 30 60 90 50 10 20 70}
初始大根堆：{90 70 60 50 50 10 20 30}
第一趟排序结果：{70 50 60 30 50 10 20} 90
第二趟排序结果：{60 50 20 30 50 10} 70 90
第三趟排序结果：{50 50 20 30 10} 60 70 90
第四趟排序结果：{50 30 20 10} 50 60 70 90
第五趟排序结果：{30 10 20} 50 50 60 70 90
第六趟排序结果：{20 10} 30 50 50 60 70 90
第七趟排序结果：{10} 20 30 50 50 60 70 90

9.4.3.2 算法实现

采用顺序表作为待排序记录的存储结构，按关键字非递减的顺序排序，堆排序的算法实现如下：

```
#include<iostream>

using namespace std;

#define MAXSIZE 20

//采用顺序表作为待排序记录的存储结构
typedef int KeyType;
typedef struct
{
    KcyType key;
    char color[10];
} RedType;
typedef struct
{
    RedType r[MAXSIZE+1];
    int length;
```

```
} SqList;

//函数声明
void CreateSqList(SqList &L,RedType r[],int len);
void TraverseSqList(SqList L);
void HeapAdjust(SqList &L,int s,int m);
void HeapSort(SqList &L);

int main()
{
    RedType rt[8]={ {50,"YELLOW"}, {30,"WHITE"}, {60,"WHITE"},
                    {90,"WHITE"}, {50,"RED"}, {10,"WHITE"},
                    {20,"WHITE"}, {70,"WHITE"} };
    SqList sl;

    CreateSqList(sl,rt,8);
    cout<<"排序前:"<<endl;
    TraverseSqList(sl);
    cout<<endl<<"堆排序..."<<endl;
    HeapSort(sl);
    cout<<endl<<"排序后:"<<endl;
    TraverseSqList(sl);

    return 0;
}

//创建顺序表
void CreateSqList(SqList &L,RedType r[],int len)
{
    L.length=len;
    for(int i=1;i<=L.length;i++)
        L.r[i]=r[i-1];
}

//输出顺序表
void TraverseSqList(SqList L)
{
    for(int i=1;i<=L.length;i++)
        cout<<"("<<L.r[i].key<<","<<L.r[i].color<<")";
    cout<<endl;
}
```

```
//堆排序由 HeapAdjust 和 HeapSort 两个函数实现
void HeapAdjust(SqList &L,int s,int m)
{
    L.r[0]=L.r[s];

    for(int j=2*s;j<=m;j*=2)
    {
        if(j<m && L.r[j].key<L.r[j+1].key)
            j++;
        if(L.r[0].key >=L.r[j].key)
            break;
        L.r[s]=L.r[j];
        s=j;
    }

    L.r[s]=L.r[0];
}

void HeapSort(SqList &L)
{
    for(int i=L.length/2;i > 0;i--)
        HeapAdjust(L,i,L.length);

    for(int i=L.length;i > 1;i--)
    {
        L.r[0]=L.r[1];
        L.r[1]=L.r[i];
        L.r[i]=L.r[0];

        HeapAdjust(L,1,i-1);
    }
}
```

运行结果如图 9.11 所示。

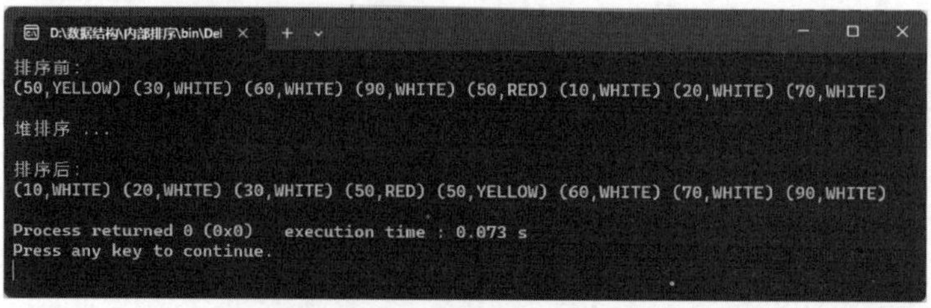

```
排序前:
(50,YELLOW) (30,WHITE) (60,WHITE) (90,WHITE) (50,RED) (10,WHITE) (20,WHITE) (70,WHITE)

堆排序 ...

排序后:
(10,WHITE) (20,WHITE) (30,WHITE) (50,RED) (50,YELLOW) (60,WHITE) (70,WHITE) (90,WHITE)

Process returned 0 (0x0)   execution time : 0.073 s
Press any key to continue.
```

图 9.11　堆排序运行结果

9.4.4　二路归并排序算法设计与实现

二路归并排序

二路归并排序算法的基本思想：将待排序的 n 个记录看成是 n 个有序的子序列，每个子序列的长度为 1，然后两两归并，得到 $\lceil n/2 \rceil$ 个长度为 2 或 1 的有序子序列；再两两归并，……，如此重复，直至得到一个长度为 n 的有序序列为止。

9.4.4.1　排序过程

待排序记录的关键字序列为｛50，30，60，90，70，10，20，$\underline{50}$｝，按关键字非递减的顺序，采用二路归并排序的过程如下：

初始关键字序列：［50］［30］［60］［90］［70］［10］［20］［$\underline{50}$］

一趟　归并　之后：［30　50］［60　90］［10　70］［20　$\underline{50}$］

二趟　归并　之后：［30　50　60　90］［10　20　$\underline{50}$　70］

三趟　归并　之后：［10　20　30　50　$\underline{50}$　60　70　90］

9.4.4.2　算法实现

采用顺序表作为待排序记录的存储结构，按关键字非递减的顺序排序，二路归并排序的算法实现如下：

```
#include<iostream>

using namespace std;

#define MAXSIZE 20

//采用顺序表作为待排序记录的存储结构
typedef int KeyType;
typedef struct
{
    KeyType key;
    char color[10];
} RedType;
typedef struct
{
    RedType r[MAXSIZE+1];
    int length;
} SqList;

//函数声明
void CreateSqList(SqList &L,RedType r[],int len);
```

```
void TraverseSqList(SqList L);
void Merge(RedType sr[],RedType tr[],int low,int position,int high);
void MSort(RedType sr[],RedType tr[],int low,int high);
void MergeSort(SqList &L);

int main()
{
    RedType rt[8]={ {50,"YELLOW"}, {30,"WHITE"}, {60,"WHITE"},
                    {90,"WHITE"}, {70,"WHITE"}, {10,"WHITE"},
                    {20,"WHITE"}, {50,"RED"} };
    SqList sl;

    CreateSqList(sl,rt,8);
    cout<<"排序前:"<<endl;
    TraverseSqList(sl);
    cout<<endl<<"二路归并排序..."<<endl;

    MergeSort(sl);
    cout<<endl<<"排序后:"<<endl;
    TraverseSqList(sl);

    return 0;
}

//创建顺序表
void CreateSqList(SqList &L,RedType r[],int len)
{
    L.length=len;
    for(int i=1;i<=L.length;i++)
        L.r[i]=r[i-1];
}

//输出顺序表
void TraverseSqList(SqList L)
{
    for(int i=1;i<=L.length;i++)
        cout<<"("<<L.r[i].key<<","<<L.r[i].color<<")";
    cout<<endl;
}
```

```
//二路归并排序由 Merge、MSort 和 MergeSort 三个函数实现
void Merge(RedType sr[],RedType tr[],int low,int position,int high)
{
    int i=low,j=position+1,k=low;

    while(i<=position && j<=high)
        if(sr[i].key<=sr[j].key)
            tr[k++]=sr[i++];
        else
            tr[k++]=sr[j++];
    while(i<=position)
        tr[k++]=sr[i++];
    while(j<=high)
        tr[k++]=sr[j++];
}

void MSort(RedType sr[],RedType tr[],int low,int high)
{
    if(low==high)
        tr[low]=sr[low];
    else
    {
        int mid=(low+high)/2;

        RedType tmp[MAXSIZE+1];
        MSort(sr,tmp,low,mid);
        MSort(sr,tmp,mid+1,high);

        Merge(tmp,tr,low,mid,high);
    }
}

void MergeSort(SqList &L)
{

    MSort(L.r,L.r,1,L.length);
}
```

运行结果如图 9. 12 所示。

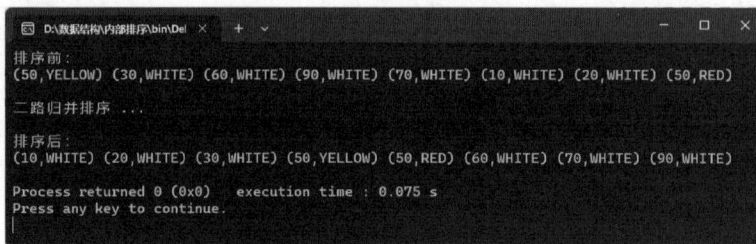

```
D:\数据结构\内部排序\bin\Del
排序前：
(50,YELLOW) (30,WHITE) (60,WHITE) (90,WHITE) (70,WHITE) (10,WHITE) (20,WHITE) (50,RED)

二路归并排序 ...

排序后：
(10,WHITE) (20,WHITE) (30,WHITE) (50,YELLOW) (50,RED) (60,WHITE) (70,WHITE) (90,WHITE)

Process returned 0 (0x0)   execution time : 0.075 s
Press any key to continue.
```

图 9. 12　二路归并排序运行结果

9. 4. 5　链式基数排序算法设计与实现

链式基数排序

链式基数排序是一种借助多关键字排序的思想对单逻辑关键字进行排序的方法。链式基数排序算法的基本思想：将待排序记录的关键字看成由 d 个“单逻辑关键字”组成，每个关键字可能取 rd 个值，采用“最低位优先法”，从最低位关键字起，按关键字的不同值，将待排序记录“分配”到 rd 个队列中，然后“收集”；如此重复 d 次，完成排序。

9. 4. 5. 1　排序过程

待排序记录的关键字序列为｛278，109，63，930，589，63，8，83｝，按关键字非递减的顺序，采用链式基数排序的过程如下：

初始关键字序列：278 109 063 930 589 063 008 083

按个位分配收集：930 063 063 083 278 008 109 589

按十位分配收集：008 109 930 063 063 278 083 589

按百位分配收集：008 063 063 083 109 278 589 930

9. 4. 5. 2　算法实现

链式基数排序采用静态链表作为待排序记录的存储结构。

```
#define MAXNUM_KEY 8            //关键字项数的最大值
#define RADIX 10                //关键字基数
#define MAX_SPACE 10000

typedef int KeyType;           //关键字类型
typedef struct
{
    KeyType key;               //关键字 key
    char color[10];            //用“颜色”代表记录的其他数据项
} RedType;                     //记录类型
```

```
typedef struct
{
    KeyType keys[MAXNUM_KEY];     //“单逻辑关键字”keys
    char color[10];               //用“颜色”代表记录的其他数据项
    int next;
} SLCell;                         //静态链表的结点类型
typedef struct
{
    SLCell r[MAX_SPACE];          //静态链表的可用空间,r[0]为头结点
    int keynum;                   //记录的当前关键字个数
    int recnum;                   //静态链表的当前长度
} SLList;                         //静态链表类型
typedef int ArrType[RADIX];       //数组类型
```

按关键字非递减的顺序排序，链式基数排序的算法实现如下：

```
#include<iostream>
#include<string.h>

using namespace std;

#define MAXNUM_KEY 8
#define RADIX 10
#define MAX_SPACE 10000

//采用静态链表作为待排序记录的存储结构
typedef int KeyType;
typedef struct
{
    KeyType key;
    char color[10];
} RedType;
typedef struct
{
    KeyType keys[MAXNUM_KEY];
    char color[10];
    int next;
} SLCell;
typedef struct
{
```

```
    SLCell r[MAX_SPACE];
    int keynum;
    int recnum;
} SLList;
typedef int ArrType[RADIX];

//函数声明
void CreateSLList(SLList &L,RedType rt[],int keynum,int recnum);
void TraverseSLList(SLList L);
int ord(KeyType key);
void Distribute(SLCell r[],int i,ArrType &f,ArrType &e);
void Collect(SLCell r[],int i,ArrType f,ArrType e);
void RadixSort(SLList &L);

int main()
{
    RedType rt[8]={ {278,"WHITE"}, {109,"WHITE"}, {63,"YELLOW"},
                    {930,"WHITE"}, {589,"WHITE"}, {63,"RED"},
                    {8,"WHITE"}, {83,"WHITE"} };
    SLList sl;

    CreateSLList(sl,rt,3,8);
    cout<<"排序前:"<<endl;
    TraverseSLList(sl);
    cout<<endl<<"链式基数排序 ..."<<endl;
    RadixSort(sl);
    cout<<endl<<"排序后:"<<endl;
    TraverseSLList(sl);

    return 0;
}

//创建静态链表
void CreateSLList(SLList &L,RedType rt[],int keynum,int recnum)
{
    L.keynum=keynum;
    L.recnum=recnum;
    for(int i=1;i<=L.recnum;i++)
    {
        L.r[i-1].next=i;
```

```
        KeyType original_key=rt[i-1].key;
        for(int j=L.keynum-1;j >=0;j--)
        {
            L.r[i].keys[j]=original_key % 10;
            original_key/=10;
        }
        strcpy(L.r[i].color,rt[i-1].color);
    }
    L.r[L.recnum].next=0;
}

//输出静态链表
void TraverseSLList(SLList L)
{
    for(int p=L.r[0].next;p;p=L.r[p].next)
    {
        cout<<"(";
        for(int i=0;i<L.keynum;i++)
            cout<<L.r[p].keys[i];
        cout<<","<<L.r[p].color<<") ";
    }
    cout<<endl;
}

//链式基数排序由 ord、Merge、MSort 和 MergeSort 四个函数实现
int ord(KeyType key)
{
    return key;
}

void Distribute(SLCell r[],int i,ArrType &f,ArrType &e)
{
    int j;
    for(j=0;j<RADIX;j++)
    {
        f[j]=0;
        e[j]=0;
    }

    for(int p=r[0].next;p;p=r[p].next)
    {
```

```
        j=ord(r[p].keys[i]);
        if(!f[j])
            f[j]=p;
        else
            r[e[j]].next=p;
        e[j]=p;
    }
}

void Collect(SLCell r[],int i,ArrType f,ArrType e)
{
    int j,t;
    for(j=0;! f[j];j++)
        ;
    r[0].next=f[j];
    t=e[j];

    for(j+=1;j<RADIX;j++)
        if(f[j])
        {
            r[t].next=f[j];
            t=e[j];
        }

    r[t].next=0;
}

void RadixSort(SLList &L)
{
    ArrType f,e;

    //最低位优先法
    //个位:keys[2]、十位:keys[1]、百位:keys[0]
    for(int i=L.keynum-1;i >=0;i--)
    {
        Distribute(L.r,i,f,e);
        Collect(L.r,i,f,e);
    }
}
```

运行结果如图 9.13 所示。

```
D:\数据结构\内部排序\bin\Del
排序前:
(278,WHITE) (109,WHITE) (063,YELLOW) (930,WHITE) (589,WHITE) (063,RED) (008,WHITE) (083,WHITE)

链式基数排序 ...

排序后:
(008,WHITE) (063,YELLOW) (063,RED) (083,WHITE) (109,WHITE) (278,WHITE) (589,WHITE) (930,WHITE)

Process returned 0 (0x0)   execution time : 0.088 s
Press any key to continue.
```

图 9.13　链式基数排序运行结果

9.4.6　实践项目

【实践项目三】在本节程序的基础上，分别计算希尔排序、快速排序、堆排序、二路归并排序和链式基数排序在排序过程中关键字的比较次数。

【实践项目四】在本节程序的基础上，分别计算希尔排序、快速排序、堆排序、二路归并排序和链式基数排序在排序过程中记录的移动次数。

9.5　创新篇

9.5.1　计算直接插入排序算法的执行时间

随机产生 10000 个待排序记录，按关键字非递减的顺序，计算直接插入排序所需要的执行时间，并验证排序结果的正确性。

采用顺序表作为待排序记录的存储结构，按关键字非递减的顺序排序；修改 9.3.1 节程序中的创建顺序表函数 CreateSqList，随机产生 10000 个待排序记录；增加验证排序结果正确性的函数 Verify；计算直接插入排序所需执行时间的算法实现如下：

```
#include<iostream>
#include<stdlib.h>
#include<time.h>
#include<string.h>

using namespace std;

#define MAXSIZE 10000

//采用顺序表作为待排序记录的存储结构
typedef int KeyType;
```

```
typedef struct
{
    KeyType key;
    char color[10];
} RedType;
typedef struct
{
    RedType r[MAXSIZE+1];
    int length;
} SqList;

//函数声明
void CreateSqList(SqList &L,int len);
void TraverseSqList(SqList L);
void InsertSort(SqList &L);
int Verify(SqList L);

int main()
{
    SqList sl;
    clock_t t1,t2;

    cout<<"随机产生 10000 个待排序记录"<<endl;
    CreateSqList(sl,10000);
    cout<<endl<<"直接插入排序 ..."<<endl;
    t1=clock();
    InsertSort(sl);
    t2=clock();
    cout<<"执行时间:";
    cout<<((float)(t2-t1))/CLOCKS_PER_SEC<<"秒"<<endl;
    cout<<"排序结果:";
    if(Verify(sl))
        cout<<"正确"<<endl;
    else
        cout<<"错误"<<endl;

    return 0;
}

//创建顺序表
```

```
void CreateSqList(SqList &L,int len)
{
    L.length=len;
    srand(time(NULL));
    for(int i=1;i<=L.length;i++)
    {
        L.r[i].key=rand()% 10000+1;
        if(L.r[i].key % 2)
            strcpy(L.r[i].color,"WHITE");
        else
            strcpy(L.r[i].color,"BLACK");
    }
}

//输出顺序表
void TraverseSqList(SqList L)
{
    for(int i=1;i<=L.length;i++)
        cout<<"("<<L.r[i].key<<","<<L.r[i].color<<")";
    cout<<endl;
}

//直接插入排序
void InsertSort(SqList &L)
{
    for(int i=2;i<=L.length;i++)
        if(L.r[i].key<L.r[i-1].key)
        {
            L.r[0]=L.r[i];
            L.r[i]=L.r[i-1];

            int j;
            for(j=i-2;L.r[0].key<L.r[j].key;j--)
                L.r[j+1]=L.r[j];

            L.r[j+1]=L.r[0];
        }
}

//验证排序结果的正确性
```

```
int Verify(SqList L)
{
    for(int i=1;i<L.length;i++)
        if(L.r[i].key > L.r[i+1].key)
            return 0;

    return 1;
}
```

运行结果如图 9.14 所示。

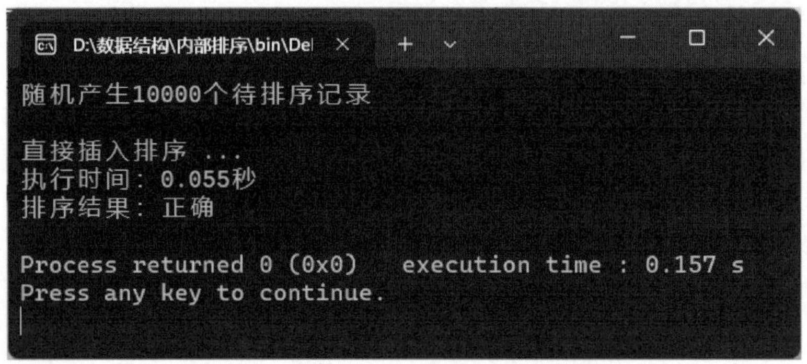

图 9.14　直接插入排序执行时间运行结果

9.5.2　基数排序的应用

待排序记录的关键字是由 5 个小写字母组成的英文单词，可将待排序记录的关键字看成由 d（$d=5$）个“小写字母”组成，每个关键字可能取 rd（$rd=26$）个值，采用“最低位优先法”，从最低位关键字起，按关键字的不同值，将待排序记录“分配”到 rd 个队列中，然后“收集”；如此重复 d 次，完成排序。

按关键字非递减的顺序排序，链式基数排序的算法实现如下：

```
#include<iostream>
#include<string.h>

using namespace std;

#define MAXNUM_KEY 8
#define RADIX 26
#define MAX_SPACE 10000

//采用静态链表作为待排序记录的存储结构
```

```
typedef char KeyType;
typedef struct
{
    KeyType keys[MAXNUM_KEY];
    int next;
} SLCell;
typedef struct
{
    SLCell r[MAX_SPACE];
    int keynum;
    int recnum;
} SLList;
typedef int ArrType[RADIX];

//函数声明
void CreateSLList(SLList &L,SLCell sc[],int keynum,int recnum);
void TraverseSLList(SLList L);
int ord(KeyType key);
void Distribute(SLCell r[],int i,ArrType &f,ArrType &e);
void Collect(SLCell r[],int i,ArrType f,ArrType e);
void RadixSort(SLList &L);
int main()
{
    SLCell sc[8]={ {"white",-1}, {"black",-1}, {"debug",-1},
                   {"build",-1}, {"start",-1}, {"space",-1},
                   {"local",-1}, {"about",-1}};
    SLList sl;

    CreateSLList(sl,sc,5,8);
    cout<<"排序前:"<<endl;
    TraverseSLList(sl);
    cout<<endl<<"链式基数排序..."<<endl;
    RadixSort(sl);
    cout<<endl<<"排序后:"<<endl;
    TraverseSLList(sl);

    return 0;
}

//创建静态链表
```

```
void CreateSLList(SLList &L,SLCell sc[],int keynum,int recnum)
{
    L.keynum=keynum;
    L.recnum=recnum;
    for(int i=1;i<=L.recnum;i++)
    {
        L.r[i-1].next=i;
        L.r[i]=sc[i-1];
    }
    L.r[L.recnum].next=0;
}

//输出静态链表
void TraverseSLList(SLList L)
{
    for(int p=L.r[0].next;p;p=L.r[p].next)
    {
        for(int i=0;i<L.keynum;i++)
            cout<<L.r[p].keys[i];
        cout<<" ";
    }
    cout<<endl;
}

//链式基数排序由 ord、Merge、MSort 和 MergeSort 四个函数实现
int ord(KeyType key)
{
    return key-'a';
}

void Distribute(SLCell r[],int i,ArrType &f,ArrType &e)
{
    int j;
    for(j=0;j<RADIX;j++)
    {
        f[j]=0;
        e[j]=0;
    }

    for(int p=r[0].next;p;p=r[p].next)
    {
```

```
            j=ord(r[p].keys[i]);
            if(!f[j])
                f[j]=p;
            else
                r[e[j]].next=p;
            e[j]=p;
        }
}

void Collect(SLCell r[],int i,ArrType f,ArrType e)
{
    int j,t;
    for(j=0;! f[j];j++)
        ;
    r[0].next=f[j];
    t=e[j];

    for(j+=1;j<RADIX;j++)
        if(f[j])
        {
            r[t].next=f[j];
            t=e[j];
        }

    r[t].next=0;
}

void RadixSort(SLList &L)
{
    ArrType f,e;

    for(int i=L.keynum-1;i >=0;i--)
    {
        Distribute(L.r,i,f,e);
        Collect(L.r,i,f,e);
    }
}
```

运行结果如图 9.15 所示。

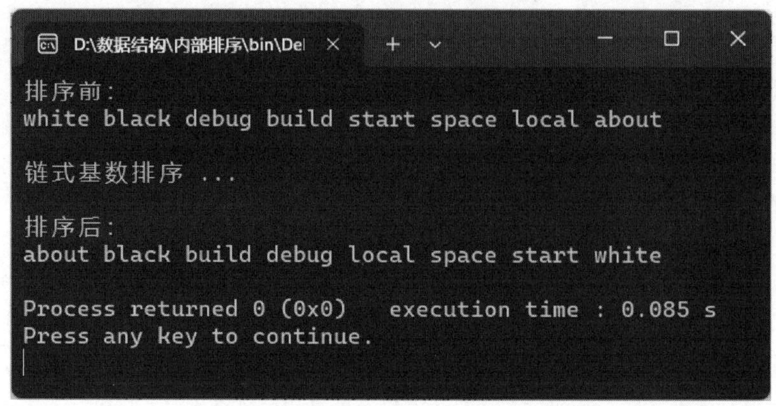

图 9.15　基数排序的应用运行结果

9.5.3　实践项目

【实践项目五】修改 9.4.5 节程序中的创建静态链表函数 CreateSLList，随机产生 20000 个待排序记录，按关键字非递减的顺序，计算链式基数排序所需要的执行时间，并验证排序结果的正确性。

【实践项目六】待排序记录的关键字是由小写字母组成的英文单词，英文单词长短不一，最长的英文单词由 8 个小写字母组成。按关键字非递减的顺序排序，给出链式基数排序的算法实现。

提示：

①排序前对长度小于 8 的英文单词，用空格填充尾部，使所有英文单词的长度均等于 8。

②26 个小写字母和空格，基数变为 27。

第 10 章　综合训练

利用“数据结构”课程的相关知识完成具有一定难度的综合实践题目，利用 C/C++语言进行程序设计，并规范地完成实践报告。通过实践设计，巩固和加深对线性表、栈、队列、字符串、树、图、查找、排序等理论知识的理解；掌握现实复杂问题的分析建模和解决方法（包括问题描述、系统分析、设计建模、代码实现、结果分析等）；提高利用计算机分析解决综合性实际问题的基本能力。

10.1　集合的运算

10.1.1　实践目的

通过该实践，复习巩固 C 语言中的循环结构、循环控制条件、分支结构和数组/链表、函数的调用等有关内容，体会到用数组存储集合时，需要记录集合元素的个数，否则输出结果会出现数据越界现象。

10.1.2　实践内容和要求

集合是一种松散的结构，可用其他结构来表示。请使用顺序表或链表，来表示集合并实现其基本操作，相信你会尽量让时间效率高。

（1）一般规定集合中元素彼此相异，故需实现将表中重复元素去掉的操作，使其成为集合。

（2）实现集合 A、B 的交、并、补、差、补运算（A∩B，A∪B，A-B，~A）以及判断 A=B，A⊆B；简单讨论这些基本操作所需时间复杂度。

（3）设全集为小写字母集合，请编程随机生成集合 A、B、C（集合的基数和元素都随机）；并使用基本操作编程求：

B-A 和（A∪B）∩（A∪B∪C）-（A∩（A∪（B-C））

判断得到的这两个集合，是否有相等或包含关系；若有，能证明吗？

（4）请查询相关资料，并思考在计算机中表示集合，时空效率更高、实现也更简单的方法是什么？请简述或实现之。

10.2 仓库管理

10.2.1 实践目的

通过顺序表、链表的实现，巩固线性表相关知识的理解掌握，熟练运用所学知识，提高解决实际问题的能力。

10.2.2 实践内容和要求

某电子公司仓库中有若干批次的同一种计算机，按价格、数量来存储。

（1）初始化 n 批不同价格计算机入库。

（2）出库：销售 m 台价格为 p 的计算机。

（3）入库：新到 m 台价格为 p 的计算机。

（4）盘点：计算机的总台数，总金额，最高价，最低价，平均价格。

注：每个数据元素含有价格与数量；同一价格的计算机存储为一个数据元素。

提示：本题可以用①顺序表；②有序表；③单链表；④有序循环链表（较好）。

10.3 洗车场的调度

10.3.1 实践目的

通过链表的实现，巩固线性表、栈和队列相关知识的理解掌握，熟练运用所学知识，提高解决实际问题的能力。

10.3.2 实践内容和要求

某洗车场，洗车车间有若干“洗车位”（编号 1，2，3，4，…），车间被设计为狭长通道，仅有一个大门供出入。汽车按到达先后次序依次进入各洗车位，若洗车位被占满，则进入洗车场的车辆必须在车间外的“等候区”等候，一旦有车完成洗车驶出车间后，等候区的第一辆车即可进入。

当车欲驶离车间时，因车间狭长，在它之后驶入的车辆必须退出车间为其让路。待其驶出后，这些车辆再按原来的次序进入车间继续洗车。

设计这样一个洗车车间的调度模拟程序。选作扩展功能：区分 VIP 客户和普通客户，VIP 客户到来后可优先进入车间。

要求应有 3 个必须模块：

【模块 1　汽车进入停车场管理】

登记进入洗车场的车牌号并对该车进行调度，其中调度过程要即时反馈。例如（假设有

5 个洗车位)，洗车位 1，2，3，4 正分别被 001，002，003，004 汽车占有，当牌照为 005 的汽车到来后，屏幕应显示：

牌照 005 的汽车进入 5 号洗车位

再来牌照为 006 的汽车，屏幕应显示：

牌照 006 的汽车进入等待区

【模块 2　汽车驶离停车场管理】

为离开车间的车辆作调度，并反馈相关车辆状态。例如，洗车位分别占据着 001 002 003 004 005 的汽车，等待区顺序为 006 007 在等候，当 003 欲驶离时，应给出如下信息：

005 暂时退出车间　　004 暂时退出车间

003 驶离洗车场

004 重回 3 号洗车位　　005 重回 4 号洗车位

006 进入车间 5 号洗车位

【模块 3　停车场状态查询】

用来显示各洗车位和等候区的状态；

要求界面设计简洁友好；用户操作有提示，用户操作产生的调度过程要有显示，信息表达精炼准确。

测试要求：停车场状态应保持合理，如不允许出现洗车位空闲而等候区非空的情形。

10.4　字符编码及电文译码

10.4.1　实践目的

通过哈夫曼编、译码算法的实现，巩固二叉树及哈夫曼树相关知识的理解掌握，训练学生运用所学知识，解决实际问题的能力。

10.4.2　实践内容和要求

输入一行字符，允许进行修改。当刚输入的一个字符错误时，补进一个退格符“#”，表示前一个字符无效；当错误较多时，键入一个“@”退行符，表示当前行中“@”之前的字符均无效。

例如，输入：123@456##789

得到字符串：4789

(1) 统计字符出现的频度（次数）。

(2) 并对字符进行 01 编码。

(3) 计算带权路径长度。

(4) 按照编码，对给定字符串进行编码。

(5) 对已有的 01 编码串进行译码。

注：(4) 字符串中的字符，应该是 (1) 中出现过的。

提示：

（1）输入一行字符算法参考第 6 章 6.5.1。

（2）编码可以为等长码，位数为 $\log_2 n$ 向上取整，其中 n 为字符个数。

（3）编码可采取赫夫曼编码（较好）。

10.5 最低投入修高铁

10.5.1 实践目的

通过 Prim 算法、Kruskal 算法的实现，巩固图及最小生成树相关知识的理解掌握，训练运用所学知识，解决实际问题的能力。

10.5.2 实践内容和要求

已知 n 个城市的地图，顶点为城市，边上的权值为 2 个城市之间的距离，现在要在 n 个城市之间建立高铁互通网络，修高铁的成本与城市之间的距离成正比。既保证城市之间互通，又使得修高铁的费用最低，请给出具体要修那些线路。

（1）利用 Prim 算法求解。

（2）利用 Kruskal 算法求解。

（3）比较 2 个算法的适应性（稀疏图、稠密图）。

提示：

（1）Prim 算法存储结构为邻接矩阵。

（2）Kruskal 算法存储结构如下：

顶点结点：

```
typedef  struct
   {   char  data;    //顶点信息
      Intjihe;    //顶点是否联通
   } VEX;
     边结点：
     typedef  struct
     {   intvexh,vext;//边依附的两顶点的下标
        Intweight;//边的权值
        Intflag;//标志域
} EDGE;
```

10.6　模拟竞价系统

10.6.1　实践目的

学会分析研究计算机加工的数据结构的特性，为应用涉及的数据选择适当的逻辑结构、存储结构及其相应的算法，训练运用所学知识，解决实际问题的能力。

10.6.2　实践内容和要求

某手机常采取饥饿营销，拥有大批受众。该公司欲新推一款产品，宣称因产能所限，首批货将采取客户通过手机号注册后竞拍的形式获得。当有 5 万名用户参与竞价后，再根据实际产量来确定中标者，价高者得（若报价相同，先出价者得）。

注意：产品数量在竞拍期间未知，竞价完毕根据备货量确定。

为了激励高价，系统即时反馈当前的最高报价。为防止恶意虚报高价，破坏竞拍，管理员不定时地监控当前最高价，并与可疑虚报者确认，若确认虚报，则删除当前最高价。竞价结束后，备货数量可能是 1 台也可能是 100 万台。

为该公司设计这样一个系统，来模拟竞拍过程。

考虑到实际运行的规模，请选择合适的数据结构和算法以保证系统即时性。

模拟系统应至少有如下模块：

接受报价模块：添加一条报价信息，并显示当前最高价；

删除报价模块：删除当前最高报价信息；

输出竞拍结果：根据给定产品数量，列出中标客户的信息（手机号及报价）；

例如，准备测试数据如左；

运行时，输入 A（添加一条报价）或 D（删除当前最大报价），运行情况如右（红色为用户输入，蓝色为系统的输出）：

13469987555	800	A	13469987555	报价	800	最高价：	800
13971845666	1340	A	13971845666	报价	1340	最高价：	1340
18945334222	880	A	18945334222	报价	880	最高价：	1340
15943789000	1500	A	15943789000	报价	1500	最高价：	1500
13478922444	99900	A	13478922444	报价	99900	最高价：	99900
13567779999	1551	A	13567779999	报价	1551	最高价：	99900
13289887777	1280	D	13478922444	被删			
15678878888	1666	A	13289887777	报价	1280	最高价：	1551
15717121141	1340	A	15678878888	报价	1666	最高价：	1666
13565341668	1456	A	15717121141	报价	1340	最高价：	1666
13478907764	1000	A	13565341668	报价	1456	最高价：	1666
		A	13478907764	报价	1000	最高价：	1666

有效报价：9　输入手机数量：5　竞标结果如下：

15678878888	1666
13567779999	1551
15943789000	1500
13565341668	1456
15717121141	1340

经测试，保证系统的正确性后，请简单修改系统以进行压力测试（如 3000 人竞争 600 部产品）：随机生成测试数据（报价信息或删除命令）保存在文本文件中，为方便生成数据，以顺序的 ID 流水号代替手机号；并手动在文件中插入一些 D（删除）操作，系统将数据文件作为输入（用 fread 函数重定向输入设备到指定文件），并统计系统整个运行过程中的比较、移动（赋值）操作的次数。

10.7　小镇导航

10.7.1　实践目的

通过迪杰斯特拉等算法的实现，巩固图及最短路径相关知识的理解掌握，训练运用所学知识，解决实际问题的能力。

10.7.2　实践内容和要求

某小镇路口众多，拥堵严重，每个路口有专门交警负责。于是，各交警对各自负责路口的转向进行限制：在路口的各入口前都设置指示牌，不同方向进入的车辆只能对应指示牌转向。

请设计一个程序，帮助司机们找到出行的最短路径吧（即经过的路口最少），当然也可能根本就不存在路径。

交通图的设置格式：进入路口的方向（NEWS 分别代表北东西南，即上右左下）不同，允许转向也不同（LRF 分别代表允许左右直行）。

例如，图 10.1 第一行第二列的路口的字符串：1 2 WLF NR ER 代表第 1 行第 2 列路口的三个路标：若从 W（西，左）进入路口，可以 L（左拐），F（直行）；若从 N（北上）或者 E（东右）进入，则只能 R（右拐）。表 10.1 为路径研究，其中，#为分隔标志。

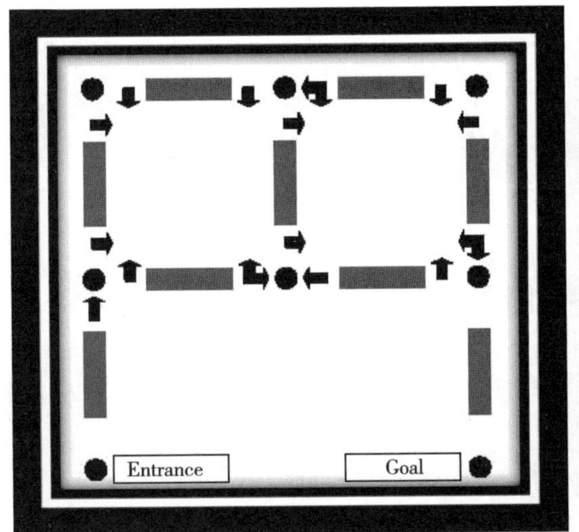

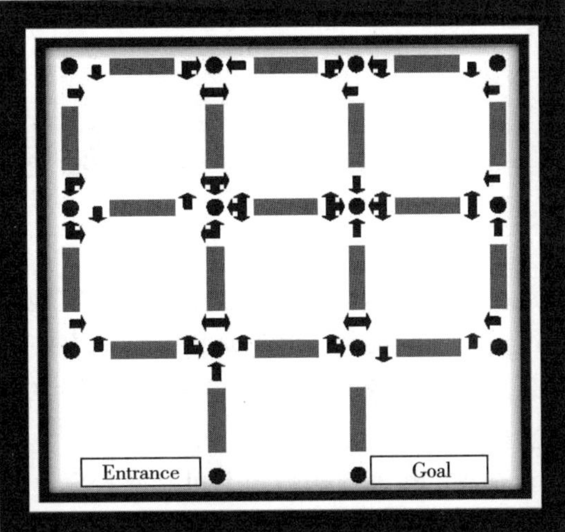

图 10.1　交通图

表 10.1　路径研究

输入：道路数据	输出：最短路径或者无解
3 1 N 3 3（向 N 上进入 3，1；终点为 3，3） 1 1 WL NR # 1 2 WLF NR ER # 1 3 NL ER # 2 1 SL WR NF # 2 2 SL WF ELF # 2 3 SFR EL # （此为上左图的交通图）	(3，1) (2，1) (1，1) (1，2) (2，2) (2，3) (1，3) (1，2) (1，1) (2，1) (2，2) (1，2) (1，3) (2，3) (3，3)

小明欲从 4，2 到 4，3 去约会，需要帮助，小明说："深度优先搜索（DFS）能找到路径，广度优先搜索（BFS）能找到最短路径；找到最短路径最好，但如果只熟悉 DFS，给出可以到达的路径即可"

参考文献

[1] 刘小晶，朱蓉，等．数据结构渐进实践指导［M］．北京：清华大学出版社，2023.

[2] 严蔚敏，吴伟民．数据结构（C 语言版）［M］．北京：清华大学出版社，1997.

[3] 陈越，何钦铭，徐境春，等．数据结构学习与实验指导［M］．北京：高等教育出版社，2017.

[4] 李春葆．数据结构教程上机实验指导［M］．北京：清华大学出版社，2017.

[5] 吴永辉，王建德．数据结构编程实验——大学程序设计课程与竞赛训练教材［M］．3 版．北京：机械工业出版社，2021.

[6] 游洪跃，唐宁九．数据结构与算法（C++版）实验和课程设计［M］．2 版．北京：清华大学出版社，2020.

[7] 杨海军，马彦，叶燕文．数据结构实验指导教程（C 语言版）．北京：清华大学出版社，2018.

附　　录

附录 A　实践成果内容

提交成果的内容必须由以下 2 个部分组成：

一、源程序

按照实践教学的具体要求所开发的所有源程序 *. cpp 及 *. h（应该放到一个文件夹中，按实践内容及顺序命名，如树 1. cpp）。

二、课程实践报告

1　题目与要求

1. 1　问题描述

详细叙述所要实现的题目中的问题

1. 2　本系统涉及的知识点

描述本设计所采用的数据结构的逻辑结构

1. 3　功能要求

叙述所要实现的题目的功能

2　功能设计

2. 1　数据结构定义

定义本设计所采用的数据结构的存储结构

2. 2　模块图

画出功能模块图

3　功能代码

内容：分模块（函数）叙述其功能；模块中使用的各变量的类型及作用；设计过程；并列出该模块（函数）的代码。

4　调试与测试

4. 1　调试分析

调试过程中对程序代码的考虑和改进，主要算法的复杂度分析

4. 2　用户手册

给软件使用者提供使用说明，要求清楚明确，使用者根据手册即可操作。

4. 3　测试过程

测试输入数据和输出结果。

5　总结

内容：在程序设计中取得的收获、遇到的困难（如因某知识点欠缺，编写的程序哪部分

有错；因××方面欠考虑，运行结果不相符等）如何解决困难等，哪些方面还需要改进。

6　附录

源程序文件名清单，以及每个文件中的程序代码。

附录 B　代码注释规范

（1）一般情况下，源程序有效注释量必须在20%以上。

说明：注释的原则是有助于对程序的阅读理解，注释不宜太多也不能太少，注释语言必须准确、易懂、简洁。

（2）函数头部应进行注释。示例：下面这段函数的注释比较标准。

```
/************************************************
Function://函数名称
Description://函数功能、性能等的描述
Calls://被本函数调用的函数清单
Called By://调用本函数的函数清单
Input://输入参数说明,包括每个参数的作用、取值说明及参数间关系。
Output://对输出参数的说明
Return://函数返回值的说明
************************************************/
```

（3）数据结构声明（包括数组、结构、类等），如果其命名不是充分自注释的，必须加以注释；对数据结构的注释应放在其上方相邻位置，不可放在下面；对结构中的每个域的注释放在此域的右方。

（4）边写代码边注释，修改代码同时修改相应的注释，以保证注释与代码的一致性。

（5）注释应与其描述的代码相近，对代码的注释应放在其上方或右方（对单条语句的注释）；如放于上方则需与其上面的代码用空行隔开；注释与所描述内容进行同样的缩排。示例：下面这段函数的注释比较标准。

```
void example_fun(void)
{
    /* code one comments */
    CodeBlock One

    /* code two comments */
    CodeBlock Two
}
```

（6）对变量的定义和条件分支、循环语句必须编写注释。说明：这些语句往往是程序实现某一特定功能的关键，良好的注释帮助能更好的理解程序，有时甚至优于看设计文档。